城市管廊施工与管理

项　斌　敬伯文　王云江　**主　编**
金汇丰　刘全军　李新财　夏　冰　**副主编**

中国建筑工业出版社

图书在版编目（CIP）数据

城市管廊施工与管理／项斌，敬伯文，王云江主编；金汇丰等副主编. —北京：中国建筑工业出版社，2022.12（2024.7重印）
ISBN 978-7-112-28285-2

Ⅰ.①城… Ⅱ.①项… ②敬… ③王… ④金… Ⅲ.①市政工程—地下管道—施工管理 Ⅳ.①TU990.3

中国版本图书馆CIP数据核字（2022）第244041号

责任编辑：兰丽婷　张　杭　王　磊
书籍设计：锋尚设计
责任校对：芦欣甜

城市管廊施工与管理
项　斌　敬伯文　王云江　主　编
金汇丰　刘全军　李新财　夏　冰　副主编
*
中国建筑工业出版社出版、发行（北京海淀三里河路9号）
各地新华书店、建筑书店经销
北京锋尚制版有限公司制版
建工社（河北）印刷有限公司印刷
*
开本：787毫米×1092毫米　1/16　印张：19½　字数：416千字
2023年4月第一版　2024年7月第二次印刷
定价：**75.00**元
ISBN 978-7-112-28285-2
（40743）

主编单位： 浙江省隧道工程集团有限公司
金牛城建集团有限公司
参编单位： 杭州富阳城发建设发展有限公司
中铁一局集团有限公司
四川博兴源建设工程有限公司
杭州水务工程建设有限公司
中铁建大桥工程局集团第三工程有限公司
浙江交工集团股份有限公司
杭州卓强建筑加固工程有限公司
杭州三华建设有限公司
杭州市地铁集团有限责任公司

主　编： 项　斌　敬伯文　王云江
副主编： 金汇丰　刘全军　李新财　夏　冰
参　编： 郭　攀　赖燕良　徐建华　曲永昊　朱旺飞　叶良顺
敬松柏　谢自强　姚伟锋　蒋益华　张　鹏　张　豪
范伟强　陈建方

前 言

自世界第一条管廊诞生于法国巴黎后，城市管廊逐步成为国外发达城市市政建设管理现代化的象征，是现代城市公共管理的重要组成部分。我国开始建设管廊距今已超过60年，与如火如荼的城市化进程相比，城市管廊的建设显得过于缓慢。近年来，国家大力推动城市管廊建设，全国各地的管廊如雨后春笋般涌现，成为市政工程领域炙手可热的建设项目。城市管廊的施工与管理也成为各市政施工企业着重关注的课题。

综合管廊的建设有着诸多优点：可以改善城市环境，减少各种工程管线维修费用，确保道路功能充分发挥，有效利用城市地下空间，确保城市各类管线的稳定安全，减少后期维护费用。

本书旨在为城市管廊施工单位在城市管廊施工过程中提供指导意见和参考，便于管廊建设一线的施工和管理。本书依据现行国家、行业施工与质量验收标准、规范，并结合城市管廊施工与质量实践编写而成，基本覆盖了城市管廊施工的主要领域。本书包括城市管廊的施工技术与质量控制、施工管理与验收、环境保护与安全文明施工、施工技术资料管理以及管廊施工案例。

对于本书中的疏漏和不当之处，敬请广大读者不吝指正。

目 录

前言

绪论……001

0.1 引言……001

0.2 城市管廊建设现状与展望……002

0.3 城市管廊施工与管理概要……003

第一部分 地基与基础

1 地基……006

1.1 高压旋喷桩注浆地基……006

1.2 水泥搅拌桩地基……009

1.3 全方位高压喷射注浆地基……013

2 基础……018

2.1 钻孔灌注桩施工……018

2.2 预制预应力混凝土管桩……025

3 基坑支护……031

3.1 排桩墙支护工程施工……031

3.2 SMW工法桩施工……034

3.3 渠式切割水泥土（TRD）工法施工……039

3.4 地下连续墙施工……043

3.5 钢筋混凝土支撑系统施工……047

3.6 钢管支撑系统施工……052

4 地下水控制......056
4.1 施工要点......057
4.2 质量要点......060
4.3 质量验收......061
4.4 安全与环保措施......063

5 土方工程......065
5.1 土方开挖......065
5.2 土方回填......068

6 暗挖法施工......071
6.1 顶管法施工......071
6.2 盾构法施工......079

7 施工监测......089
7.1 基坑、支护结构及主体结构监测......089
7.2 周边环境监测......093

8 地下防水工程......096
8.1 主体结构防水施工......096
8.2 细部构造防水施工......107
8.3 排水施工......111
8.4 注浆施工......113

第二部分 主体结构与附属结构

9 混凝土结构......118
9.1 模板支撑系统施工......118
9.2 钢筋施工......125
9.3 混凝土分项施工......134
9.4 现浇结构分项施工......144
9.5 装配式结构施工......158

10 附属设施工程......169
10.1 消防系统......169
10.2 通风系统......172
10.3 供电系统......174
10.4 照明系统......177
10.5 监控与报警系统......179

第三部分 安全管理与环境保护

11 安全管理......184
11.1 施工安全技术保证体系与施工安全管理组织......184
11.2 安全技术措施......185
11.3 安全文明施工措施与施工安全检查......186
11.4 安全信息化管理......191
11.5 应急预案......195

12 环境保护……200
12.1 施工现场环境防治措施……200
12.2 施工环保计划……202

第四部分 案例介绍

13 杭州市下沙路综合管廊……210
13.1 工程概况……210
13.2 项目主要施工方案及技术措施……211
13.3 抗拔桩、立柱桩施工方案及技术措施……225
13.4 SMW工法桩施工方案及技术措施……231
13.5 冠梁、混凝土支撑及连系梁施工方案……239
13.6 基坑降水……240
13.7 基坑开挖……246
13.8 基坑支护……251
13.9 主体结构施工……255
13.10 防水施工……264
13.11 基坑回填……275

14 贵安新区管廊案例……277
14.1 项目概况……277
14.2 总体施工部署……280
14.3 明挖现浇管廊施工……281
14.4 智慧管廊建设……291
14.5 贵安新区管廊新技术、新材料、新理念应用……303

绪论

0.1 引言

城市化进程的不断加快使得城市的人口越来越多，大量的人口在挤占城市资源的同时，也挤占了城市发展的空间。为使城市建设得到进一步的发展与完善，做好地下空间的开发工作已成为城市建设与发展的重要课题。随着城市的发展，地下管道不断增多，给水排水管道、通信管道、电力管道、燃气管道等各类工程管道都会安置在城市的地下空间中，如不做好规划，将会变得十分混乱，对城市发展极其不利。综合管廊能够有效解决地下空间利用的难题。城市综合管廊就是地下城市管道综合走廊，即在城市地下建造一个隧道空间，将电力、通信、燃气、供热、给水排水等各种工程管线集于一体，设有专门的检修口、吊装口和监测系统，实施统一规划、统一设计、统一建设和管理，是保障城市运行的重要基础设施和“生命线”（图0-1）。城市管廊简单地说即为位于城市地下的市政共用隧道（共同沟、共同管道、综合管沟）。

图0-1　直接敷设和城市综合管廊敷设对比

城市综合管廊具有以下几个优点：第一，城市综合管廊改善了城市环境。城市综合管廊的设置消除了通信、电力等系统在城市上空及店面上竖起的电线杆，消除了架空线与绿化的矛盾，有力地改善了城市环境。第二，在运营维修时，城市综合管廊能大幅减少各种工程管线维修费用。各种管线的敷设、增减、维修都可以直接在管廊内进行，大大减少路面多次翻修的费用和工程管线的维修费用。第三，城市综合管廊能够确保道路功能的充分发挥。管廊的建设可以避免由于敷设和维修地下管线频繁挖掘道路而对于交通和居民出行造成的影响和干扰，确保道路交通畅通。第四，城市综合管廊能够有效利用城市地下空间，各类市政管线集约布置在综合管廊内，实现了管线的“立体式布置”，替代了传统的“平面错开式布置”，管线布置紧凑合理，减少了地下管线对道路以下及道路两侧的占用面积，节约了城市用地。第五，城市综合管廊能够确保城市各类管线的稳定安全，减少后期维护费用。各类管线由综合管廊保护起来，不接触土壤和地下水，充分发挥了其耐久性，同时管廊内设有巡视检修空间，维护管理人员可定期进入综合管廊进行巡视、检查、维修管理，确保各类管线稳定安全（图0–2）。

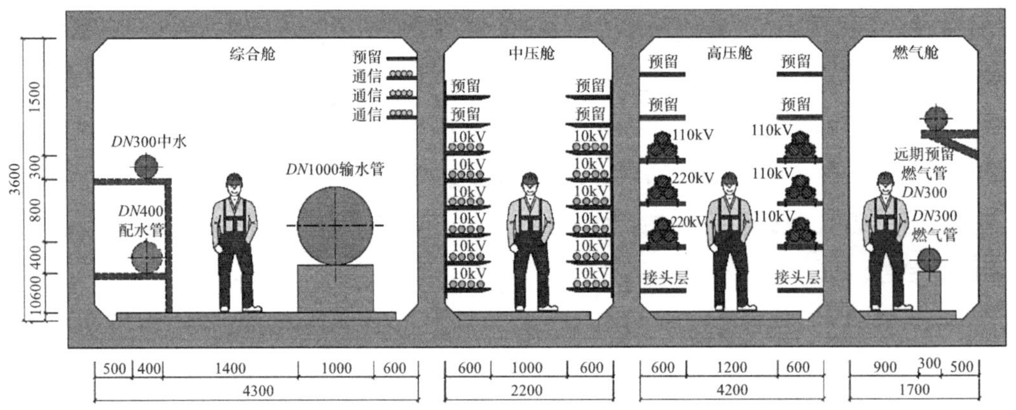

图0–2　管廊内横断面示意图

0.2 城市管廊建设现状与展望

自19世纪30年代，世界第一条城市综合管廊诞生于法国巴黎后，至今有180多年的历史。城市管廊成为国外发达城市市政建设管理现代化的象征，成为现代城市公共管理的重要组成部分。日本在经历了阪神大地震后，大力发展城市管廊，使其成为法规完善、规划完整、技术先进、建设速度较快的国家，十余年间建成城市管廊约1100km。我国第一条综合管廊是1958年在天安门广场敷设的，收容了热力、电力、电信以及预留给水管线，管廊长约1076m，埋深7～8m，断面宽4.0m、高3.0m。

2013年起我国高度重视综合管廊建设，《国务院关于加强城市基础设施建设的意见》（国发〔2013〕36号）、《国务院办公厅关于加强城市地下管线建设管理的指导意见》（国办发〔2014〕27号）、《国务院办公厅关于推进城市地下综合管廊建设的指导意见》(国办发〔2015〕61号)等与综合管廊建设相关的文件密集出台。2015年起住房和城乡建设部、财政部开展综合管廊试点工作，首批为10个试点城市，第2批为15个试点城市。我国城市综合管廊总体政策可以概括为：近期试点城市，远期壮大骨架，远景形成系统。

自2015年以来，三亚、北京、广州、遵义、长沙、兰州等城市积极开展综合管廊规划、建设工作。以杭州为例，作为全国第二批地下综合管廊试点城市，杭州从2016年起大力推进管廊建设。2017年3月，市政府批准实施《杭州市地下综合管廊试点城市实施计划》，积极高效地推动全市管廊建设、管理、运维等一系列工作。杭州城市综合管廊规划规模长达517.2km，截至2019年底，全市共有12条管廊项目已落地实施，总长约64.67km，总投资约87.60亿元，均为干线管廊并根据实际情况合理地分布于老城区和新城区；其中国家试点项目共5个(7条)，总长约33.57km，总投资约54.61亿元，于2020年全部投运。2019年11月，杭州市接受财政部和住房和城乡建设部组织的综合管廊试点城市绩效评价考核，考核成绩在15个试点城市中名列前茅。

随着全国城市化建设进程的高速发展以及城市建设用地的进一步减少，综合管廊因其地下空间立体化、集约化的特性将会是今后很长一段时期内的建设热点与焦点，是未来城市市政基础设施建设的发展方向。在各级政府的支持与鼓励下，目前我国大部分大、中城市均拉开了综合管廊建设的序幕。近年来，全国多个省、市关于综合管廊设计、施工、检验验收等的地方规范相继出台，在今后几年内，随着综合管廊建设技术、管理模式等相关环节技术水平的进一步成熟，综合管廊相关单位、部门应协同合作，制定出全国范围内通用的技术、标准，使综合管廊建设具有全国统一的评价标准与机制，以促进我国综合管廊建设向高速化、规范化发展。

0.3 城市管廊施工与管理概要

城市管廊作为市政公用基础设施，其主要的施工方法有明挖法、浅埋暗挖法、盾构法、顶管法。按主体结构类型的不同可分为现浇混凝土综合管廊结构和预制拼装综合管廊结构。相对于地基与主体结构，城市管廊附属设施工程的集合程度在市政工程中首屈一指，包括了供电、通风、照明、消防、排水、监控、报警、信息化平台等时政类机电工程内容。本书将详细介绍地基与基础工程、主体结构工程、附属设施工程的施工要点以及施工质量管理与验收、环境保护与安全文明施工、技术资料管理等。

本书将以施工要点和质量控制要点为重，着重介绍各类施工方法和施工管理中的关键内容，用于指导综合管廊的施工与管理。

第一部分

地基与基础

1 地基
2 基础
3 基坑支护
4 地下水控制
5 土方工程
6 暗挖法施工
7 施工监测
8 地下防水工程

1 地基

城市综合管廊地基处理技术要求安全适用、经济合理、技术先进、节能环保。在工程实践中，地基处理方法有换填垫层法、振密挤密法、置换法、胶结法等。由于城市综合管廊属于线型地下建筑物，大部分情况下敷设于城市道路下方，其地基与基础相对于其他建筑而言普遍埋深较浅，且施工场地受城市建设空间的影响较大，条件相对苛刻。因此在现有的地基处理技术中，城市综合管廊通常采用胶结法中的高压旋喷桩注浆法、水泥土搅拌法。这两种方法施作的地基属于复合地基，适用范围广，能对砂土、粉土、淤泥和淤泥质土、黏性土、黄土、人工填土等各种地基原状土进行处理，在全国的城市管廊建设中广泛使用。近年来全方位高压喷射注浆（简称MJS工法）法以其优异的适用性，对周边土体的应力影响小，更适用于城市道路等周边建筑保护要求较高的地基处理，在工程实践中得到了迅速发展。本章主要介绍高压旋喷桩注浆地基、水泥搅拌桩地基、全方位高压喷射注浆地基。

1.1 高压旋喷桩注浆地基

高压旋喷桩注浆地基属于复合地基，所谓高压喷射注浆即利用钻机把带有喷嘴的注浆管钻进至土层的预定位置后，以20～70MPa的压力从喷嘴喷出射流（水、浆液或空气）冲击和破坏土体。当能量大、速度快和呈脉动状的喷射流的动压超过土体结构强度时，土粒便从土体剥落下来。一部分细小的土粒随着浆液冒出地面，其余土粒在喷射流的冲击力、离心力和重力等作用下，与注入的浆液搅拌混合，并按一定的浆土比例和质量大小有规律地重新排列，在土体中形成固结体。

1.1.1 施工要点

旋喷桩复合地基处理应符合下列要求：

（1）适用于淤泥、淤泥质土、一般黏性土、粉土、砂土、黄土、素填土等地基中，采用高压旋喷注浆形成增强体。对于土中含有较多的大粒径块石、大量植物根茎或有较高的有机质，以及地下水流速过大和已涌水的工程，应根据现场试验结果确定其适应性。

（2）高压旋喷桩施工根据工程需要和土质条件，可分别采用单管法、双管法和三管法。

（3）在制定高压旋喷桩方案时应搜集邻近建筑物和周边地下埋设物等资料。

（4）高压旋喷桩方案确定后，应结合工程情况进行现场试验、试验性施工以确定施工参数及工艺。

旋喷桩复合地基宜在基础和桩顶之间设置褥垫层。褥垫层厚度可取200～300mm，其材料可选用中砂、粗砂、级配砂石等，最大粒径不宜大于30mm。

旋喷桩的平面布置可根据上部结构和基础形式确定。

1.1.2 质量要点

（1）施工前应根据现场环境和地下埋设物的位置等情况复核高压喷射注浆的设计孔位。

（2）高压旋喷桩的施工参数应根据土质条件、加固要求通过试验或根据工程经验确定，并在施工中严格加以控制。单管法及双管法的高压水泥浆和三管法高压水的压力宜大于30MPa，流量大于10L/min，气流压力宜取0.7MPa，提升速度可取0.1～0.2m/min。

（3）高压喷射注浆，对于无特殊要求的工程宜采用强度等级为P.O32.5级及以上的普通硅酸盐水泥，根据需要可加入适量的外加剂及掺合料。外加剂和掺合料的用量，应通过试验确定。

（4）水泥浆液的水胶比应按工程要求确定，可取0.8～1.2，常用0.9。

（5）高压喷射注浆的施工工序为机具就位、贯入喷射管、喷射注浆、拔管和冲洗等。

（6）喷射孔与高压注浆泵的距离不宜大于50m。钻孔的实际位置与设计位置的偏差不得大于50mm。垂直度偏差不大于1%。实际孔位、孔深和每个钻孔内的地下障碍物、洞穴、涌水、漏水及岩土工程勘察报告不符等情况均应详细记录。

（7）当喷射注浆管贯入土中，喷嘴达到设计标高时，即可喷射注浆。在喷射注浆参数达到规定值后，随即按旋喷的工艺要求，提升喷射管，由下而上旋转喷射注浆。喷射管分段提升的搭接长度不得小于100mm。

（8）对需要局部扩大加固范围或提高强度的部位，可采用复喷措施。在高压喷射注浆过程中出现压力骤然下降、上升或冒浆等异常时，应查明原因并及时采取措施。

（9）高压喷射注浆完毕，应迅速拔出喷射管。为防止浆液凝固收缩影响桩顶高程，必要时可在原孔位采用冒浆回灌或第二次注浆等措施。

（10）施工中应做好泥浆处理，及时将泥浆运出或在现场短期堆放后作为土方运出。

（11）施工中应严格按照施工参数和材料用量施工，用浆量和提升速度应采用自动记录装置，并如实做好各项施工记录。

1.1.3 质量验收

（1）高压旋喷桩地基质量检验标准应符合表1-1的规定。

高压旋喷桩地基质量检验标准 **表1-1**

项目	序号	检查项目	允许偏差或允许值		检查方法
			单位	数值	
主控项目	1	水泥及外掺剂质量	符合出厂要求		检查产品合格证书或抽样送检
	2	水泥用量	按照设计要求		检查流量表及水泥浆水胶比
	3	桩体强度或完整性检验	按照设计要求		按规定方法
	4	地基承载力	按照设计要求		按规定方法
一般项目	1	钻孔位置	mm	≤50	用钢尺量
	2	钻孔垂直度	%	≤1.5	经纬仪或实测
	3	孔深	mm	±200	用钢尺量
	4	注浆压力	按设定参数指标		查看压力表
	5	桩体搭接	mm	>200	用钢尺量
	6	桩体直径	mm	≤50	开挖后用钢尺量
	7	桩身中心允许偏差		≤0.2*D*	开挖后桩顶下500mm处用钢尺量，*D*为桩径

（2）高压旋喷桩可根据工程要求和当地经验采用开挖检查、取芯（常规取芯或软取芯）、标准贯入试验、动力触探载荷试验等方法进行检验。

（3）检验点应布置在下列部位：

1）有代表性的桩位。

2）施工中出现异常情况的部位。

3）地基情况复杂，可能对高压喷射注浆质量产生影响的部位。

（4）检验点的数量为施工孔数的2%，并不应少于5点。

（5）质量检验宜在高压喷射注浆结束28d后进行。

（6）旋喷桩地基竣工验收时，承载力检验可采用复合地基载荷试验和单桩载荷试验。

（7）载荷试验必须在桩身强度满足试验条件时，并宜在成桩28d后进行。检验数量为桩总数的0.5%～1%，且每项单体工程不应少于3点。

1.1.4 安全与环保措施

（1）高压旋喷桩作业应符合《建筑机械使用安全技术规程》JGJ 33—2012及《施工现场临时用电安全技术规范》JGJ 46—2005的有关规定，施工中应定期对其进行检查、维修，保证机械使用安全。

（2）施工前平整场地、清除障碍物时必须将弃土、弃渣等运至指定的弃土场内，并在工程完后对弃土场进行挡护、绿化处理。

（3）做好施工区域排水系统，使红线外原有排水系统保持通畅。

（4）严禁施工区域内泥浆、水泥浆、机械油污等未经处理排入附近生活区、商业区等区域而污染水源。

（5）严禁生活区域内的施工垃圾、生活垃圾任意倒放，必须将其运至专门弃土场或进行深埋处理。

（6）散装水泥罐进行美化全封闭围护，避免水泥粉尘四处飘洒，控制扬尘。

（7）严格执行有关规定，遵守环保公约、地方性法规、法律及各种规范要求。

1.2 水泥搅拌桩地基

水泥土搅拌桩地基由水泥土与土体搅拌形成，是利用水泥或石灰等胶凝材料作为固化剂，通过特质的深层搅拌施工机械在地基深处将软土和固化剂（浆液或粉体）强制搅拌，硬化后形成具有整体性、水稳性和一定强度的水泥加固土，从而提高地基强度，增大其变形模量。根据施工方法的不同，水泥土搅拌法可分为水泥浆搅拌（湿法，搅拌桩）和粉体喷射搅拌（干法，粉喷桩）两种，可根据土体结构的不同和设计要求选用。

1.2.1 施工要点

（1）水泥土搅拌桩复合地基处理应符合下列规定：

1）适用于处理正常固结的淤泥、淤泥质土、素填土、黏性土（软塑、可塑）、粉土（稍密、中密）、粉细砂（松散、中密）、中粗砂（松散、稍密）、饱和黄土等土层。不适用于含大孤石或障碍物较多且不易清除的杂填土、欠固结的淤泥和淤泥质土、硬塑及坚硬的黏性土、密实的砂类土，以及地下水渗流影响成桩质量的土层。当地基土的天然含水量小于30%（黄土含水量小于25%）时不宜采用粉体搅拌法。冬期施工时应考虑负温对处理地基效果的影响。

2）水泥土搅拌桩的施工工艺分为浆液搅拌法（以下简称湿法）和粉体搅拌法（以下简称干法）。可采用单轴、双轴、多轴搅拌或连续成槽搅拌形成柱状、壁状、格栅状或块状水泥土加固体。

3）对采用水泥土搅拌桩处理地基，除应按现行国家标准《岩土工程勘察规范》GB 50021—2001要求进行岩土工程详细勘察外，还应查明拟处理地基土层的pH、塑性指数、有机质含量、地下障碍物及软土分布情况、地下水位及其运动规律等。

4）设计前，应进行处理地基土的室内配比试验。针对现场拟处理地基土层的性质，选择合适的固化剂、外掺剂及其掺量，为设计提供不同龄期、不同配比地基土的强度参数。对竖向承载的水泥土强度宜取90d龄期试块的立方体抗压强度平均值。

5）增强体的水泥掺量不应小于12%，块状加固时水泥掺量不应小于加固天然土质量的7%；湿法的水泥浆水胶比可取0.5～0.6。

6）水泥土搅拌桩复合地基宜在基础和桩之间设置褥垫层，厚度可取200～300mm。褥垫层材料可选用中砂、粗砂、级配砂石等，最大粒径不宜大于20mm。褥垫层的夯填度不应大于0.9。

（2）水泥土搅拌桩用于处理泥炭土、有机质土、pH小于4的酸性土、塑性指数大于25的黏土，或在腐蚀性环境中以及无工程经验的地区使用时，必须通过现场和室内试验确定其适用性。

（3）用于建筑物地基处理的水泥土搅拌桩施工设备，其湿法施工配备注浆泵的额定压力不宜小于5.0MPa；干法施工的最大送粉压力不应小于0.5MPa。

1.2.2 质量要点

（1）水泥土搅拌桩施工应符合下列规定：

1）水泥土搅拌桩施工现场施工前应予以平整，清除地上和地下障碍物。

2）水泥土搅拌桩施工前，应根据设计进行工艺性试桩，数量不得少于3根，多轴搅拌施工不得少于3组。应对工艺试桩的质量进行检验，确定施工参数。

3）搅拌头翼片的枚数、宽度、与搅拌轴的垂直夹角、搅拌头的回转数、提升速度应相互匹配。干法搅拌时钻头每转一圈的提升（或下沉）量宜为10～15mm，确保加固深度范围内土体的任何一点均能经过20次以上的搅拌。

4）搅拌桩施工时，停浆（灰）面应高于桩顶设计标高500mm。在开挖基坑时，应对桩顶以上土层及桩顶施工质量较差的桩段，采用人工挖除。

5）施工中，应保持搅拌桩机底盘的水平和导向架的竖直，搅拌桩的垂直度允许偏差和桩位偏差应满足《建筑地基处理技术规范》JGJ 79—2012的有关规定；成桩直径和桩长不得小于设计值。

6）在预（复）搅下沉时，也可采用喷浆（粉）的施工工艺，确保全桩长上下至少再重复搅拌一次。对地基土进行干法咬合加固时，如复搅困难，可采用慢速搅拌，保证搅拌的均匀性。

7）水泥土搅拌湿法施工应符合下列规定：

①施工前，应确定灰浆泵输浆量、灰浆经输浆管到达搅拌机喷浆口的时间和起吊设备提升速度等施工参数，并应根据设计要求，通过工艺性成桩试验确定施工工艺。

②施工中所使用的水泥应过筛，制备好的浆液不得离析，泵送浆应连续进行。

拌制水泥浆液的罐数、水泥和外掺剂用量以及泵送浆液的时间应记录；喷浆量及搅拌深度应采用经国家计量部门认证的监测仪器进行自动记录。

③搅拌机喷浆提升的速度和次数应符合施工工艺要求，并设专人进行记录。

④当水泥浆液到达出浆口后，应喷浆搅拌30s，在水泥浆与桩端土充分搅拌后，再开始提升搅拌头。

⑤搅拌机预搅下沉时不宜冲水，当遇到硬土层下沉太慢时可适量冲水。

⑥施工过程中，如因故停浆，应将搅拌头下沉至停浆点以下0.5m处，待恢复供浆时，再将搅拌头提升；若停机超过3h，宜先拆卸输浆管路，并妥加清洗。

⑦壁状加固时，相邻桩的施工时间间隔不宜超过12h。

8）水泥土搅拌干法施工应符合下列规定：

①喷粉施工前，应检查搅拌机械、供粉泵、送气（粉）管路、接头和阀门的密封性、可靠性，送气（粉）管路的长度不宜大于60m。

②搅拌头每旋转一周，提升高度不得超过15mm。

③搅拌头的直径应定期复核检查，其磨耗量不得大于10mm。

④当搅拌头到达设计桩底以上1.5m时，应开启喷粉机提前进行喷粉作业。当搅拌头提升至地面下500mm时，喷粉机应停止喷粉。

⑤成桩过程中，因故停止喷粉，应将搅拌头下沉至停灰面以下1m处，待恢复喷粉时，再将搅拌头提升。

（2）水泥土搅拌桩干法施工机械必须配置经国家计量部门确认的具有能瞬时检测并记录出粉体计量装置及搅拌深度的自动记录仪。

1.2.3 质量验收

（1）水泥土搅拌桩复合地基质量检验标准应符合表1-2的规定。

水泥土搅拌桩复合地基质量检验标准　　表1-2

项目	序号	检查项目	允许偏差或允许值		检查方法
			单位	数值	
主控项目	1	水泥及外掺剂质量	按照设计要求		查产品合格证书或抽样送检
	2	水泥用量	参数指标		查看流量计
	3	桩体强度	按照设计要求		按规定方法
	4	地基承载力	按照设计要求		按规定方法
一般项目	1	机头提升速度	m/min	≤50	测量机头上升距离并计时
	2	桩底标高	mm	±200	测量机头深度

续表

项目	序号	检查项目	允许偏差或允许值		检查方法
			单位	数值	
一般项目	3	桩顶标高	mm	+100 −50	水准仪（最上部500mm不计入）
	4	桩位偏差		<50	用钢尺量
	5	桩径		<0.04*D*	用钢尺量，*D*为桩径
	6	垂直度	%	<1.5	经纬仪
	7	搭接	mm	>200	用钢尺量

（2）水泥土搅拌桩复合地基质量检验应符合下列规定：

1）施工过程中应随时检查施工记录和计量记录。

2）水泥土搅拌桩的施工质量检验可采用下列方法：

①成桩3d内，采用轻型动力触探（N10）检查上部桩身的均匀性，检验数量为施工总桩数的1%，且不少于3根。

②成桩7d后，采用浅部开挖桩头进行检查，开挖深度宜超过停浆（灰）面下0.5m，检查搅拌的均匀性，量测成桩直径，检查数量不少于总桩数的5%。

③静载荷试验宜在成桩28d后进行。水泥土搅拌桩复合地基承载力检验应采用复合地基静载荷试验和单桩静载荷试验，验收检验数量不少于总桩数的1%，复合地基静载荷试验数量不少于3台（多轴搅拌为3组）。

④对变形有严格要求的工程，应在成桩28d后，采用双管单动取样器钻取芯样作水泥土抗压强度检验，检验数量为施工总桩数的0.5%，且不少于6点。

（3）基槽开挖后，应检验桩位、桩数与桩顶、桩身质量，如不符合设计要求，应采取有效补强措施。

1.2.4 安全与环保措施

（1）水泥土搅拌桩作业应符合《建筑机械使用安全技术规程》JGJ 33—2012及《施工现场临时用电安全技术规范》JGJ 46—2005的有关规定，施工中应定期对其进行检查、维修，保证机械使用安全。

（2）施工前场地平整，清除障碍物时必须将弃土、弃渣等运至指定的弃土场内，并在工程完后对弃土场进行挡护、绿化处理。

（3）做好施工区域排水系统，使红线外原有排水系统保持通畅。

（4）严禁施工区域内泥浆、水泥浆、机械油污等未经处理排入附近生活区、商业区等区域而污染水源。

（5）严禁生活区域内的施工垃圾、生活垃圾任意倒放，必须将其运至专门弃土场或进行深埋处理。

（6）散装水泥罐进行美化全封闭围护，避免水泥粉尘四处飘洒，控制扬尘。

（7）严格执行有关规定，遵守环保公约、地方性法规、法律及各种规范要求。

1.3 全方位高压喷射注浆地基

全方位高压喷射注浆（MJS工法）是高压喷射注浆的一种。全方位高压喷射注浆钻杆采用多孔管的构造形式，具有强制排浆和地内压力监控功能，并通过调整强制排浆量达到控制地内压力的目的，从而减小喷射能量的损耗，该工法施作地基的最大优势是能够有效降低施工对周边环境的影响，并对排泥进行集中管理，特别适合城市道路等周边建筑保护要求严格的施工作业。全方位高压喷射注浆可进行水平、倾斜、垂直施工，不仅可应用于地基加固，还可用于止水帷幕、挡土结构、重要建筑物和管线隔离保护等工程。

全方位高压喷射注浆的设计与施工应综合分析工程特点、工程和水文地质条件、周边环境、施工条件、材料性能和工程造价等因素，适用于软土地层地基处理施工，在地下水流速过大，砾石直径过大、含量过多及有大量纤维质的腐殖土等条件下应慎重使用。

1.3.1 施工要点

（1）为保护全方位高压喷射注浆设备的钻杆，宜优先采用工程地质钻机预先施工导孔，在超深、超长施工情况下（30m以上），要考虑预先放置外套管。如遇砂层等容易塌孔的土层，需要在钻孔过程中同步加入膨润土泥浆，泥浆配比和加入量根据现场情况确定。

在透水地层条件下，在地下空间进行施工时，需要在开孔处预先安装防喷装置，防止水、砂从开孔处反涌。

图1-1为全方位高压喷射注浆常规垂直施工流程图。

（2）高压泵通过高压橡胶软管输送高压浆液至钻机上的钻杆，并进行喷射注浆。若钻机和高压泵的距离过远，势必要增加高压橡胶管的长度，使得沿程损失增大，造成实际喷射压力降低。因此，钻机与高压泵的距离不宜过远，在大面积场地施工时，为减少沿程损失，应移动高压泵来保持其与钻机的合适距离。

（3）水泥浆液喷射流压力、流量代表了喷射流的功率，钻杆步进提升或回抽参数代表了喷射流作用时间，这3个参数整体代表了喷射流的能量，单次步进钻杆转数决定了喷射次数和单次喷射时间，同轴高压空气是用来降低泥浆中喷射流能量的损耗，均为保证成桩直径的关键参数。

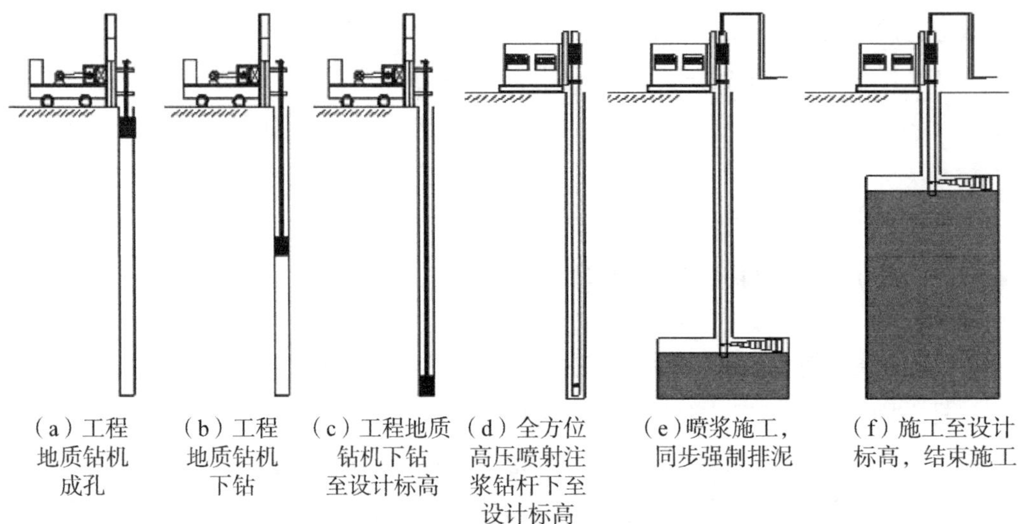

图1-1　全方位高压喷射注浆常规垂直施工流程图

判断在特定的土层中采用的施工参数、成桩直径、加固质量，带有很强的经验性，表1-3为日本全方位高压喷射注浆技术资料提供的数据，仅供参考。

标准设计参数表　　表1-3

项目	水平施工	垂直施工	倾斜施工
水泥浆液压力（MPa）	40	40	40
水泥浆液流量（L/min）	90～130	90～130	90～130
主空气压力（MPa）	0.7	0.7	0.7
主空气流量（Nm^3/min）	1.0～1.2	1～2.0	1～2.0
钻杆钻数	大于3转	大于3转	大于3转

目前在上海最大成桩直径为4.2m，一般成桩直径为2.4m。28d无侧限抗压强度黏土中一般可达1.0MPa以上，砂土中可达2.5MPa以上。

（4）全方位高压喷射注浆因具有强制排泥功能，在施工相邻桩时，如相邻桩体还未初凝，强制排泥功能极有可能将相邻桩体内尚未凝固的水泥土吸入吸浆管，造成质量事故，所以相邻桩体施工时间不小于24h，无条件跳桩施工时，应确保相邻桩体同一截面施工间隔时间大于24h。

（5）水泥浆液属于悬浮液，在储存过程中必须不停顿地缓慢搅拌，防止沉淀。拌制好的浆液在泵送前应经过筛网过滤，以免堵塞喷嘴。浆液密度一般采用泥浆比重秤进行量测（图1-2）。

（6）在施工过程中根据施工方案设定的地内压力控制系数进行地内压力控制，通过调节回流水、回流气、排浆阀门大小等措施控制排浆量，同时调整和控制地内

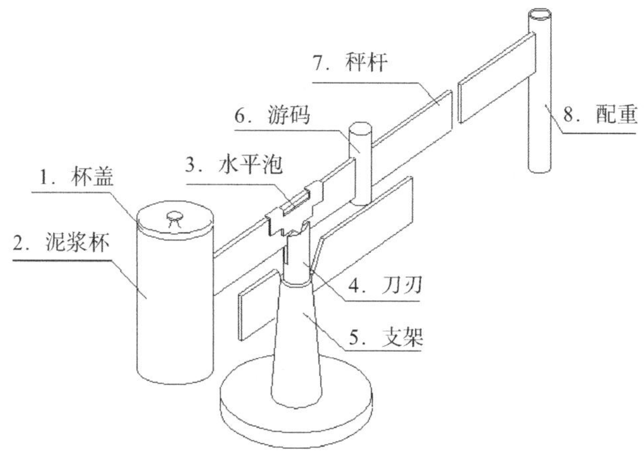

图1-2　泥浆比重秤示意图

压力，使地内压力始终处于控制范围内。

（7）当喷射注浆过程中出现表1-4所列的异常情况时，需查明原因并采取相应措施。

施工异常情况及采取措施　　**表1-4**

异常情况	可能原因	操作措施	备注
地内压力突然异常增大、排浆管排浆量小或不排浆	排泥通路可能发生堵塞	需要进行排堵处理	如无法排堵，立即拆除钻杆，清理完成后，重新下钻至停工位置以下50cm重新施工
地内压力正常、地面冒浆	地内压力控制系数设定偏大或主空气量偏大，排泥管堵塞	认真分析地面监测情况，如地面有抬升趋势，需要适当调整地内压力控制系数。如地面无变化，检查主空气流量仪是否计量准确，如计量仪准确，适当减小主空气量。若排泥管堵塞，应进行排堵处理	主空气量不得低于1.0Nm^3/min
排浆管仅排水不排浆	1. 地内压力偏小：地层有空隙。 2. 地内压力偏大并持续上升，排泥通路不畅	1. 地内可能存在较大空隙，浆液无法返至排浆口，应停止提升钻杆并保持喷射，直至排浆正常。 2. 进行排堵处理	
喷射压力突然下降	管路出现泄漏或主泵损坏	应检查各部位的泄漏情况，必要时拔出钻杆，检查密封性能	
喷射压力陡增，超过最高限值，流量为零	可能系喷嘴堵塞	应拔出钻杆疏通喷嘴	

（8）一般钻杆不能一次提升（或回抽）完成施工，需分数次卸管，为保证桩体的整体性，规定卸杆后喷射的搭接长度不得小于10cm。同样为了保证桩体的整体性，分次施工时的桩体搭接不小于50cm。

当全方位高压喷射注浆施工完毕后，或在喷射注浆过程中因故中断，短时间内不能继续喷射时，均应立即拔出钻杆清洗备用，防止钻杆、喷嘴堵塞。

（9）全方位高压喷射注浆在施工时桩顶标高和建筑物结构底板底标高一致且有防水或托换要求时，为防止因浆液凝固收缩，产生加固地基与建筑基础不密贴或脱空现象，可采用超高喷射（施工的顶标高超过建筑基础底面标高，其超高量大于收缩高度）、回灌浆液等措施。为防止浆液收缩导致沉降，可采用回灌浆液等措施。

（10）全方位高压喷射注浆单桩施工时间较长，单桩施工完成时底部水泥浆液已经初凝，导致型钢插入困难，强行插入又将破坏桩体，故采用先插型钢后全方位高压喷射注浆的形式进行施工。因型钢先行插入土体，无法涂刷减磨剂，一般情况下，不考虑型钢回收。

1.3.2 质量要点

（1）钻机就位后应对孔位进行检查，采用水平尺校平全方位高压喷射注浆钻机，并在成孔前、中、后分别对钻孔精度进行检查，一般不得大于1%；成孔完成后对成孔深度（长度）进行检查。若实际施工孔位与设计孔位偏差过大，会影响加固效果。故规定孔位偏差值不应大于50mm，并且必须保持钻孔的精度。在水平、倾斜施工时要特别注意钻机的精确定位。

（2）全方位高压喷射注浆采用步进提升，按照设定角度自动旋转的方式施工，但在施工过程中需要按照施工方案中的施工参数，利用秒表和钢尺进行随机抽查，确保施工参数的准确性。如抽检不合格，需要对设备进行修理，确保施工质量。

（3）全方位高压喷射注浆采用的多孔管钻杆上有一根与喷嘴位置一致的刻度线，通过观察该线在钻杆上的位置，可以明确喷嘴位置，施工中可通过观察该线的位置，随机抽查喷射角度是否与施工方案一致。

（4）地内压力控制值是全方位高压喷射注浆施工成败的关键参数。根据日本施工经验，在全方位高压喷射注浆施工中，地内压力小于静水压力则地表下陷，地内压力大于覆土压力则地表隆起。对地内压力控制范围为静水压力和覆土压力之间。但每个工程有其特殊性，应根据施工经验、工程地质情况及周边环境情况确定合理的初始地内压力控制系数，并根据周边环境变形情况及时动态调整。

（5）全方位高压喷射注浆前端总成中的地内压力传感器通过钻杆中的数据线，将地内压力同步传输至现场地内压力监测仪及自动化显示记录仪中，施工人员通过对比地内压力实时显示值与地内压力设定值，对排浆阀门、回流水、回流空气等进行操作，将地内压力实时显示值控制在地内压力设定值附近。

1.3.3 质量验收

（1）对于试验桩或重要工程的桩体等，必须采用取芯检验，严禁采用试块取代取芯。正式工程，应在严格控制施工参数的基础上，根据具体情况选定质量检验方法。开挖检查法虽简单易行，通常在浅层进行，但难以对整个固结体的质量作全面检查。钻孔取芯是检验孔固结体质量的常用方法，选用时需以不破坏固结体和有代表性为前提，可以在28d后取芯。载荷试验是建筑地基处理后检验地基承载力的良好方法。透水试验通常在工程有防渗漏要求时采用。建筑物的沉降观测与基坑开挖过程测试和观察是全面检查建筑地基处理质量不可缺少的重要方法。

（2）检验点的位置应重点布置在有代表性的加固区。必要时，在喷射注浆过程中出现过异常现象和地质复杂的地段亦应检验。

（3）《地基处理技术规范》DG/TJ 08-40—2010中第9.4.4条规定“质量检验点的数量应为施工孔数的1%～2%，并不应少于3点，不合格者应进行补喷”。

1.3.4 环境保护

（1）全方位高压喷射注浆是旋喷工艺的一种，因具有强制排浆、地内压力可控的功能，对周边环境影响较小，但由于工程和地层条件的差异性，必须在施工周边重要建筑物及地下管线上埋设监测点，并根据监测数据及时调整施工工艺和参数。

（2）泥浆压滤机可对废浆进行泥水分离，压滤出的土方可满足外运条件，压滤出的水可循环利用。

2 基础

当地基处理仍不能满足管廊的地基承载力要求，则需按照设计要求单独施作基础。城市管廊作为市政地下工程，通常采用桩基础。按照施工方式不同，桩基础可分为钻孔灌注桩、沉入桩和人工挖孔桩。在施工中广泛运用的为钻孔灌注桩和沉入桩。沉入桩又以预制预应力混凝土管桩（PHC管桩）运用较广。采用桩基础较地基处理有着抗地震性能好、沉降量小和承载力高等优点，其刚度和稳定性较地基处理有明显加强，可以解决特殊地基土的承载力。在通常情况下，钻孔灌注桩相对于预制预应管桩直径更大，桩长更长，且可按设计要求变化，适应性强，单桩承载力大，桩段可进入持力层，既可作为端承桩亦可作为摩擦桩，施工时对周边环境和邻近建筑物影响较小。预制桩制作方便，成桩速度快，桩身质量易于控制，不受地下水影响，多作为摩擦桩使用，挤土效应明显，施工时要注意噪声污染以及周边土体扰动的影响。

2.1 钻孔灌注桩施工

钻孔灌注桩是一种广泛运用的基础类型，按成孔方式不同可分为泥浆护壁成孔、干作业成孔、沉管成孔以及爆破成孔。泥浆护壁成孔桩适用于淤泥、黏性土、粉砂、细砂、中砂、粗砂，对卵石粒径有要求，可在地下水位以下的土质条件下作业，泥浆护壁成孔的原理是利用泥浆对桩孔壁产生的静压力而在孔壁上形成泥皮，可以有效防止孔壁坍塌。同时，泥浆经过循环可携渣出孔，具有支撑开挖、悬浮钻渣、避免淤泥渣层在开挖底部堆积等作用。干作业成孔适用于地下水位以上的土质条件，可根据土体或岩体的坚硬程度选择不同的施工机械。沉管成孔要求土体的压缩性低，爆破成孔适用于坚硬岩体。相对于干作业沉孔和沉管沉孔，城市管廊建设中多采用泥浆护壁成孔。

2.1.1 施工要点

1. 施工准备

（1）灌注桩施工应具备下列资料：

1）建筑场地岩土工程勘察报告。

2）桩基工程施工图及图纸会审纪要。

3）建筑场地和邻近区域内的地下管线、地下构筑物、危房、精密仪器车间等的调查资料。

4）主要施工机械及其配套设备的技术性能资料。

5）桩基工程的施工组织设计。

6）水泥、砂、石、钢筋等原材料及其制品的质检报告。

7）有关荷载、施工工艺的试验参考资料。

（2）施工组织设计应结合工程特点，有针对性地制定相应质量管理措施，主要应包括下列内容：

1）施工平面图：标明桩位、编号、施工顺序、水电线路和临时设施的位置。

2）采用泥浆护壁成孔时，应标明泥浆制备设施及其循环系统。

3）确定成孔机械、配套设备以及合理施工工艺的有关资料，泥浆护壁灌注桩必须有泥浆处理措施。

4）施工作业计划和劳动力组织计划。

5）机械设备、备件、工具、材料供应计划。

6）桩基施工时，在安全、劳动保护、防火、防雨、防台风、爆破作业、文物和环境保护等方面应按有关规定执行。

7）保证工程质量、安全生产和季节性施工的技术措施。

（3）施工前应组织图纸会审，会审纪要连同施工图等应作为施工依据，并应列入工程档案。

（4）桩基施工用的供水、供电、道路、排水、临时房屋等临时设施，必须在开工前准备就绪，施工场地应进行平整处理，保证施工机械正常作业。

（5）基桩轴线的控制点和水准点应设在不受施工影响的地方。开工前，经复核后应妥善保护，施工中应经常复测。

（6）用于施工质量检验的仪表、器具的性能指标，应符合现行国家相关标准的规定。

（7）对施工组织设计中制定的施工顺序、监测手段（包括仪器、方法）进行检查。

2. 施工机械的选择

（1）钻孔机具及工艺的选择应根据桩型、钻孔深度、土层情况、泥浆排放及处理条件综合确定。

（2）成桩机械必须经鉴定合格，不得使用不合格机械。

（3）不同桩型的适用条件：

1）泥浆护壁钻孔灌注桩宜用于地下水位以下的黏性土、粉土、砂土、填土、碎石土及风化岩层。

2）旋挖成孔灌注桩宜用于黏性土、粉土、砂土、填土、碎石土及风化岩层。

3）冲孔灌注桩除宜用于上述地质情况外，还能穿透旧基础、建筑垃圾填土或大孤石等障碍物。在岩溶发育地区应慎重使用，采用时，应适当加密勘察钻孔。

4）长螺旋钻孔压灌桩后插钢筋笼宜用于黏性土、粉土、砂土、填土、非密实的碎石类土、强风化岩。

5）干作业钻、挖孔灌注桩宜用于地下水位以上的黏性土、粉土、填土、中等密实以上的砂土、风化岩层。

6）在地下水位较高，有承压水的砂土层、滞水层、厚度较大的流塑状淤泥、淤泥质土层中不得选用人工挖孔灌注桩。

7）沉管灌注桩宜用于黏性土、粉土和砂土；夯扩桩宜用于桩端持力层为埋深不超过20m的中低压缩性黏性土、粉土、砂土和碎石类土。

2.1.2 质量要点

（1）施工中应对成孔、清渣、放置钢筋笼、灌注混凝土等进行全过程检查，人工挖孔桩尚应复验孔底持力层土（岩）性。嵌岩桩必须有桩端持力层的岩性报告。

（2）成孔设备就位后，必须平整、稳固，确保在成孔过程中不发生倾斜和偏移。应在成孔钻具上设置控制深度的标尺，并应在施工中进行观测记录。

（3）成孔的控制深度：

1）摩擦型桩：摩擦桩应以设计桩长控制成孔深度；端承摩擦桩必须保证设计桩长及桩端进入持力层深度。当采用锤击沉管法成孔时，桩管入土深度控制应以标高为主，以贯入度控制为辅。

2）端承型桩：当采用钻（冲）挖掘成孔时，必须保证桩端进入持力层的设计深度；当采用锤击沉管法成孔时，沉管深度控制以贯入度为主，以设计持力层标高对照为辅。

（4）钢筋笼制作、安装：

分段制作的钢筋笼，其接头宜采用焊接或机械式接头（钢筋直径大于20mm），并应遵守国家现行标准《钢筋机械连接技术规程》JGJ/T 107—2016、《钢筋焊接及验收规程》JGJ 18—2012和《混凝土结构工程施工质量验收规范》GB 50204—2015的规定；

加劲箍宜设在主筋外侧，当因施工工艺有特殊要求时也可置于内侧。

导管接头处外径应比钢筋笼的内径小100mm以上。

搬运和吊装钢筋笼时，应防止变形，安放应对准孔位，避免碰撞孔壁和自由落下，就位后应立即固定。

（5）粗骨料可选用卵石或碎石，其骨料粒径不得大于钢筋间距最小净距的1/3。

（6）检查成孔质量合格后应尽快灌注混凝土。直径大于1m或单桩混凝土量超过25m^{3}的桩，每根桩桩身混凝土应留有1组试件；直径不大于1m的桩或单桩混凝土量不超过25m^3的桩，每个灌注台班不得少于1组；每组试件应留3件。

（7）桩在施工前，宜进行试成孔。

（8）灌注桩施工现场所有设备、设施、安全装置、工具配件以及个人劳保用品必须经常检查，确保完好和使用安全。

（9）泥浆的制备和处理：

1）除能自行造浆的黏性土层外，均应制备泥浆。泥浆制备应选用高塑性黏土或膨润土。泥浆应根据施工机械、工艺及穿越土层情况进行配合比设计。

2）施工期间护筒内的泥浆面应高出地下水位1.0m以上，在受水位涨落影响时，泥浆面应高出最高水位1.5m以上。

3）在清孔过程中，应不断置换泥浆，直至浇筑水下混凝土。

4）浇筑混凝土前，孔底500mm以内的泥浆相对密度应小于1.25；含砂率不得大于8%，黏度不得大于28s。

5）在容易产生泥浆渗漏的土层中应采取维持孔壁稳定的措施。

6）对废弃的浆、渣应进行处理，不得污染环境。

2.1.3 质量验收

（1）桩位的放样允许偏差：群桩为20mm；单排桩为10mm。

（2）桩基工程的桩位验收，除设计有规定外，应按下述要求进行：

1）当桩顶设计标高与施工场地标高相同时，或桩基施工结束后，有可能对桩位进行检查时，桩基工程的验收应在施工结束后进行。

2）当桩顶设计标高低于施工场地标高，送桩后无法对桩位进行检查时，可对护筒位置做中间验收，待全部桩施工结束，承台或底板开挖到设计标高后，再做最终验收。

（3）灌注桩成孔施工的允许偏差应满足表2-1的要求，桩顶标高至少要比设计标高高出0.5m，桩底清孔质量按不同的成桩工艺有不同的要求，应按本章的各节要求执行。

灌注桩成孔施工允许偏差 **表2-1**

序号	成孔方法		桩径偏差	垂直度允许偏差（%）	桩位允许偏差	
					1～3根桩、单排桩基沿垂直中心线方向和群桩基础中的边桩	条形桩基沿中心线方向和群桩基础的中间桩
1	泥浆护壁钻孔桩	D≤1000mm	±50	<1	D/6且不大于100	D/4且不大于150
		D≥1000mm			100+0.01H	150+0.01H

序号	成孔方法		桩径偏差	垂直度允许偏差（%）	桩位允许偏差	
					1～3根桩、单排桩基沿垂直中心线方向和群桩基础中的边桩	条形桩基沿中心线方向和群桩基础的中间桩
2	套管成孔灌注桩	D≤500mm	±20	<1	70	150
		D≥500mm			100	150
3	干成孔灌注桩		±20	<1	70	150
4	人工挖孔桩	混凝土护壁	±50	<0.5	50	150
		钢套管护壁	±50	<1	100	200

注：1. 桩径允许偏差的负值是指个别断面。
2. 采用复打、反插法施工的桩，其桩径允许偏差不受上表限制。
3. H为施工现场地面标高与桩顶设计标高的距离；D为设计桩径。

（4）工程桩应进行承载力检验。对于地基基础设计等级为甲级或地质条件复杂、成桩质量可靠性低的灌注桩，应采用静载荷试验的方法进行检验，检验桩数不应少于总数的1%，且不应少于3根，当总桩数少于50根时，不应少于2根。

（5）应对桩身质量进行检验。对设计等级为甲级或地质条件复杂、成检质量可靠性低的灌注桩，抽检数量不应少于总桩数的30%，且不应少于20根；对地下水位以上且终孔后经过核验的灌注桩，检验数量不应少于总桩数的10%，且不得少于10根；其他桩基工程的抽检数量不应少于总桩数的20%，且不应少于10根。每个柱子承台下不得少于1根。

（6）对砂、石子、钢材、水泥等原材料的质量、检验项目、批量和检验方法，应符合国家现行标准的规定。

（7）除上述第（4）（5）条规定的主控项目外，其他主控项目应全部检查；对于一般项目，混凝土灌注桩应全部检查。

（8）混凝土灌注桩的质量检验标准应符合表2-2、表2-3的规定。

混凝土灌注桩钢筋笼质量检验标准（单位：mm）　　表2-2

项目	序号	检查项目	允许偏差或允许值	检查方法
主控项目	1	主筋间距	±10	用钢尺量
	2	长度	±100	用钢尺量
一般项目	1	钢筋材质检验	设计要求	抽样送检
	2	箍筋间距	±20	用钢尺量
	3	直径	±10	用钢尺量

混凝土灌注桩质量检验标准 **表2-3**

项目	序号	检查项目	允许偏差或允许值		检查方法
			单位	数值	
主控项目	1	桩位	见表2-1		基坑开挖前量护筒，开挖后量桩中心
	2	孔深	mm	+300	只深不浅，用重锤测，或测钻杆、套管长度，嵌岩桩应确保进入设计要求的嵌岩深度
	3	桩体质量检验	按基桩检测技术规范。如钻芯取样，大直径嵌岩桩应钻至桩尖下50cm		按基桩检测技术规范
	4	混凝土强度	设计要求		试件检测报告或钻芯取样送检
	5	承载力	按基桩检测技术规范		按基桩检测技术规范
一般项目	1	垂直度	见表1-2		测套杆或钻杆，或用超声波探测，干作业施工时可用吊垂球
	2	桩径	见表2-1		
	3	泥浆相对密度（黏土或砂性土）	1.15 ~ 1.20		用比重计测，清孔后在距孔底50cm处取样
	4	泥浆面标高	m	0.5 ~ 1.0	目测
	5	沉渣厚度：端承桩 摩擦桩	mm	≤50 ≤150	用沉渣仪或重锤测量
	6	混凝土坍落度： 水下灌注桩 干作业施工	mm	160 ~ 220 70 ~ 100	坍落度仪
	7	钢筋笼安装深度	mm	± 50	用钢尺量
	8	混凝土充盈系数	>1		检查每根桩的实际灌注量
	9	桩顶标高	mm	+30 -50	水准仪，需扣除桩顶浮浆及劣质桩体

2.1.4 安全与环保措施

1. 安全生产管理制度

遵守国家及地方关于安全生产的规定，为保证施工现场安全作业，避免发生安全事故，应制定以下管理制度：

（1）安全生产负责制：应逐级建立安全管理责任制度，分工明确、责任到人。

（2）建立安全教育制度：对所有进场的职工、民工进行入场安全教育，针对不同工种分别进行安全操作规程教育，建立安全教育卡片。

（3）坚持安全交底制度：技术人员在编制混凝土灌注桩施工方案和技术措施时，同时编制详细的、有针对性的安全措施，并向操作人员进行书面交底。

（4）安全预防制度：在制定混凝土灌注桩施工方案和下达施工计划时，同时制定和下达施工安全技术措施。对机具设备经常进行保养和定期维修，消除一切安全隐患。施工现场应设置安全标志。

（5）坚持安全检查制度：定期进行安全大检查，专职安全员每天进行检查。对检查出的问题做好文字记录，落实到人限期整改，对危及人身安全的隐患立即整改，整改完毕后由安全员进行验证。

（6）安全事故处理制度：现场发生任何安全事故，都本着事故原因不清不放过、事故责任者和应受教育者没有受到教育不放过、没有采取防范措施不放过的“三不放过”原则进行处理，查明事故原因、事故责任者。制定整改及预防措施，避免以后再次发生类似事故。重大事故发生后及时向上级部门及地方有关部门汇报，积极配合并接受有关部门的调查和处理。

2. 一般规定

（1）进入现场人员一律佩戴安全帽，不准穿拖鞋、高跟鞋，不得赤脚作业，高空作业人员佩戴并系好安全带，穿防滑鞋，施工时严禁嬉戏、打闹。

（2）严禁酒后作业，进入施工现场人员一律佩戴工作证，特种作业人员应持证上岗。

（3）钻机就位前应对各项准备工作进行检查，包括设备的检查和维修；钻机安装就位后，底座和顶端应平稳，不得产生位移或沉陷。

（4）夜间施工要办理夜间施工许可证。施工时应保证有足够的照明设施，能满足夜间施工的需要，并配备备用电源。

（5）施工区域设置固定围护，现场要设置交通标志、安全标牌、警戒灯等安全标志，保证施工机械和施工人员的安全。

（6）所有机械的操作运转，必须严格遵守相应的安全技术操作规程。

（7）各施工班组现场应设防火负责人，负责本班所在区域的防火工作，并要经常检查、督促本班组人员做好防火工作。

（8）钢筋进场的吊装，钢筋的切断、调直、焊接，钢筋笼的吊装、起运、安装必须严格执行机械安全操作规程，机械手及配合人员必须经过安全培训。

3. 施工用电安全

（1）所有钻机上的电力线路和用电设备由持证电工安装。由专职电工负责日常检查和维修保养，禁止其他人员私自乱接、乱拉电线。

（2）现场施工用电线路一律采用绝缘导线。使用时提前认真检查确保电缆无裸露现象。地上线路应架空设置，以绝缘固定，以避免钻机移位时碰到线路导致影响桩体质量。

（3）电动机械设备使用前按规定进行检查、试运转，作业完成后应拉闸断电并锁好电闸箱，防止发生意外事故。

（4）电箱应牢固地安装在适合位置，进出线整齐，拉线牢固，熔丝不得用金属代替，箱内不得放其他物品，配电箱、电缆线接头、电焊机等必须有防雨措施，认真检查施工现场照明和动力线有无混接、漏电现象，检查电气设备的接零、接地保护措施是否牢靠，漏电保护装置是否灵敏，电线绝缘接地是否良好，防止水浸受潮造成漏电或设备事故。

4. 环保措施

（1）施工前平整场地、清除障碍物时必须将弃土、弃渣等运至指定的弃土场内，并在工程完工后对弃土场进行挡护、绿化处理。

（2）做好混凝土灌注桩施工区域排水系统，使红线外原有排水系统保持通畅。

（3）施工所产生的废渣和废弃泥浆及时送到指定的位置。未经处理的泥浆、水泥浆、机械油污等，严禁直接排入城市排水设施和河流。所有排水均要求达到国家排放标准。办公区、施工区、生活区应合理设置排水明沟、排水管，道路及场地适当放坡，做到污水不外流，场内无积水。

（4）严禁生活区域内的施工垃圾、生活垃圾任意倒放，必须将其运至专门的弃土场或进行深埋处理。清理施工垃圾时使用容器吊运，严禁随意凌空抛撒造成扬尘。施工垃圾及时清运，清运时适量洒水减少扬尘。

（5）搅拌站应设封闭的搅拌棚，在搅拌机上设置喷淋装置。水泥桶进行美化全封闭围护，避免水泥粉尘四处飘洒，控制扬尘。

（6）在搅拌机前及运输车清洗处设置沉淀池。排放的废水先排入沉淀地，经二次沉淀后，方可排入城市排水管网或回收用于洒水降尘。

（7）作业时尽量控制噪声影响，对噪声过大的设备尽可能不用或少用。在施工中采取防护等措施，把噪声降低到最低限度。

（8）对强噪声机械（如搅拌机、电锯、电刨、砂轮机等）设置封闭的操作棚，以减少噪声的扩散。在施工现场倡导文明施工，尽量减少人为的大声喧哗，不使用高音喇叭或怪音喇叭，增强全体施工人员防噪声扰民的自觉意识。尽量避免夜间施工，确有必要时及时向有关部门办理夜间施工许可证，并向周边居民告示。

2.2 预制预应力混凝土管桩

预制预应力混凝土管桩是一种具有一定抗压性能与抗弯能力的受力杆件，通过挤土的形式传递上部荷载。由于预应力混凝土管桩可实现规模性生产，管桩自身质量、施工质量和施工进度均能够有效控制，单方混凝土高承载力也是其一大优点。在施工中，管桩类型的选择和施工机械的选择是避免出现施工质量问题的关键，应结合设计要求和现场实际选用合适的桩型和机械。

2.2.1 施工要点

（1）预应力混凝土管桩适用于素填土、杂填土、淤泥、淤泥质土、粉土、黏性土、碎石土等地基。不适用于密实且较厚的砂土层及风化岩层。

（2）在选择预应力混凝土管桩的类型时，应根据工程地质情况、建筑物结构类型、荷载性质、桩的使用功能以及沉桩设备（静压、锤击）、施工条件、施工经验等，经综合分析后选用。用作摩擦桩或端承摩擦桩且穿越的坚硬土层较薄时，宜选用A、AB型桩，其长径比（桩总长/桩外径）不宜大于100；当用于端承桩或摩擦端承桩且需穿越一定厚度较硬土层时，宜选用AB、B型桩，其长径比不宜大80。

（3）打桩设备的选用：管桩施工机械有锤击打桩机和静压打桩机两种。锤击法沉桩机械常用有柴油锤桩机，具体规格和性能见表2-4。静压桩机常用全液压式静压桩机，按沉桩施工方式不同分为顶压和抱压两种，具体的规格和性能见表2-5。

（4）当打桩施工可能影响附近建（构）筑物时，应采取减少震动和挤土影响的措施。必要时，应对受影响的建（构）筑物进行加固处理并观测设点；在毗邻边坡打桩时，应随时注意打桩对边坡的影响。

（5）深基坑围护结构中的管桩工程，宜先打工程桩再施工基坑的围护结构；自然放坡基坑中先挖土后打桩的管桩工程，应加强对边坡的监测，并采取有效措施保持边坡稳定。

（6）对于抗拔桩及高承台桩，其接头焊缝处外露部分应做防锈处理。

（7）应进行不少于2根桩的试沉桩，以核对地质资料的正确性、检验沉桩机械选用的合理性，并确定打桩控制参数及施工停止沉桩的标准。

（8）沉桩顺序应符合下列规定：

1）沉桩顺序应在施工组织设计或施工方案中确定。对密集桩，应从正中间向两个方向或向四周对称施工；一侧由近至远施工。

2）根据桩长及桩顶的设计标高，宜先长后短。

3）根据管桩的规格，宜先大后小。

4）根据建筑设计的主次，先主后辅，先高层后多层。

（9）管桩吊点位置应符合下列规定：

1）管桩单节长度经验算符合钩吊要求的，可以采用专用吊钩直接钩住管桩两端起吊脱模，否则应采取其他措施进行脱模。

2）施工、运输时管桩长度不大于15m且符合《先张法预应力混凝土管桩》GB 13476—2009规定的单节长度时，宜采用两点起吊或经验算符合钩吊要求的可直接钩住管桩两端起吊，吊点位置如图2-1。施工现场吊运管桩时，宜按图2-2进行。长度大于15m的管桩或拼接桩，应采用不少于4个吊点进行起吊，吊点位置应计算确定。

柴油锤重选择表 **表2-4**

锤型			锤重（t）						
			D25	D35	D45	D60	D72	D80	D100
锤的动力性能		冲击部分重（t）	2.5	3.5	4.5	6.0	7.2	8.0	10.0
		总质量（t）	6.5	7.2	9.6	15.0	17.0	18.0	20.0
		冲击力（kN）	2000～2500	2500～4000	4000～5000	5000～7000	7000～10000	>10000	>12000
		常用冲程（m）	1.8～2.3						
截面尺寸		管桩外径（mm）	350～400	400～450	450～500	500～550	550～600	600以上	600以上
持力层	黏性土粉土	一般进入深度（m）	1.5～2.5	2.0～3.0	2.5～3.5	3.0～4.0	3.0～5.0	3.0～5.0	
		静力触探比贯入阻力PS平均值（MPa）	4	5	>5	>5	>5		
	砂土	一段进入深度（m）	0.5～1.5	1.0～2.0	1.5～2.5	2.0～3.0	2.5～3.5	4.0～5.0	5.0～6.0
		标准贯入锤击数值$N63.5$（未修正）	20～30	30～40	40～45	45～50	>50	>50	>50
	极软岩	一段进入深度（m）	0.5	0.5～1.0	1.0～2.0	1.5～2.5	2.0～3.0	2.0～3.0	2.5～3.5
	软岩	一段进入深度（m）			0.5	0.5～1.0	1.0～2.0	1.0～2.0	1.5～2.5
锤击常用控制贯入度（cm/10击）			2～3		3～5	4～8	4～8	5～10	7～12
设计单桩极限承载力（kN）			800～1600	2500～4000	3000～5000	5000～7000	7000～10000	>10000	>10000

注：1. 本表仅供选锤参考。
2. 适用于桩长20～60m且桩尖进入硬土层一定深度的情况，不适用桩尖在软土层的情况。
3. 极软岩和软岩的鉴定可参照《岩土工程勘察规范》DGJ32/TJ 208。

静压桩机选择表 表2-5

性能	压桩机型号					
	YZY120	YZY160～180	YZY200～280	YZY300～360	YZY400～450	YZY500～600
最大压桩力（kN）	1200	1600～1800	2000～2800	3000～3600	4000～4500	5000～6000
适用管桩外径（mm）	300～350	300～400	300～500	350～500	400～550	500～600
桩端持力层	中密砂层，硬塑的黏土层	中密～密实砂层，硬塑～坚硬黏土	密实砂层坚硬黏土层极软岩	密实砂层坚硬黏土层极软岩	密实砂层坚硬黏土层，极软岩～强风化岩	密实砂层坚硬黏土层，极软岩～强风化岩
桩端持力层标准贯入击数值N63.5（未修正）	15～20	20～25	20～35	30～40	30～50	30～55
穿透中密～密实砂层厚度（m）	<1	约2	2～3	3～4	5～6	5～8
单桩极限承载力（kN）	800～1200	1000～2000	1300～2000	1900～3800	2800～4000	3500～5500

注：1. 本表仅供选择静压桩机用。
2. 极软岩的鉴定可参照《岩土工程勘察规范》DGJ32/TJ 208—2016。
3. 根据设计文件和工程勘察报告及周边环境选择合适的沉桩机械。
4. 打桩机应有产品合格证书、产品说明书、桩机相关技术参数以及桩机对施工现场地基承载力要求。
5. 打桩机进入施工现场前，应进行标定。

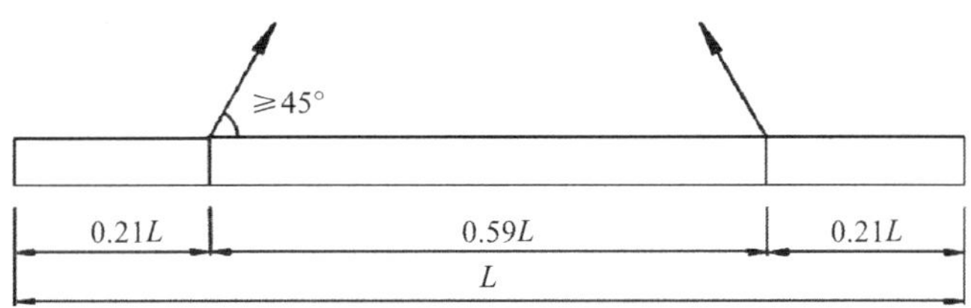

图2-1　管桩吊点位置图

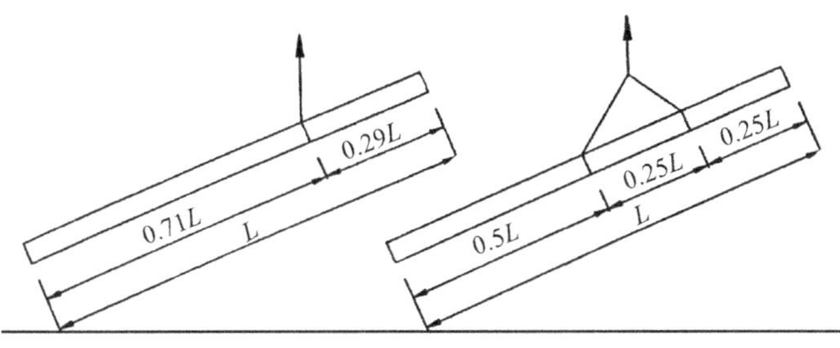

图2-2　管桩吊运示意图

（10）管桩间距小于3.5*d*（*d*为管桩外径）时，宜采用跳打。应控制每天打桩根数。

（11）施工用管桩在施打前应双控，即桩的混凝土强度应达到100%的设计强度，同时应满足锤击静压管桩混凝土龄期大于14天和高压釜养护管桩龄期大于7d的要求。

（12）管桩桩尖应根据地质条件和设计要求选用。

2.2.2 质量要点

（1）试沉桩应符合下列规定：

1）试沉桩的类型、规格、长度及地质条件应与工程桩一致。

2）试沉桩应选在地质勘察孔附近。

3）试沉桩施工机械等条件应与工程桩一致。

4）用静载法进行测试，有条件时静载试验宜加载至桩的极限荷载。

（2）管桩桩位的放样允许偏差为：（群桩）±20mm；（单排桩）±10mm。

（3）施工前应检查接桩用电焊条产品质量。焊条型号、性能应符合设计要求和有关标准、规范的规定。

（4）除设计明确规定以桩端标高控制的摩擦桩应保证设计桩长外，其他管桩应按设计、监理、施工等单位共同确认的停锤标准收锤或最终压力值停止压桩。

（5）施工过程中应检查桩的贯入情况、桩顶完整状况、电焊接桩质量、桩体垂直度、电焊后停歇时间等。

（6）地基基础设计等级为甲级的、地质条件较差或桩节数超过3节时，应对电焊接头做10%的焊缝探伤检查。

（7）配置封口型桩尖（十字形或圆锥形）的工程桩桩身质量检查，可采用直观法检查，即在收锤后立即将低压电灯泡沉入管桩内腔用灯光照射检查。

2.2.3 质量验收

（1）桩位验收，除设计有规定外，应按下列要求进行：

1）当桩顶设计标高与施工现场标高相同时，或桩基施工结束后有可能对桩位进行检查时，桩基工程的验收应在施工结束后进行。

2）当桩顶设计标高低于施工现场标高，送桩后无法对桩位进行检查时，对打入桩可在每根桩顶沉至场地标高时，进行中间验收，待全部桩施工结束并开挖到设计标高后，再做最终验收。

（2）桩基验收条件应符合下列要求：

1）现场桩头清理到位，混凝土灌芯已完成。

2）竣工图等质量控制资料已经监理审查并签署意见。

3）桩位偏差超标等质量问题已有设计书面处理意见。

4）检测报告已出具。

5）桩基子分部已经施工自检合格。

（3）桩体质量检验和承载力应符合下列规定：

1）地基基础设计等级为甲级、地质条件较差（软土地区或地质差异较大）及桩节数超过3节时，桩基承载力试验应采用静载试验法。检测数量为单位工程总桩数的1%，并不少于3根；总桩数小于50根的，不少于2根。对于成片开发的具有相似地质情况，采用相同桩型、承载力、施工工艺的多幢建筑物，设计、监理等单位共同确定检测方案，但每幢不得少于2根。

2）当静载试验法受场地条件限制确实很难实施时，可采用高应变法检测，但应有可靠的动静对比资料。高应变试验检测数量为单位工程总桩数的5%，且不少于5根；总桩数小于50根的，不少于3根。

3）桩身质量检验采用低应变动测法，如地基基础设计等级为甲级，则检测数量为总桩数的100%；其他情况检测数量为总桩数的30%，且不应少于10根；每个柱子承台下不得少于1根。

4）工程桩不得用作静载试验时的锚拉桩。

3 基坑支护

城市管廊作为市政地下工程，在采用明挖法施工时，受城市施工条件限制，通常选择支护结构施作基坑工程。如采用边坡防护形式施作基坑，要求现场场地较大且周边建筑物较少，故其在城市管廊的基坑工程实践中运用不多。以下主要介绍基坑支护结构的各类形式与施工要点。

基坑的支护结构是提供主体结构空间的重要结构。支护结构由围护结构和支撑结构组成，两者共同作用形成基坑的支护结构。围护结构一般是在开挖面基底下有一定插入深度的板（桩）墙结构，有悬臂式、单撑式、多撑式。支撑结构起减小围护结构变形、控制墙体弯矩的作用，有内撑和外锚两种形式。

在城市管廊的基坑工程中应用较多的基坑围护结构有排桩墙（灌注桩）、SMW工法桩、地下连续墙、渠式切割水泥土（TRD）工法等。排桩墙（灌注桩）形式多样，可根据现场实际情况灵活调整，工艺成熟，可插入钢筋笼或钢板桩增加结构强度，需有防水措施配合；SMW工法桩强度大，止水性好，一般用于软土地层，内插型钢可拔出反复使用，经济性好；地下连续墙刚度大，强度大，变形小，隔水性好，开挖深度大，可邻近建筑物使用，同时兼做主体结构，可适用于所有地层；渠式切割水泥土（TRD）工法桩施工速度较快，结构整体性好，内插型钢也可反复利用，适用于软土地层。支撑结构多采用钢筋混凝土支撑或钢管支撑。根据设计要求和现场实际情况，围护结构和支撑结构组合使用，即为城市管廊的支护结构。

3.1 排桩墙支护工程施工

排桩墙（灌注桩）是指呈队列式间隔布置的各种竖向桩，其形式多样，可采用钢筋混凝土人工挖孔桩、钻孔灌注桩、沉管灌注桩，也可采用预应力管桩，形状多为圆柱体或矩形柱，可根据现场实际情况灵活调整。排桩墙的施工工艺成熟，一般适用于开挖深度6～20m的基坑，可采用素混凝土桩与加强型桩间隔使用的形式。加强型桩中可插入钢筋笼或钢板桩增加结构强度，需有防水措施配合。

3.1.1 施工要点

（1）排桩的施工应符合现行行业标准《建筑桩基技术规范》JGJ 94—2008对相应桩型的有关规定。

（2）当排桩桩位邻近的既有建筑物、地下管线、地下构筑物对地基变形敏感时，应根据其位置、类型、材料特性、使用状况等相应采取下列控制地基变形的防护措施：

1）宜采取隔成桩的施工顺序；对于混凝土灌注桩，应在混凝土终凝后，再进行相邻桩的成孔施工。

2）对于松散或稍密的砂土、稍密的粉土、软土等易坍塌或流动的软弱土层，对钻孔灌注桩宜采取改善泥浆性能等措施，对人工挖孔桩宜采取减小每节挖孔和护壁的长度、加固孔壁等措施。

3）支护桩成孔过程出现流砂、涌泥、塌孔、缩径等异常情况时，应暂停成孔并及时采取有针对性的措施进行处理，防止继续塌孔。

4）当成孔过程中遇到不明障碍物时，应查明其性质，且在不会危害既有建筑物、地下管线、地下构筑物的情况下方可继续施工。

（3）对于混凝土灌注桩，其纵向受力钢筋的接头不宜设置在内力较大处。同一连接区段内，纵向受力钢筋的连接方式和连接接头面积百分率应符合现行国家标准《混凝土结构设计规范》GB 50010—2010对梁类构件的规定。

（4）混凝土灌注桩沿纵向分段配置不同钢筋数量时，钢筋笼制作和安放过程中应采取控制非通长钢筋竖向定位的措施。

（5）混凝土灌注桩采用沿桩截面周边非均匀配置纵向受力钢筋时，应按设计的钢筋配置方向进行安放，其偏转角度不得大于10°。

（6）混凝土灌注桩设有预埋件时，应根据预埋件的用途和受力特点的要求，控制其安装位置及方向。

（7）钻孔咬合桩施工可采用液压钢套管全长护壁、机械冲抓成孔工艺，其施工应符合下列要求：

1）桩顶应设置导墙，导墙宽度宜取3～4m，导墙厚度宜取0.3～0.5m。

2）咬合桩应按先施工素混凝土桩、后施工钢筋混凝土桩的顺序进行；钢筋混凝土桩应在素混凝土桩初凝前通过在成孔时切割部分素混凝土桩身形成与素混凝土桩的互相咬合搭接；钢筋混凝土桩的施工还应避免素混凝土桩刚浇筑后被切割。

3）钻机就位及吊设第一节套管时，应采用两个测斜仪贴附在套管外壁并用经纬仪复核套管垂直度，其垂直度允许偏差应为3‰。液压套管应正反扭动加压下切。管内抓斗取土时，套管底部应始终位于抓土面下方，抓土面与套管底的距离应大于1.0m。

4）孔内虚土和沉渣应清除干净，并用抓斗夯实孔底；灌注混凝土时，套管应随混凝土浇筑逐段提拔；且套管应垂直提拔；阻力过大时应转动套管同时缓慢提拔。

3.1.2 质量要点

（1）除特殊要求外，排桩的施工偏差应符合下列规定：

1）桩位的允许偏差应为50mm。

2）桩垂直度的允许偏差应为0.5%。

3）预埋件位置的允许偏差应为20mm。

4）桩的其他施工允许偏差应符合现行行业标准《建筑桩基技术规范》JGJ 94—2008的规定。

（2）冠梁施工时，应将桩顶部浮浆、低强度混凝土及破碎部分清除。冠梁混凝土浇筑采用土模时，土面应修理整平。

（3）采用混凝土灌注桩时，其质量检测应符合下列规定：

1）应采用低应变动测法检测桩身完整性，检测桩数不宜少于总桩数的20%，且不得少于5根。

2）当根据低应变动测法判定的桩身完整性为Ⅲ类或Ⅳ类时，应采用钻芯法进行验证，并应扩大低应变动测法检测的数量。

3.1.3 质量验收

混凝土灌注桩的质量检验标准应符合表2-2、表2-3的规定。

钢板桩均为工厂成品，新桩可按出厂标准检验，重复使用的钢板桩应符合表3-1的规定，混凝土板桩应符合表3-2的规定。

重复使用的钢板桩检验标准 **表3-1**

序号	检查项目	允许偏差或允许值		检查方法
		单位	数值	
1	桩垂直度	%	＜1	用钢尺量
2	桩身弯曲度		＜2%L	用钢尺量，L为桩长
3	齿槽平直度及光滑度	无电焊渣或毛刺		用1m长的桩段做通过试验
4	桩长度	不小于设计长度		用钢尺量

混凝土板桩制作标准 **表3-2**

项目	序号	检查项目	允许偏差或允许值		检查方法
			单位	数值	
主控项目	1	桩长度	mm	+10，0	用钢尺量
	2	桩身弯曲度		＜0.1%L	用钢尺量，L为桩长

项目	序号	检查项目	允许偏差或允许值		检查方法
			单位	数值	
一般项目	1	保护层厚度	mm	±5	用钢尺量
	2	横截面相对两面之差	mm	5	用钢尺量
	3	桩尖对桩轴线的位移	mm	10	用钢尺量
	4	桩厚度	mm	+10，0	用钢尺量
	5	凹凸槽尺寸	mm	±3	用钢尺量

3.1.4 安全与环保措施

（1）深基坑支护上部应设安全护栏和危险标志。夜间应设置红灯标志。

（2）挡土灌注桩、预制桩与拉杆、土层锚杆结合的支护，必须逐层及时设置拉杆、土层锚杆，以保证支护的稳定，不得在基坑全部挖完后再设置。

（3）支护的设置遵循由上到下的程序，支护的拆除应遵循由下而上的程序，以防基坑失稳塌方。

（4）施工场地坡度小于0.01，地基承载力大于85kPa。

（5）桩机周围5m范围内应无高压线路。桩机起吊时，吊物上必须拴溜绳。人员不得处于桩机作业范围内。桩机吊有吊物的情况下，操作人员不得离机。桩机不得超负荷作业。

（6）钢丝绳的使用及报废标准应按有关规定执行。

（7）遇恶劣天气时应停止作业。必要时应将桩机卧放地面。

（8）施工现场电气设备必须保护接零，安装漏电开关。

（9）当排桩墙施工所造成的地层挤密、污染对周边建筑物有不利影响时，应制定可行、有效的施工措施后才可进行施工。

（10）施工中应认真监测基坑周围相邻建筑物的水平位移及地面沉降，发现问题及时采取措施。

（11）严格控制噪声，减少环境污染。

（12）施工废水、废浆应排入沉淀池中，不得随意排放，钻出的泥土应及时运走，保持场地清洁。

3.2 SMW工法桩施工

SMW工法桩也可叫柱列式土壤水泥墙工法桩，即利用多轴型长螺旋钻机在土壤中钻孔，达到预定深度后，边提钻边从钻头端部注入水泥浆，将其与周围土壤反复混合搅拌，在原位置上建成一段土壤水泥墙。然后进行第二段墙施工，使相邻的土壤水泥墙彼此连续重叠搭接即可做成连续的桩墙。同时根据不同需求，插入工字钢，在水泥土混合体未结硬前插入H型钢或钢板作为补强材料，至水泥结硬，形成一道具有一定强度和刚度的连续完整的无接缝的地下墙体，作为深基坑或沟槽开挖的支护结构。SMW工法桩最常用的施工机械是三轴型钻掘搅拌机，可针对黏性土、砂砾土、风化岩层选用不同的钻杆和钻头，可在含水量不大的黏性土、粉土、砂土、砂砾土等软土地层中应用，必要时可配合止水措施提高止水效果。

3.2.1 施工要点

（1）水泥土搅拌桩施工时桩机就位应对中，平面允许偏差应为±20mm，立柱导向架的垂直度不应大于1/250。

（2）搅拌下沉速度宜控制为0.5～1m/min，提升速度宜控制为1～2m/min，并保持匀速下沉或提升。提升时不应在孔内产生负压造成周边土体的过大扰动，搅拌次数和搅拌时间应能保证水泥土搅拌桩的成桩质量。

（3）对于硬质土层，当成桩有困难时，可采用预先松动土层的先行钻孔套打方式施工。

（4）浆液泵送量应与搅拌下沉或提升速度相匹配，保证搅拌桩中水泥掺量的均匀性。

（5）搅拌机头在正常情况下应上下各一次对土体进行喷浆搅拌，对含砂量大的土层，宜在搅拌桩底部2～3m范围内上下重复喷浆搅拌一次。

（6）水泥浆液应按设计配比和拌浆机操作规定拌制，并应通过滤网倒入具有搅拌装置的贮浆桶或贮浆池，采取防止浆液离析的措施。在水泥浆液的配比中可根据实际情况加入相应的外加剂，各种外加剂的用量均宜通过配比试验及成桩试验确定。

（7）三轴水泥土搅拌桩施工过程中，应严格控制水泥用量，宜采用流量计进行计量。因搁置时间过长产生初凝的浆液，应作为废浆处理，严禁使用。

（8）施工时如因故停浆，应在恢复喷浆前，将搅拌机头提升或下沉0.5m后再喷浆搅拌施工。

（9）水泥土搅拌桩搭接施工的间隔时间不宜大于24h，当超过24h时，搭接施工时应放慢搅拌速度。若无法搭接或搭接不良，应作为冷缝记录在案，并应经设计单位认可后，在搭接处采取补救措施。

（10）采用三轴水泥土搅拌桩进行土体加固时，在加固深度范围以上的土层被扰动区应采用低掺量水泥回掺加固。

（11）若长时间停止施工，应对压浆管道及设备进行清洗。

（12）搅拌机头的直径不应小于搅拌桩的设计直径。水泥土搅拌桩施工过程中，搅拌机头磨损量不应大于10mm。

（13）搅拌桩施工时可采用在螺旋叶片上开孔、添加外加剂或其他辅助措施，以避免黏土附着在钻头叶片上。

（14）型钢宜在搅拌桩施工结束后30min内插入，插入前应检查其平整度和接头焊缝质量。

（15）型钢的插入必须采用牢固的定位导向架，在插入过程中应采取措施保证型钢垂直度。型钢插入到位后应使用悬挂构件控制型钢顶标高，并与已插好的型钢牢固连接。

（16）型钢宜依靠自重插入，当型钢插入有困难时可采用辅助措施下沉。严禁采用多次重复起吊型钢并松钩下落的插入方法。

（17）拟拔出回收的型钢，插入前应先在干燥条件下除锈，再在其表面涂刷减摩材料。完成涂刷后的型钢，在搬运过程中应防止碰撞和强力擦挤。减摩材料如有脱落、开裂等现象应及时修补。

（18）型钢拔除前水泥土搅拌墙与主体结构地下室外墙之间的空隙必须回填密实。在拆除支撑和腰梁时应将残留在型钢表面的腰梁限位或支撑抗剪构件、电焊疤等清除干净。型钢起拔宜采用专用液压起拔机。

3.2.2 质量要点

（1）型钢水泥土搅拌墙的质量检查与验收应分为施工期间过程控制、成墙质量验收和基坑开挖期检查3个阶段。

（2）型钢水泥土搅拌墙施工期间过程控制的内容应包括：验证施工机械性能与材料质量，检查搅拌桩和型钢的定位、长度、标高、垂直度，搅拌桩的水胶比、水泥掺量，搅拌下沉与提升速度，浆液的泵压、泵送量与喷浆均匀度，水泥土试样的制作，外加剂掺量，搅拌桩施工间歇时间及型钢的规格，拼接焊缝质量等。

（3）在型钢水泥土搅拌墙的成墙质量验收时，主要应检查搅拌桩体的强度和搭接状况、型钢的位置偏差等。

（4）基坑开挖期间应检查开挖面墙体的质量，腰梁和型钢的密贴状况以及渗漏水情况等。

（5）采用型钢水泥土搅拌墙作为支护结构的基坑工程，其支撑（或锚杆）系统、土方开挖等分项工程的质量验收应按现行国家标准《建筑地基基础工程施工质量验收标准》GB 50202—2018和行业标准《建筑基坑支护技术规程》JGJ 120—2012等有关规定执行。

（6）浆液拌制选用的水泥、外加剂等原材料的检验项目及技术指标应符合设计要求和国家现行有关标准的规定。

检查数量：按批检查。

检验方法：查产品合格证及复试报告。

（7）浆液水胶比、水泥掺量应符合设计和施工工艺要求，浆液不得离析。

检查数量：按台班检查，每台班不应少于3次。

检验方法：浆液水胶比应用相对密度计抽查；水泥掺量应用计量装置检查。

（8）焊接H型钢焊缝质量应符合设计要求和现行国家标准《焊接H型钢》GB/T 33814—2017的有关规定。H型钢的允许偏差应符合表3-3的规定。

H型钢允许偏差 **表3-3**

序号	检查项目	允许偏差（mm）	检查数量	检查方法
1	截面高度	± 5.0	每根	用钢尺量
2	截面宽度	± 3.0	每根	用钢尺量
3	腹板厚度	–1.0	每根	用游标卡尺量
4	翼缘板厚度	–1.0	每根	用游标卡尺量
5	型钢长度	± 50	每根	用钢尺量
6	型钢挠度	$L/500$	每根	用钢尺量

注：表中L为型钢长度。

（9）水泥土搅拌桩施工前，当缺少类似特性的水泥土强度数据或需通过调节水泥用量、水胶比以及外加剂的种类和数量以满足水泥土强度设计要求时，应进行水泥土强度室内配比试验，测定水泥土28d无侧限抗压强度。试验用的土样，应取自水泥土搅拌桩所在深度范围内的土层。当土层分层特征明显、土性差异较大时，宜分别配置水泥土试样。

（10）基坑开挖前应检验水泥土搅拌桩的桩身强度，强度指标应符合设计要求。水泥土搅拌桩的桩身强度宜采用浆液试块强度试验确定，也可以采用钻取桩芯强度试验确定。桩身强度检测方法应符合下列规定：

1）浆液试块强度试验应取刚搅拌完成而未凝固的水泥土搅拌桩浆液制作试块，每台班应抽检1根桩，每根桩不应少于2个取样点，每个取样点应制作3件试块。取样点应设置在基坑坑底以上1m范围内和坑底以上最软弱土层处的搅拌桩内。试块应及时密封，水下养护28d后进行无侧限抗压强度试验。

2）钻取桩芯强度试验应采用地质钻机并选择可靠的取芯钻具，钻取搅拌桩施工后28d龄期的水泥土芯样，钻取的芯样应立即密封并及时进行无侧限抗压强度试验。抽检数量不应少于总桩数的2%，且不得少于3根，每根桩的取芯数量不宜少于5组，每组不宜少于3件试块。芯样应在全桩长范围内连续钻取的桩芯上选取，取样点应取沿桩长不同深度和不同土层处的5点，且在基坑坑底附近应设取样点。钻取桩芯得到的试块强度，宜根据钻取桩芯过程中芯样的情况，乘以1.2～1.3的系数。钻孔取芯完成后留下的空隙应注浆填充。

3）当能够建立静力触探、标准贯入或动力触探等原位测试结果与浆液试块强度试验或钻取桩芯强度试验结果的对应关系时，也可采用原位试验检验桩身强度。

3.2.3 质量验收

（1）水泥土搅拌桩成桩质量检验标准应符合表3-4的规定。

水泥土搅拌桩成桩质量检验标准 **表3-4**

序号	检查项目	允许偏差	检查数量	检查方法
1	桩底标高	+50mm	每根	测钻杆长度
2	桩位偏差	50mm	每根	用钢尺量
3	桩径	± 10mm	每根	用钢尺量钻头
4	施工间歇	＜24h	每根	查施工记录

（2）型钢插入允许偏差应符合表3-5的规定。

型钢插入允许偏差 **表3-5**

序号	检查项目	允许偏差	检查数量	检查方法
1	型钢顶标高	± 50mm	每根	水准仪测量
2	型钢平面位置	50mm（平行于基坑边线）	每根	用钢尺量
		50mm（垂直于基坑边线）	每根	用钢尺量
3	形心转角	3°	每根	量角器测量

（3）型钢水泥土搅拌墙验收的抽检数量不宜少于总桩数的5%。

3.2.4 安全与环保措施

（1）型钢水泥土搅拌墙施工前，应掌握下列周边环境资料：

1）邻近建筑物（构筑物）的结构、基础形式及现状。

2）被保护建筑物（构筑物）的保护要求。

3）邻近管线的位置、类型、材质、使用状况及保护要求。

（2）对环境保护要求高的基坑工程，宜选择挤土量小的搅拌机头，并应通过试成桩及其监测结果调整施工参数。当邻近保护对象时，搅拌下沉速度宜控制为0.5～0.8m/min，提升速度宜控制为1m/min内；喷浆压力不宜大于0.8MPa。

（3）施工中产生的水泥土浆，可集积在导向沟内或现场临时设置的沟槽内，待自然固结后方可外运。

（4）周边环境条件复杂、支护要求高的基坑工程，型钢不宜回收。

（5）对需要回收型钢的工程，型钢拔出后留下的空隙应及时注浆填充，并应编制包括浆液配比、注浆工艺、拔除顺序等内容的专项方案。

（6）在整个施工过程中，应对周边环境及基坑支护体系进行监测。

3.3 渠式切割水泥土（TRD）工法施工

渠式切割水泥土（TRD）工法是采用专用的渠式切割机施作渠式连续墙作为基坑支护的施工方法。渠式切割机通过链状刀具的横向移动和转动，对地基土体进行渠式切割与上下搅拌，并与注入的水泥固化液混合而形成水泥土地下墙体。在渠式切割水泥土连续墙施工过程中跟进插入型钢而形成的水泥土连续墙，称为渠式切割型钢水泥土连续墙。该工法适用于黏性土、粉土、砂性土。该工法施工速度快，支护结构整体性好，止水效果好，型钢可在管廊主体施工完成后可回收重复利用。当施工土层中混有直径800mm砾石的卵石层，或在单轴抗压强度约5MPa的基岩中施工时，施工速度将变得极其缓慢并且刀头磨损严重，因此渠式切割水泥土工法不适合在上述条件下使用。

3.3.1 施工要点

（1）主机应平稳、平正，机架垂直度允许偏差为1/250。

（2）渠式切割水泥土连续墙的施工方法可采用一步施工法、两步施工法和三步施工法，施工方法的选用应综合考虑土质条件、墙体性能、墙体深度和环境保护要求等因素。当切割土层较硬、墙体深度深、墙体防渗要求高时宜采用三步施工法。施工长度较长、环境保护要求较高时不宜采用两步施工法；当土体强度低、墙体深度浅时可采用一步施工法。

（3）开放长度应根据周边环境、水文地质条件、地面超载、成墙深度及宽度、切割液及固化液的性能等因素，通过试成墙确定，必要时进行槽壁稳定分析。

（4）应根据周边环境、土质条件、机具功率、成墙深度、切割液及固化液供应状况等因素确定渠式切割机械的水平推进速度和链状刀具的旋转速度，步进距离不宜大于50mm。

（5）采用一步施工法、三步施工法，型钢插入过程沟槽应预留链状刀具养护的空间，养护段不得注入固化液，长度不宜小于3m，链状刀具端部和原状土体边缘的距离不应小于500mm。

（6）施工过程中应检查链状刀具的工作状态以及刀头的磨损度，及时维修、更换和调整施工工艺。

（7）无法连续作业时，链状刀具应按上述第（5）条的要求在沟槽养护段养护。

长时间养护时应在切割液中添加外加剂或采取其他技术措施，防止刀具无法再次启动。

（8）停机后再次启动链状刀具时，应符合下列规定：

1）首先应在原位切割刀具边缘的土体。

2）回行切割，回行切割已施工的墙体长度不宜小于500mm。

（9）在硬质土层中切割困难时，可采用增加刀头布置数量、刀头加长、步进距离减小、上挖和下挖方式交错使用以及回行反复切割等措施。

（10）一条直线边施工完成或者施工段发生变化时，应将链状刀具拔出。拔出位置（图3-1）的确定应符合下列规定：

1）宜在已施工完成墙体3m长度范围外进行避让切割。

2）当不需要插入型钢时，拔出位置可设在最后施工完成的墙体内。

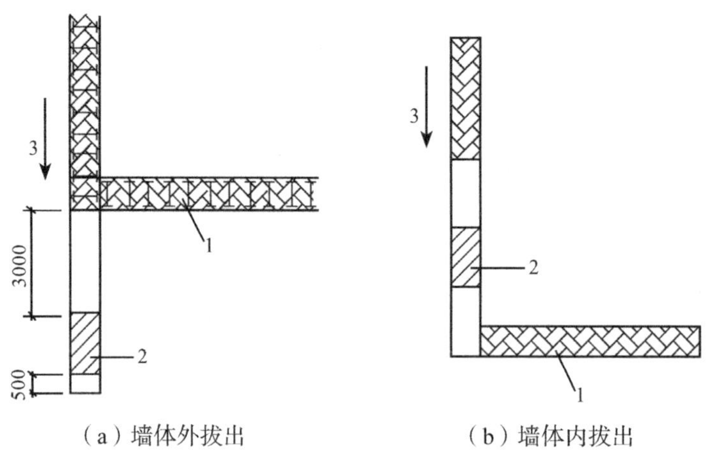

1—已完成墙体；2—链状刀具拔出的位置；3—施工方向

图3-1　链状刀具的拔出位置

（11）链状刀具拔出前应评估链状刀具拔出过程中渠式切割机履带荷载对槽壁稳定的不利影响，必要时应对履带下方的土体采取改良处理措施。

（12）链状刀具拔出过程中，应控制固化液的填充速度和链状刀具的上拔速度，保持固化液混合泥浆液面平稳，避免液面下降或泥浆溢出。

（13）链状刀具拔出后应作进一步拆分和检查，损耗部位应保养和维修。

（14）施工中产生的涌土应及时清理。需长时间停止施工时，应清洗全部管路中残存的水泥浆液。

（15）渠式切割型钢水泥土连续墙中内插型钢的加工制作应符合下列规定：

1）型钢宜采用整材，分段焊接时应采用坡口等强焊接。对接焊缝的坡口形式和要求应符合现行国家标准《钢结构焊接规范》GB 50661—2011的有关规定，且焊缝质量等级不应低于二级。单根型钢中焊接接头不宜超过2个，焊接接头的位置应避免设置在支撑位置或开挖面附近等型钢受力较大处，型钢接头距离坑底面不宜小于2m；相邻型钢的接头竖向位置宜相互错开，错开距离不宜小于1m。

2）型钢有回收要求时，接头焊接形式与焊接质量应满足型钢起拔要求。

（16）拟回收的型钢，插入前应在干燥条件下清除表面污垢和铁锈，其表面应涂敷减摩材料。型钢搬运过程中应防止碰撞和强力擦挤，当有涂层开裂、剥落等现象应及时补救。

（17）型钢插入时，链状刀具应移至对型钢插入无影响的位置。型钢宜在水泥土墙施工结束后30min内插入，插入前应检查其垂直度和接头焊缝质量。

（18）型钢插入应采用定位导向架；型钢插入到位后应控制型钢顶标高，并采取避免邻近渠式切割机施工造成其移位的措施。

（19）型钢宜依靠自重插入，当插入困难时可采用辅助措施下沉。采用振动锤下沉工艺时，应充分考虑其对周围环境的影响。

（20）型钢起拔宜采用专用液压起拔机。型钢拔除时，应加强对围护结构和周边环境的监测。

（21）型钢回收后，应进行校正、修复处理，并对其截面尺寸和强度进行复核。

3.3.2 质量要点

（1）渠式切割水泥土连续墙的质量检验应分为成墙期监控、成墙检验和基坑开挖期检查3个阶段。

（2）成墙期监控应包括下列内容：

1）检验施工机械性能、材料质量。

2）检查渠式切割水泥土连续墙和型钢的定位、长度、标高、垂直度。

3）切割液的配合比。

4）固化液的水胶比、水泥掺量、外加剂掺量。

5）混合泥浆的流动性和泌水率。

6）开放长度、浆液的泵压、泵送量与喷浆均匀度。

7）水泥土试块的制作与测试。

8）施工间歇时间及型钢的规格、拼接焊缝质量等。

（3）成墙检验应包括下列内容：

1）水泥土的强度、连续性、均匀性、抗渗性能和水泥含量。

2）型钢的位置偏差。

3）帷幕的封闭性等。

（4）基坑开挖期检查应包括下列内容：

1）检查开挖墙体的质量与渗漏水情况。

2）墙面的平整度，型钢的垂直度和平面偏差。

3）腰梁和型钢的贴紧状况等。

（5）渠式切割水泥土连续墙基坑工程中支撑系统、土方开挖等分项工程的质量验收，应符合国家现行标准《建筑地基基础工程施工质量验收标准》GB 50202—2018和《建筑基坑支护技术规程》JGJ 120—2012等的有关规定。

（6）水泥、外加剂等原材料的检验项目和技术指标应符合设计要求和国家现行标准的规定。

检查数量：按检验批检查。

检验方法：查产品合格证及复试报告。

（7）浆液水胶比、水泥掺量应符合设计和施工工艺要求，浆液不得离析。

检查数量：按台班检查，每台班不得少于3次。

检验方法：浆液水胶比用比重计检查，水泥掺量用计量装置检查。

（8）H型钢规格应符合设计要求，检验方法与允许偏差应符合表3-3的规定。焊缝质量应符合设计要求和现行国家标准《焊接H型钢》GB/T 33814—2017和《钢结构焊接规范》GB 50661—2011的规定。

检查数量：全数检查。

检验方法：焊缝质量采用现场观察及超声波探伤。

（9）基坑开挖前应检验墙身水泥土的强度和抗渗性能，强度和抗渗性能指标应符合下列规定：

1）墙身水泥土强度应采用试块试验确定。试验数量及方法：按一个独立延米墙身长度取样，用刚切割搅拌完成尚未凝固的水泥土制作试块。每台班抽查1延米墙身，每延米墙身制作水泥土试块3组，可根据土层分布和墙体所在位置的重要性在墙身不同深度处的三点取样，采用水下养护测定28d无侧限抗压强度。

2）需要时可采用钻孔取芯等方法综合判定墙身水泥土的强度。钻取芯样后留下的空隙应注浆填充。

3）墙体渗透性能应通过浆液试块或现场取芯试块的渗透试验判定。

3.3.3 质量验收

（1）渠式切割水泥土连续墙成墙质量标准应符合表3-6的规定。

渠式切割水泥土连续墙成墙质量标准 **表3-6**

序号	检查项目	允许偏差或允许值	检查数量	检查方法
1	墙底标高	+30mm	每切割幅	切割链长度
2	墙中心线位置	±25mm	每切割幅	用钢尺量
3	墙宽	±30mm	每切割幅	用钢尺量
4	墙垂直度	1/250	每切割幅	多段式倾斜仪测量

（2）型钢插入允许偏差应符合表3-7的规定。

型钢插入允许偏差　表3-7

序号	检查项目	允许偏差或允许值	检查数量	检查方法
1	型钢顶标高	± 50mm	每根	水准仪测量
2	型钢平面位置	50mm（平行于基坑边线）	每根	用钢尺量
		10mm（垂直于基坑边线）	每根	用钢尺量
3	型钢垂直度	1/250	每根	经纬仪测量
4	形心转角	3°	每根	量角器测量

3.3.4 安全与环保措施

（1）当施工点位周围有需重点保护的对象时，应掌握被保护对象的保护要求，采取对环境影响较小的施工机械施工工艺，并结合监测结果通过试成墙调整施工参数。

（2）邻近保护对象时，应严格控制渠式切割机的施工速度，尽量减小成墙过程对环境的影响。注浆压力不宜超过0.8MPa。

（3）施工过程产生的水泥土浆，应收集在导向沟内或现场临时设置的沟槽内，待自然固结后方可外运。

（4）对于周边环境条件复杂、支护要求高的基坑工程，型钢不宜回收。

（5）在整个施工过程中，应对周边环境和支护体系进行全过程监测。

3.4 地下连续墙施工

地下连续墙是通过专用的挖（冲）槽设备，沿着地下基坑周边，按预定的位置，开挖出或冲钻出具有一定宽度与深度的沟槽，用泥浆护壁，并在槽内设置具有一定刚度的钢筋笼，然后用导管浇灌水下混凝土，分段施工，用特殊方法接头，使之连成地下连续的钢筋混凝土墙体。地下连续墙对地基的适用范围很广，从软弱的冲积地层到中硬的地层、密实的砂砾层，各种软岩和硬岩等所有的地基都可以使用地下连续墙。地下连续墙刚度大、强度大、止水效果好、质量可靠、经济效益高，施工时振动小、噪声低、占地少，非常适于在城市管廊的施工中使用。

在施作地下连续墙之前，需先施作导墙。导墙采用钢筋混凝土形式，其主要作用是控制地下连续墙的平面位置和尺寸准确、保护槽口、防止槽壁顶部坍塌，支承施工设备和钢筋笼焊接接长时的荷载，蓄浆并调节液面。

3.4.1 施工要点

（1）地下连续墙的施工应根据地质条件的适应性等因素选择成槽设备。成槽施工前应进行成槽试验，并应通过试验确定施工工艺及施工参数。

（2）当地下连续墙邻近的既有建筑物、地下管线、地下构筑物对地基变形敏感时，地下连续墙的施工应采取有效措施控制槽壁变形。

（3）成槽施工前，应沿地下连续墙两侧设置导墙，导墙宜采用混凝土结构，且混凝土的设计强度等级不宜低于C20。导墙底面不宜设置在新近填土上，且埋深不宜小于1.5m。导墙的强度和稳定性应满足成槽设备和顶拔接头管施工的要求。

（4）成槽时的护壁泥浆在使用前，应根据泥浆材料及地质条件试配并进行室内性能试验，泥浆配比应按试验确定。泥浆拌制后应贮放24h，待泥浆材料充分水化后方可使用。成槽时，泥浆的供应及处理设备应满足泥浆使用量的要求，泥浆的性能应符合相关技术指标的要求。

（5）单元槽段宜采用间隔一个或多个槽段的跳幅施工顺序。每个单元槽段，挖槽分段不宜超过3个。成槽过程护壁泥浆液面应高于导墙底面500mm。

（6）槽段接头应满足混凝土浇筑压力对其强度和刚度的要求。安放槽段接头时，应紧贴槽段垂直缓慢放至槽底。遇到阻碍时应先清除，然后再入槽。混凝土浇灌过程中要采取防止混凝土产生绕流的措施。

（7）对有防渗要求的接头，应在吊放地下连续墙钢筋笼前，对槽段接头和相邻槽段的槽壁混凝土面用刷槽器等方法进行清刷，清刷后的槽段接头和混凝土面不得夹泥。

（8）钢筋笼制作时，纵向受力钢筋的接头不宜设置在受力较大处。同一连接区段内，纵向受力钢筋的连接方式和连接接头面积百分率应符合国家现行有关标准对板类构件的规定。

（9）钢筋笼应设置定位层垫块，垫块在垂直方向上的间距宜取3～5m，水平方向上每层宜设置2～3块。

（10）单元槽段的钢筋笼宜整体装配和沉放。需要分段装配时，宜采用焊接或机械连接，接头的位置宜选在受力较小处，并应符合现行国家标准《混凝土结构设计规范》GB 50010—2010对钢筋连接的有关规定。

（11）钢筋笼应根据吊装的要求，设置纵、横向起吊桁架；桁架主筋宜采用HRB335级或HRB400级钢筋，钢筋直径不宜小于20mm，且应满足吊装和沉放过程中钢筋笼的整体性及钢筋笼骨架不产生塑性变形的要求。连接点出现位移、松动或开焊的钢筋量不得入槽，应重新制作或修整完好。

（12）现浇地下连续墙应采用导管法浇筑混凝土。导管拼接时，其接缝应密闭。混凝土浇筑时，导管内应预先设置隔水栓。

（13）槽段长度不大于6m时，槽段混凝土宜采用两根导管同时浇筑；槽段长度大于6m时，槽段混凝土宜采用三根导管同时浇筑。每根导管分担的浇筑面积应基本均等。钢筋笼就位后应及时浇筑混凝土。混凝土浇筑过程中，导管埋入混凝土面的深度宜为2.0～4.0m，浇筑液面的上升速度不宜小于3m/h。混凝土浇筑面宜高于地下连续墙设计顶面500mm。

（14）除特殊要求外，地下连续墙的施工偏差应符合现行国家标准《建筑地基基础工程施工质量验收标准》GB 50202—2018的规定。

（15）地下连续墙冠梁施工时，应将桩顶部浮浆、低强度混凝土及破碎部分清除。冠梁混凝土浇筑采用土模时，土面应修理整平。

（16）地下连续墙的质量检测应符合下列规定：

1）应进行槽壁垂直度检测，检测数量不得小于同条件下总槽段数的20%，且不少于10幅，当地下连续墙作为主体地下结构构件时，应对每个槽段进行槽壁垂直度检测。

2）应进行槽底沉渣厚度检测，当地下连续墙作为主体地下结构构件时，应对每个槽段进行槽底沉渣厚度检测。

3）应采用声波透射法对墙体混凝土质量进行检测，检测墙段数量不宜少于同条件下总墙段数的20%，且不得少于3幅墙段，每个检测墙段的预埋超声波管数不应少于4个，且宜布置在墙身截面的四边中点处。

4）当根据声波透射法判定的墙身质量不合格时，应采用钻芯法进行验证。

5）地下连续墙作为主体地下结构构件时，其质量检测还应符合相关规范的要求。

3.4.2 质量要点

（1）地下连续墙均应设置导墙，导墙形式有预制及现浇两种，现浇导墙形状有“L”形或倒“L”形，可根据不同土质选用。

（2）地下墙施工前宜先试成槽，以检验泥浆的配比、成槽机的选型并可复核地质资料。

（3）作为永久结构的地下连续墙，其抗渗质量标准可按现行国家标准《地下防水工程质量验收规范》GB 50208—2011执行。

（4）地下墙槽段间的连接接头形式，应根据地下墙的使用要求选用，且应考虑施工单位的经验，无论选用何种接头，在浇筑混凝土前，接头处必须刷洗干净，不留任何泥砂或污物。

（5）地下墙与地下室结构顶板、楼板、底板及梁之间连接可预埋钢筋或接驳器（锥螺纹或直螺纹），对接驳器也应按原材料检验要求，抽样复检。数量每500套为一个检验批，每批应抽查3件，复验内容为外观、尺寸、抗拉试验等。

（6）施工前应检验进场的钢材、电焊条。已完工的导墙应检查其净空尺寸，墙面平整度与垂直度。检查泥浆用的仪器、泥浆循环系统应完好。地下连续墙应用商品混凝土。

（7）施工中应检查成槽的垂直度、槽底的淤积物厚度、泥浆相对密度、钢筋笼尺寸、浇筑导管位置、混凝土上升速度、浇筑面标高、地下墙连接面的清洗程度、商品混凝土的坍落度、锁口管或接头箱的拔出时间及速度等。

（8）成槽结束后应对成槽的宽度、深度及倾斜度进行检验，重要结构每段槽段都应检查，一般结构可抽查总槽段数的20%，每槽段应抽查1个段面。

（9）永久性结构的地下墙，在钢筋笼沉放后应做二次清孔，沉渣厚度应符合要求。

（10）每50m^{3}地下墙应做1组试件，每幅槽段不得少于1组，在强度满足设计要求后方可开挖土方。

（11）作为永久性结构的地下连续墙，土方开挖后应进行逐段检查，钢筋混凝土底板也应符合现行国家标准《混凝土结构工程施工质量验收规范》GB 50204—2015的规定。

3.4.3 质量验收

地下墙的钢筋笼检验标准应符合表2-2的规定，地下墙质量检验标准应符合表3-8的规定。

地下墙质量检验标准 **表3-8**

项目	序号	检查项目		允许偏差或允许值		检查方法
				单位	数值	
主控项目	1	墙体强度		设计要求		查试件记录或取芯试压
	2	垂直度	永久结构	1/300		测声波测槽仪或成槽机上的监测系统
			临时结构	1/500		
一般项目	1	导墙尺寸	宽度	mm	W+40	用钢尺量，W为地下墙设计厚度
			墙面平整度	mm	<5	用钢尺量
			导墙平面位置	mm	±10	用钢尺量
	2	沉渣厚度	永久结构	mm	≤100	重锤测或沉积物测定仪测
			临时结构	mm	≤200	
	3	槽深		mm	+100	重锤测
	4	混凝土坍落度		mm	180～220	坍落度测定器
	5	钢筋笼尺寸		见表2-2		见表2-2

续表

<table>
<tr><th rowspan="2">项目</th><th rowspan="2">序号</th><th rowspan="2" colspan="2">检查项目</th><th colspan="2">允许偏差或允许值</th><th rowspan="2">检查方法</th></tr>
<tr><th>单位</th><th>数值</th></tr>
<tr><td rowspan="5">一般项目</td><td rowspan="3">6</td><td rowspan="3">地下墙表面平整度</td><td>永久结构</td><td>mm</td><td><100</td><td rowspan="3">此为均为黏土层，松散及易坍土层由设计决定</td></tr>
<tr><td>临时结构</td><td>mm</td><td><150</td></tr>
<tr><td>插入式结构</td><td>mm</td><td><20</td></tr>
<tr><td rowspan="2">7</td><td rowspan="2">永久结构时的预埋件位置</td><td>水平向</td><td>mm</td><td>≤10</td><td rowspan="2">用钢尺量水准仪</td></tr>
<tr><td>垂直向</td><td>mm</td><td>≤20</td></tr>
</table>

3.4.4 安全与环保措施

（1）打桩时，打桩区域内无关人员不得入内，以防发生意外，钢筋笼起吊时更应看清周围情况，而且起吊回转时要慢，以免动作过猛因惯性作用涉及较远的范围，发生打伤人、碰伤人的情况。

（2）连续墙槽段开挖过程中无关人员不要靠近开挖区域，开挖完成要即设盖板。

（3）钢筋笼由于长度较长，因此必须设置可靠的支承措施，以防止构件变形甚至断裂、折弯伤人。

（4）为确保钢筋笼吊装安全，吊点的布置与吊环、吊具的强度均须经专门设计验算。钢筋笼吊装时，过高的地面物品需搬迁，吊装过程中钢筋笼底部应离开地面物品1m以上的距离，过大风应停止起重作业，钢筋笼起吊过程应避免过大的晃动，以免影响到行人的安全，钢筋笼的堆放高度不要超过4m。

（5）吊装必须由持有效证件专业起重人员负责，有统一指挥，统一信号。

（6）运泥车辆要按规定的路线行驶，并要有挡漏措施，施工区域场地要随时用水冲洗干净，并有防滑措施，雷雨天应停止作业。

（7）在进出口设置活动式洗车槽，进出场地车辆均经过冲洗，并配备高压水枪冲洗车辆轮胎及车体，清洗干净后才允许出场，洗车后污水设置三格式沉淀池，污水经沉淀后再排入城市排水管网中。

（8）自行办理余土泥浆排放许可证，将余土及泥浆运至指定地点堆放。所有余土及泥浆运输车都保证车容整洁。

3.5 钢筋混凝土支撑系统施工

当基坑深度较大，支护结构以悬臂形式的强度和变形无法满足维持基坑稳定要求时，则可在基坑内采用内支撑系统。内支撑系统适用于各种地基土层，常用钢筋混凝土支撑系统和钢管支撑系统以及钢—混凝土组合支撑系统。钢筋混凝土支撑系统布置灵活，易于通过调整断面尺寸和平面布置适应现场施工要求，既能受压，又能受拉，刚度大，整体变形小，与支护结构节点连接牢固，整体稳定性可靠。但如不作为永久性构件，则拆除工作量比较大。

3.5.1 施工要点

（1）模板应按图加工、制作。通用性强的模板宜制作成定型模板。

（2）模板面板背侧的木方高度应一致。制作胶合板模板时，其板面拼缝处应密封。

（3）对跨度不小于4m的梁、板，其模板起拱高度宜为梁、板跨度的1/1000～3/1000。

（4）模板安装应保证混凝土结构构件各部分形状、尺寸和相对位置准确，并应防止漏浆。

（5）模板安装应与钢筋安装配合进行，梁柱节点的模板宜在钢筋安装后安装。

（6）模板与混凝土接触面应清理干净并涂刷脱模剂，脱模剂不得污染钢筋和混凝土接槎处。

（7）模板安装完成后，应将模板内杂物清除干净。

（8）钢筋连接方式应根据设计要求和施工条件选用。

（9）当钢筋采用机械锚固措施时，应符合现行国家标准《混凝土结构设计规范》GB 50010—2010等的有关规定。

（10）钢筋的接头宜设置在受力较小处。同一纵向受力钢筋不宜设置两个或两个以上的接头。接头末端至钢筋弯起点的距离不应小于钢筋公称直径的10倍。

（11）钢筋机械连接应符合现行行业标准《钢筋机械连接技术规程》JGJ 107—2016的有关规定。机械连接接头的混凝土保护层厚度宜符合现行国家标准《混凝土结构设计规范》GB 50010—2010中受力钢筋最小保护层厚度的规定，且不得小于15mm；接头之间的横向净距不宜小于25mm。

（12）钢筋焊接连接应符合现行行业标准《钢筋焊接及验收规程》JGJ 18—2012的有关规定。

（13）当纵向受力钢筋采用机械连接接头或焊接接头时，设置在同一构件内的接头宜相互错开。

（14）浇筑混凝土前，应清除模板内或垫层上的杂物。表面干燥的地基、垫层、模板上应洒水湿润；现场环境温度高于35℃时宜对金属模板进行洒水降温；洒水后不得留有积水。

（15）混凝土浇筑应保证混凝土的均匀性和密实性。混凝土宜一次连续浇筑；当不能一次连续浇筑时，可留设施工缝或后浇带分块浇筑。

（16）混凝土浇筑的布料点宜接近浇筑位置，应采取减少混凝土下料冲击的措施，并应符合下列规定：

1）宜先浇筑竖向结构构件，后浇筑水平结构构件。

2）浇筑区域结构平面有高差时，宜浇筑低区部分再浇筑高区部分。

（17）混凝土浇筑后，在混凝土初凝前和终凝前宜分别对混凝土裸露表面进行抹面处理。

（18）混凝土振捣应能使模板内各个部位混凝土密实、均匀，不应漏振、欠振、过振。

（19）混凝土振捣应采用插入式振捣棒、平板振动器或附着振动器，必要时可采用人工辅助振捣。

（20）混凝土浇筑后应及时进行保湿养护，保湿养护可采用洒水、覆盖、喷涂养护剂等方式。选择养护方式应考虑现场条件、环境温湿度、构件特点、技术要求、施工操作等因素。

（21）混凝土支撑的施工应符合现行国家标准《混凝土结构工程施工质量验收规范》GB 50204—2015的规定。

（22）混凝土腰梁施工前应将排柱、地下连续墙等挡土构件的连接表面清理干净，混凝土腰梁应与挡土构件紧密接触，不得留有缝隙。

（23）支撑拆除应在替换支撑的结构构件达到换撑要求的承载力后进行。当主体结构底板和楼板分块浇筑或设置后浇带时，应在分块部位或后浇带处设置可靠的传力构件。支撑的拆除应根据支撑材料、形式、尺寸等具体情况采用人工、机械和爆破等方法。

（24）立柱的施工应符合下列要求：

1）立柱桩混凝土的浇筑面宜高于设计桩顶500mm。

2）采用钢立柱时，立柱周围的空隙应用碎石回填密实，并宜辅以注浆措施。

3）立柱的定位和垂直度宜采用专门措施进行控制，对格构柱、H型钢柱，还应同时控制方向偏差。

3.5.2 质量要点

（1）对模板及支架应进行设计。模板及支架应具有足够的承载力、刚度和稳定性，应能可靠地承受施工过程中所产生的各类荷载。

（2）模板表面应平整；胶合板模板的胶合层不应脱胶翘角；支架杆件应平直，应无严重变形和锈蚀；连接件应无严重变形和锈蚀，并不应有裂纹。

（3）钢筋进场时应按下列规定检查性能及重量：

1）应检查生产企业的生产许可证证书及钢筋的质量证明书。

2）应按国家现行有关标准的规定抽样检验屈服强度、抗拉强度、伸长率及单位长度重量偏差。

3）经产品认证符合要求的钢筋，其检验批量可扩大一倍。在同一工程项目中，同一厂家、同一牌号、同一规格的钢筋连续3次进场检验均合格时，其后的检验批量可扩大一倍。

4）钢筋的表面质量应符合国家现行有关标准的规定。

5）当无法准确判断钢筋品种、牌号时，应增加化学成分、晶粒度等检验项目。

（4）钢筋的加工尺寸偏差和安装位置偏差应符合现行国家标准《混凝土结构工程施工质量验收规范》GB 50204—2015等的有关规定。

（5）在施工现场，应按现行行业标准《钢筋机械连接技术规程》JGJ 107—2016、《钢筋焊接及验收规程》JGJ 18—2012的有关规定抽取钢筋机械连接接头、焊接接头试件作力学性能检验，其质量应符合国家现行有关标准的规定。

（6）采用预拌混凝土时，供方应提供混凝土配合比通知单、混凝土抗压强度报告、混凝土质量合格证和混凝土运输单；当需要其他资料时，供需双方应在合同中明确约定。

（7）预拌混凝土质量控制资料的保存期限应满足工程质量追溯的要求。

（8）混凝土拌合物工作性应检验其坍落度或维勃稠度，检验应符合现行国家标准《普通混凝土拌合物性能试验方法标准》GB/T 50080—2016的有关规定。

3.5.3 质量验收

（1）现浇结构模板安装的允许偏差及检验方法应符合表3-9的规定。

现浇结构模板安装的允许偏差及检验方法　　表3-9

项目		允许偏差（mm）	检验方法
轴线位置		5	尺量
底模上表面标高		±5	水准仪或拉线、尺量
模板内部尺寸	基础	±10	尺量
	柱、墙、梁	±5	尺量
	楼梯相邻踏步高差	5	尺量
相邻两板表面高低差		2	尺量
表面平整度		5	2m靠尺和塞尺量测

注：检查轴线位置，当有纵、横两个方向时，沿纵、横两个方向量测，并取其中偏差的较大值。

（2）钢筋安装位置的偏差应符合表3-10的规定。

钢筋安装位置的允许偏差和检验方法 **表3-10**

项目		允许偏差（mm）	检验方法
绑扎钢筋网	长、宽	±10	尺量
	网眼尺寸	±20	钢尺量连续三挡，取最大偏差值
绑扎钢筋骨架	长	±10	尺量
	宽、高	±5	尺量
纵向受力钢筋	锚固长度	+20	尺量
	间距	±10	尺量两端、中间各一点，取最大偏差值
	排距	±5	
纵向受力钢筋、箍筋的混凝土保护层厚度	基础	±10	尺量
	柱、梁	±5	尺量
	板、墙、壳	±3	尺量
绑扎箍筋、横向钢筋间距		±20	钢尺量连续三挡，取最大偏差值
钢筋弯起点位置		20	尺量
预埋件	中轴线位置	5	尺量检查
	水平高差	+3，0	钢尺和塞尺检查

（3）现浇结构混凝土拆模后的位置和尺寸偏差应符合表3-11的规定。

现浇结构位置和尺寸允许偏差 **表3-11**

项目		允许偏差（mm）	检验方法
轴线位置	整体基础	15	经纬仪及尺量
	独立基础	10	经纬仪及尺量
	全高$H \leqslant 300$mm	H/30000+20	经纬仪、尺量
	全高$H > 300$mm	H/10000，且≤80	经纬仪、尺量
标高	层高	±10	水准仪或拉线、尺量
	全高	±30	水准仪或拉线、尺量
截面尺寸	基础	+15，−10	尺量
表面平整度		8	2m靠尺和塞尺量测
预埋件中心位置	预埋板	10	尺量
	预埋螺栓	5	尺量
	预埋管	5	尺量
	其他	10	尺量
预留洞、孔中心线位置		15	尺量

注：1. 检查柱轴线、中心线位置时，沿纵、横两个方向测量，并取其中偏差的较大值。
2. H为全高，单位为mm。

3.5.4 安全与环保措施

（1）使用输送泵输送混凝土时，应由两人以上人员牵引布料杆管道的接头，安全阀、管架等必须安装牢固。输送前应试送，检修时必须卸压。

（2）浇筑前应检查混凝土泵管有无裂纹，损坏变形或磨损严重的应立即更换。

（3）混凝土振捣器使用前必须经电工检验确认合格后方可使用，开关箱内必须装设合格、有效的漏电保护器，插座、插头应完好无损，不得使用破皮老化的电源线，电线应离地支空架设，严禁随地拖拉。

（4）振捣器作业应两人配合作业，不得用电源线拖拉振捣器。操作人员必须穿绝缘鞋（胶鞋），戴绝缘手套。电机出现故障时应找电工修理，非专业人员严禁随意拆装电机开关，严防触电事故发生。

（5）工作完后应清理施工现场，做好施工现场的安全文明工作。

（6）混凝土罐车每次出场前应清洗下料斗。土方、渣土自卸车与垃圾运输车应全密闭运输车。运输车辆出场前应清洗车身、车轮，避免污染场外路面。

3.6 钢管支撑系统施工

钢管支撑系统是基坑内支撑系统的一种，采用型钢或钢管经预制后现场拼装，多采用焊接或螺旋铰接，适用于对称布置，安装结束即形成支撑作用，可用千斤顶施加轴力以适应支护结构变形，拆除方便。钢管支撑系统只能受压，不能受拉，不宜用作深基坑的第一道支撑，相对于钢筋混凝土支撑，钢管支撑的刚度小、整体变形大，其稳定性取决于现场拼装质量，个别节点的失稳会引起整体破坏。因此现场拼装是钢管支撑系统施工质量控制的关键。

3.6.1 施工要点

（1）内支撑结构的施工与拆除顺序，应与设计工况一致，必须遵循“先支撑、后开挖”的原则。

（2）钢支撑的安装应符合现行国家标准《钢结构工程施工质量验收标准》GB 50205—2020的规定。

（3）钢腰梁与排桩、地下连续墙等挡土构件间隙的宽度宜小于100mm，并应在钢腰梁安装定位后，用强度等级不低于C30的细石混凝土填充密实。

（4）对预加轴向压力的钢支撑，施加预压力时应符合下列要求：

1）对支撑施加压力的千斤顶应有可靠、准确的计量装置。

2）千斤顶压力的合力点应与支撑轴线重合，千斤顶应在支撑轴线两侧对称、等距放置，且应同步施加压力。

3）千斤顶的压力应分级施加，施加每级压力后应保持压力稳定10min后方可施加下一级压力；预压力加至设计规定值后，应在压力稳定10min后，方可按设计预压力值进行锁定。

4）支撑施加压力过程中，当出现焊点开裂、局部压曲等异常情况时应卸除压力，在对支撑的薄弱处进行加固后，方可继续施加压力。

5）当监测的支撑压力出现损失时，应再次施加预压力。

（5）对钢支撑，当夏期施工产生较大温度应力时，应及时对支撑采取降温措施。当冬期施工降温产生的收缩使支撑端头出现空隙时，应及时用铁楔将空隙楔紧。

（6）支撑拆除应在替换支撑的结构构件达到换撑要求的承载力后进行。当主体结构底板和楼板分块浇筑或设置后浇带时，应在分块部位或后浇带处设置可靠的传力构件。支撑的拆除应根据支撑材料、形式、尺寸等具体情况采用人工、机械和爆破等方法。

3.6.2 质量要点

（1）支撑系统包括围檩及支撑，当支撑较长时（一般超过15m），还包括支撑下的立柱及相应的立柱桩。

（2）施工前应熟悉支撑系统的图纸及各种计算工况，掌握开挖及支撑设置的方式、预顶力及周围环境保护的要求。

（3）施工过程中应严格控制开挖和支撑的程序及时间，对支撑的位置（包括立柱及立柱桩的位置）、每层开挖深度、预加顶力（如需要时）、钢围檩与围护体或支撑与围檩的密贴度应做周密检查。

（4）全部支撑安装结束后，仍应维持整个系统的正常运转直至支撑全部拆除。

3.6.3 质量验收

钢及混凝土支撑系统工程质量检验标准应符合表3-12的规定。

钢及混凝土支撑系统工程质量检验标准 **表3-12**

项目	序号	检查项目	允许偏差或允许值		检查方法
			单位	数值	
主控项目	1	支撑位置：标高平面	mm mm	30 100	水准仪 用钢尺量
	2	预加顶力	kN	±50	油泵读数或传感器
一般项目	1	围檩标高	mm	30	水准仪

续表

项目	序号	检查项目	允许偏差或允许值		检查方法
			单位	数值	
一般项目	2	立柱桩	参见GB 50202		参见GB 50202
	3	立柱位置：标高平面	mm	30 50	水准仪 用钢尺量
	4	开挖超深（开槽放支撑不在此范围）	mm	<200	水准仪
	5	支撑安装时间	设计要求		用钟表估测

3.6.4 安全与环保措施

（1）施焊作业人员必须持证上岗，非电焊工禁止进行电焊作业。

（2）施焊作业人员必须正确地佩戴个人防护用品。如工作服、绝缘手套、绝缘鞋等。

（3）焊工应在干燥的绝缘板或胶垫上作业，配合人员应穿绝缘鞋或站在绝缘板上。

（4）焊接过程中临时接地线头严禁浮搭，必须固定、压紧，用胶布包严。

（5）焊接时二次线必须双线到位，严禁借用金属管道、脚手架、结构钢筋作回路线。焊把线无损，绝缘良好。

（6）下班后必须拉闸断电，必须将地线和把线分开，并确认工具断电，方可离开现场。

（7）在安装区下方应确认无人，施工无关人员不得进入安装区。

（8）吊装前，应检查工、夹、索具、吊环等是否符合要求，并进行试吊，确认安全后，方可工作。

（9）多人抬材料和工件时，要有专人指挥，精力集中，行动一致。轻抬轻放，以免伤人，并应将施工道路清理好。

（10）电、气焊施工时，应遵守操作规程。乙炔、氧气瓶之间的距离不得小于5m，并且在10m之内不得有易燃易爆物品。

（11）支撑安装完毕后，应及时检查各节点的连接情况。经确认符合要求后，方可施加预加力，预加力应分级施加。

（12）预加力加至设计要求的额定值后，再次检查连接点的情况。必要时对节点进行加固。待额定压力稳定后予以锁定。

（13）拆除区内无关人员不得入内，拆除必须按顺序进行。注意未拆除构件的平衡，拆除前必须先释放预应力。

（14）使用撬棍等工具时，支点要稳，用力要均，防止发生撬滑及悠撞事故。

（15）拆下的构件要堆放稳定，防止滚动伤人。

（16）施工场地采用标准围挡全封闭，施工区的材料堆放、材料加工及出料口等场地有序布置。

（17）尽量选用低噪声的机械设备和工法，优先选用先进的环保机械。

（18）焊接尽量安排在白天操作，减少电焊弧光污染。焊接操作时，优先选用环保型焊条。进行气割操作时，氧气表、乙炔表与气瓶应连接紧密、牢固，防止漏气。

4 地下水控制

基坑工程中的降低地下水亦称为地下水控制。在基坑工程施工过程中，地下水要满足支护结构和挖土施工要求，并且不因地下水的变化，对基坑周围的环境和设施带来危害。地下水控制的本质是通过降低地下水的水位来防止流砂现象的出现，从而防止基坑周边土体环境丧失承载力和稳定性，造成基坑塌方以及周边建筑物下沉、倾斜甚至倒塌等严重后果。

降水方法应根据场地地质条件、降水目的、降水技术要求、降水工程可能涉及的工程环境保护等因素，按表4-1选用。

工程降水方法及适用条件　　表4-1

降水方法＼适用条件		土质类别	渗透系数（m/d）	降水深度（m）	水文地质特征
集水明排		填土、黏性土、粉土、砂土、碎石土	7～20.0	<5	上层滞水或水量不大的潜水
降水井	真空井点	粉质黏土、粉土、砂土	0.01～20.0	单级≤6，多级≤12	
	喷射井点	粉土、砂土	0.1～20.0	≤20	
	管井	粉土、砂土、碎石土、岩石	>1	不限	含水丰富的潜水、承压水、裂隙水
	渗井	粉质黏土、粉土、砂土、碎石土	>0.1	由下伏含水层的埋藏条件和水头条件确定	
	辐射井	黏性土、粉土、砂土、碎石土	>0.1	4～20	
	电渗井	黏性土、淤泥、淤泥质黏土	≤0.1	≤6	
	潜埋井	粉土、砂土、碎石土	>0.1	≤2	
截水		黏性土、粉土、砂土、碎石土、岩溶土	不限	不限	
回灌		填土、粉土、砂土、碎石土	0.1～200.0	不限	

在城市管廊施工中常用的降水措施有集水明排以及降水井中的真空井点、喷射井点、管井，必要时可配合截水和回灌措施，确保基坑周边土体内的水位保持在不引起周边土体沉降的范围。

4.1 施工要点

4.1.1 一般规定

（1）地下水控制水位应满足基础施工要求，基坑范围内地下水位应降至基础垫层以下不小于0.5m，对基底以下承压水应降至不产生坑底突涌的水位以下。

（2）降水过程中应采取防止土颗粒流失的措施。

（3）应减少对地下水资源的影响。

（4）对工程环境的影响应在可控范围之内。

（5）应能充分利用抽排的地下水资源。

4.1.2 降水系统布设

降水系统平面布置应根据工程的平面形状、场地条件及建筑条件确定，并应符合下列规定：

（1）面状降水工程降水井点宜沿降水区域周边呈封闭状均匀布置，距开挖上口边线不宜小于1m。

（2）线状、条状降水工程降水井宜采用单排或双排布置，两端应外延条状或线状降水井点围合区域宽度的1～2倍布置降水井。

（3）降水井点围合区域宽度大于单井降水影响半径或采用隔水帷幕的工程，应在围合区域内增设降水井或疏干井。

（4）在运土通道出口两侧应增设降水井。

（5）当降水区域远离补给边界，地下水流速较小时，降水井点宜等间距布置；当邻近补给边界，地下水流速较大时，在地下水补给方向降水井点间距可适当减小。

（6）对于多层含水层降水宜分层布置降水井点，当确定上层含水层地下水不会造成下层含水层地下水污染时，可利用一个井点降低多层地下水水位。

（7）降水井点、排水系统布设应考虑与场地工程施工的相互影响。

4.1.3 隔水帷幕

当降水会对基坑周边建（构）筑物、地下管线、道路等造成危害或对工程环境造成长期不利影响时，可采用隔水帷幕方法控制地下水。隔水帷幕施工方法的选择应根据工程地质条件、水文地质条件、场地条件、支护结构形式、周边工程环境保护要求综合确定。隔水帷幕功能应符合下列规定：

（1）隔水帷幕设计应与支护结构设计相结合。

（2）应满足开挖面渗流稳定性要求。

（3）隔水帷幕应满足自防渗要求，渗透系数不宜大于1.0×10^{-6}cm/s。

（4）当采用高压喷射注浆法、水泥土搅拌法、压力注浆法、冻结法帷幕时，应结合工程情况进行现场工艺性试验，确定施工参数和工艺。

隔水帷幕施工方法可按表4-2选用。

隔水帷幕施工方法 **表4-2**

注浆法	适用于除岩溶外的各类岩土	用于竖向帷幕的补充，多用于水平帷幕
水泥土搅拌法	适用于淤泥质土、淤泥、黏性土、粉土、填土、黄土、软土，对砂、卵石等地层有条件使用	不适用于含大孤石或障碍物较多且不易清除的杂填土，欠固结的淤泥、淤泥质土，硬塑、坚硬的黏性土，密实的砂土以及地下水渗流影响成桩质量的地层
冻结法	适用于地下水流速不大的土层	电源不能中断，冻融对周边环境有一定影响
地下连续墙	适用于除岩溶外的各类岩土	施工技术环节要求高，造价高，泥浆易造成现场污染、泥泞，墙体刚度大，整体性好，安全稳定
咬合式排桩	适用于黏性土、粉土、填土、黄土、砂、卵石	对施工精度、工艺和混凝土配合比均有严格要求
钢板桩	适用于淤泥、淤泥质土、黏性土、粉土	对土层适应性较差，多应用于软土地区
沉箱	适用于各类岩土层	适用于地下水控制面积较小的工程，如竖井等

注：1. 对碎石土、杂填土、泥炭质土、泥炭、pH较低的土或地下水流速较大时，水泥土搅拌桩、高压喷射注浆工艺宜通过试验确定其适用性。
2. 注浆帷幕不宜在永久性隔水工程中使用。

（5）隔水帷幕在平面布置上宜沿地下水控制区域闭合，在设计深度范围内应连续。当采用未闭合的平面布置时，应对地下水沿帷幕两端绕流引起的渗流破坏和地下水位下降进行分析，并应采取阻止地下水流入基坑内的措施。

（6）当基础底部以下存在连续分布、埋深较浅的隔水层时，应采用落底式竖向隔水帷幕；当基础底部以下含水层厚度较大，隔水层不连续或埋深较深时，可采用悬挂式竖向隔水帷幕，同时应采取隔水帷幕内侧降水，必要时采取帷幕外侧回灌或与水平隔水帷幕结合的措施；地下暗挖隧道、涵洞工程可采用水平向或斜向隔水帷幕。

（7）当支护结构为排桩时，可采用高压喷射注浆或水泥土搅拌桩与排桩相互衔接（咬合）组成的嵌入式隔水帷幕。

（8）隔水帷幕强度和厚度应满足现行行业标准《建筑基坑支护技术规程》JGJ 120—2012的要求；自抗渗支护结构的隔水帷幕应满足基坑稳定性、强度验算、裂缝验算的要求。

（9）施工前应根据现场环境及地下建（构）筑物的埋设情况复核设计孔位，清除地下、地上障碍物。

（10）隔水帷幕的施工应与支护结构施工相协调，施工顺序应符合下列规定：

1）独立的、连续性隔水帷幕，宜先施工帷幕，后施工支护结构。

2）对嵌入式隔水帷幕，当采用搅拌工艺成桩时，可先施工帷幕桩，后施工支护结构；当采用高压喷射注浆工艺成桩，或可对支护结构形成包覆时，可先施工支护结构，后施工帷幕。

3）当采用咬合式排桩帷幕时，宜先施工非加筋桩后施工加筋桩。

4）当采取嵌入式隔水帷幕或咬合支护结构时，应控制其养护强度，应同时满足相邻支护结构施工时的自身稳定性要求和相邻支护结构施工要求。

（11）隔水帷幕施工尚应符合现行行业标准《建筑地基处理技术规范》JGJ 79—2012和《建筑基坑支护技术规程》JGJ 120—2012的有关规定。

4.1.4 回灌

1. 回灌井布设

回灌井布设应符合下列规定：

（1）回灌井应优先布设在地面沉降敏感区。

（2）隔水帷幕未将含水层隔断时，回灌井宜布设在隔水帷幕外侧与保护对象之间。

（3）回灌井宜布设于降水井群的最大影响区和重点保护区。

（4）对控制地面沉降的工程，回灌与降水应同步进行，降水井与回灌井宜保持一定的间距或过滤器布设在不同的深度。

（5）布设回灌井时，应同时布设回灌水位观测井，对回灌效果进行动态监测。

2. 回灌井结构

回灌井结构应符合下列规定：

（1）回灌井宜包括井壁管（实管）、滤水管、沉砂管。

（2）管井的成孔口径宜为600～800mm，井径宜为250～300mm；大口径井的成孔口径宜为1.0～2.0m。

（3）井管上部的滤水管应从常年地下水位以上0.50m处开始，滤水管可采用铸铁或无缝钢管，管外应用ϕ6mm钢筋焊作垫筋，并应采用金属缠丝均匀缠在垫筋上，缠丝间隙宜为0.75～1.00mm；当地层中夹有粉细砂时，可在缠丝外再包扎一层30目左右的铜网。

（4）回灌井过滤器长度应根据场地的水文地质条件及回灌量的要求综合确定，管径应与井点管直径一致，滤水管长度应大于1.0m；管壁上应布置渗水孔，直径宜为12～18mm；渗水孔宜呈梅花形布置，孔隙率应大于15%。

（5）沉砂管应与井管同质同径，且应接在滤水管下部，长度不宜小于1m。

（6）井管外侧应填筑级配石英砂做过滤层，填砂粒径宜为含水层颗粒级配$d50$的8～12倍。

（7）单层（鼓形）滤水管应设置补砂管。补砂管可选用薄壁钢管或高强度PVC管，直径宜为50～70mm；补砂管应布置在井管两侧，与井管同步下入，埋设深度至含水层上部，插入填砂层内1～2m，上部露出孔口。

3. 回灌井施工

（1）回灌井施工除符合降水井成井施工的有关规定外，还应符合下列规定：

1）过滤层的级配砂填筑宜采用动水回填法。

2）在回填的过滤砂层之上，应填筑大于3m厚的高膨胀性止水黏土球。

（2）井灌法回灌施工应符合下列规定：

1）回灌井成井深度不应小于设计深度，成井后应及时洗井。

2）回灌井在使用前应进行冲洗工作。

3）应选择与井的出水能力相匹配的水泵。

4）降水、回灌期间应对抽水设备和运行状况进行检查，每天检查不应少于3次，同时应有备用设备。

5）应经常检查灌入水的污浊度及水质情况，防止机油、有毒有害物质、化学药剂、垃圾等进入回灌水中。

6）回灌井点必须与降水井点同时工作。

在回灌过程中，应对回灌井、观测井水位及流量观测资料进行分析，必要时调整回灌参数。

回灌水量应根据地下水位的变化及时调整，保证抽灌平衡。

完成地下水回灌任务、停止回灌后，应进行回填封井。回填封井应符合下列规定：

①回填前应对井深、水位等进行测量。

②回填材料宜选用直径20～30mm的黏土球缓慢填入。

③回填后应灌水检查封井效果。

4.2 质量要点

4.2.1 资料搜集

（1）地下水控制施工前应搜集下列资料：

1）地下水控制范围、深度、起止时间等。

2）地下工程开挖与支护设计施工方案，拟建建（构）筑物基础埋深、地面高程等。

3）场地与相邻地区的工程勘察等资料，当地地下水控制工程经验。

4）周围建（构）筑物、地下管线分布状况和平面位置、基础结构和埋设方式等工程环境情况。

5）地下水控制工程施工的供水、供电、道路、排水及有无障碍物等现场施工条件。

6）当已有工程勘察资料不能满足设计要求时应进行补充勘察或专项水文地质勘察。

（2）地下水控制满足下列功能规定：

1）支护结构施工的要求。

2）地下结构施工的要求。

3）工程周边建（构）筑物、地下管线、道路的安全和正常使用要求。

（3）地下水控制实施过程中，应对地下水及工程环境进行监测。

（4）地下水控制的勘察、设计、施工、检测、维护资料应及时分析整理、保存。

4.3 质量验收

4.3.1 降水

（1）降水工程单井验收应符合下列规定：

1）单井的平面位置、成孔直径、深度应符合设计要求。

2）成井直径、深度、垂直度等应符合设计要求，井内沉淀厚度不应大于成井深度的5‰。

3）洗井应符合设计要求。

4）降水深度、单井出水量等应符合设计要求。

5）成井材料和施工过程应符合设计要求。

（2）降水过程中，抽排水的含砂量应符合下列规定：

1）管井抽水半小时内含砂量：粗砂含量应小于1/50000；中砂含量应小于1/20000；细砂含量应小于1/10000。

2）管井正常运行时含砂量应小于1/50000。

3）辐射井抽水半小时内含砂量应小于1/20000。

4）辐射井正常运行时含砂量应小于1/200000。

（3）集水明排工程排水沟、集水井、排水导管的位置，排水沟的断面、坡度、集水坑（井）深度、数量及降排水效果应满足设计要求。

（4）降水工程验收资料。

1）设计依据、技术要求，经审批的施工组织设计、施工方案以及执行中的变更单。

2）测量放线成果和复核签证单。

3）原材料质量合格和质量鉴定书，半成品产品的质量合格证书。

4）施工记录和隐蔽工程的验收文件，检测试验及见证取样文件。

5）监测、巡视检查记录。

6）降水工程的运行维护记录。

7）对周边环境的影响记录，包括基坑支护结构、周边地面、邻近工程和地下设施的变形记录。

8）其他需提供的文件和记录。

4.3.2 隔水帷幕

（1）帷幕的施工质量验收尚应符合现行国家标准《建筑地基基础工程施工质量验收标准》GB 50202—2018和《地下防水工程质量验收规范》GB 50208—2011的相关规定。

（2）对封闭式隔水帷幕，宜通过坑内抽水试验，观测抽水量变化、坑内外水位变化等以检验其可靠性。

（3）对设置在支护结构外侧的独立式隔水帷幕，可通过开挖后的隔水效果判定其可靠性。

（4）对嵌入式隔水帷幕，应在开挖过程中检查固结体的尺寸、搭接宽度，检查点应随机选取，对施工中出现异常和漏水部位应检查并采取封堵、加固措施。

（5）隔水帷幕验收资料：

1）设计依据、技术要求，经审批的施工组织设计、施工方案以及执行中的变更单。

2）测量放线成果和复核签证单。

3）原材料质量合格和质量鉴定书，半成品产品的质量合格证书。

4）施工记录和隐蔽工程的验收文件，检测试验及见证取样文件。

5）监测、巡视检查记录。

6）隔水帷幕的运行维护记录。

7）对周边工程环境的影响记录，包括基坑支护结构、周边地面、邻近工程和地下设施的变形记录。

4.3.3 回灌

（1）回灌单井验收应符合下列规定：

1）单井的平面位置、成孔直径、深度应符合设计要求。

2）成井直径、深度、垂直度等应符合设计要求。

3）回灌水质应符合设计要求。

4）回灌水位、单井回灌量应符合设计要求。

5）成井材料和施工过程应符合设计要求。

（2）地下水回灌验收资料。

1）设计依据、技术要求，经审批的施工组织设计、施工方案以及执行中的变更单。

2）测量放线成果和复核签证单。

3）原材料质量合格和质量鉴定书，半成品产品的质量合格证书。

4）施工记录和隐蔽工程的验收文件，检测试验及见证取样文件。

5）监测、巡视检查记录。

6）回灌工程控制的运行维护记录。

7）对周边环境的影响监测记录，包括基坑支护结构、周边地面、邻近工程和地下设施的变形监测记录。

8）其他需提供的文件和记录。

4.4 安全与环保措施

4.4.1 针对性的安全与环保措施

1. 降水

（1）应对水位及涌水量等进行监测，发现异常应及时反馈。

（2）当发现基坑（槽）出水、涌砂，应立即查明原因，采取处理措施。

（3）对所有井点、排水管、配电设施应有明显的安全保护标识。

（4）降水期间应对抽水设备和运行状况进行维护检查，每天检查不应少于2次。

（5）当井内水位上升且接近基坑底部时，应及时处理，使水位恢复到设计深度。

（6）冬季降水时，对地面排水管网应采取防冻措施。

（7）当发生停电时，应及时更换电源，保持正常降水。

2. 隔水帷幕

（1）现场配电设施应有明显的安全保护标识。

（2）应按设计要求进行监测和日常巡视。

（3）发现异常应及时反馈，并应采取必要的处理措施。

（4）基坑开挖过程中不得损伤隔水帷幕；当土钉、锚杆穿过隔水帷幕时应采用快硬型水泥砂浆封堵锚孔，修复隔水帷幕。

3. 回灌

（1）应根据要求对水位、回灌量等进行监测，发现异常应及时反馈。

（2）回灌井、配电设施应有明显的安全保护标识。

（3）回灌过程中应保持回灌流量、回灌压力的稳定。

（4）回灌水源水质应符合设计要求。

（5）应对抽水设备和运行状况进行维护检查，每天检查不应少于2次。

（6）回灌过程中应对回灌管井定期进行回扬，当回灌流量明显减少时，应立即进行回扬。

（7）回灌期间应对回灌设备和运行状况进行维护检查，每天检查不应少于2次。

（8）重力回灌应保持回灌井内水位在一定高度，当回灌井内水位升高至设计动水位后应控制回灌流量，保持回灌与渗流场的平衡。

（9）压力回灌时要及时观测压力、流量、水位及回灌井四周地面土体的变化；回灌压力开始宜采用0.1MPa，加压间隔0.05MPa，加压时间间隔24h，最大压力不宜大于0.5MPa。

（10）真空回灌系统应满足密封要求。

当发生停电时，应及时更换电源，保持正常回灌。

4.4.2 环保的技术措施

（1）地下水控制工程不得恶化地下水水质，导致水质产生类别上的变化。

（2）地下水控制过程中抽排出的地下水经沉淀处理后应综合利用；当多余的地下水符合城市地表水排放标准时，可排入城市雨水管网或河湖，不应排入城市污水管道。

（3）地下水控制施工、运行、维护过程中，应根据监测资料，判断分析对工程环境影响程度及变化趋势，进行信息化施工，及时采取防治措施。

5 土方工程

在城市管廊的施工中，土方工程主要是指土方开挖和土方回填，是城市管廊在采用明挖现浇法施工时占地面积最大，对周围环境和交通影响较大的单项工程。在实施土方工程时，应根据工程地质与水文资料、结构和支护设计文件、环境保护要求、基坑平面形状等确定施工方案。在施工前，应根据现场实际条件合理选择堆土场地，尽量减少二次搬运所产生的重复施工。

5.1 土方开挖

土方开挖是指在支护结构范围内从地面向下开挖至设计高程。城市管廊的开挖施工一般在支护结构施工和降水条件满足开挖要求之后采用垂直开挖施工，场地条件比较开阔的施工场地也可以采用放坡开挖，要求边坡和基地有良好的自稳能力。对于开挖深度较大的基坑，宜分台阶进行开挖和支护。如基坑的长度、宽度、深度都比较大时，可采用分段、分层、分块对称开挖。土方开挖必须自上而下分层进行，边开挖，边支护，严禁超挖，尽量缩短开挖和支护之间以及结构地板施作之间的时间间隔。

5.1.1 施工要点

（1）基坑开挖施工方案应按程序进行专家认证和审批，并严格实施。基坑开挖遵循“由上而下，先撑后挖，分层开挖，加强监测”的原则，运用“时空理论”采用“竖向分层、纵向分段，横向扩边”的开挖方法，严格掏底施工。

（2）由于土方开挖顺序的需要，钢支撑和钻孔灌注桩构成的围护结构首先在基坑的竖向上形成，施工区段内每层开挖完成架设钢支撑后才能进行下层土方的挖掘施工。

（3）上方开挖过程中。加强监控量测的统计、分析并及时采取措施，对周边环境进行保护，切实减少围护结构的变形位移及土体的不均匀沉降。

（4）采取对称方式进行土方开挖，即横向由中间向两侧开挖，以免产生偏压现象。

（5）开挖过程中，按规范和方案要求进行，严禁掏挖。

（6）加强对地下水的处理，采取开挖排水沟、集水井集中抽排的方法疏干地下残留水。

（7）加强对开挖标高的控制，开挖接近设计标高时，预留300mm厚度土层由人工清底，严禁超挖。

（8）施工过程中，避免土方开挖机械对围护结构、降水井管的碰撞破坏，前述部位附近的土方开挖由人工进行。

（9）所有材料、设备、运输作业机械、水、电等必须进场到位，开挖前，钢支撑的拼装必须完成并按要求架设。

（10）临时弃土地点必须落实，保障弃土线路畅通。

（11）降排水系统正常运转。

（12）管线改移、保护全部完成，并落实好开挖过程中的加固保护措施。

5.1.2 质量要点

（1）基坑开挖的轴线、长度、边坡坡率及基底标高应符合规范要求。

（2）当基坑用机械开挖至基底时，要预留0.3～0.5m厚土层用人工开挖以控制基底超挖，并不可扰动基底土，如发生超挖，应按设计规定处理。

（3）基坑开挖完成后，应由监理会同勘察、设计部门、建设单位及施工单位进行基底验槽，并做好验槽记录，当基底土质与设计不符时，要根据设计部门意见进行基底处理。

5.1.3 质量验收

（1）土方开挖前应检查定位放线、排水和降低地下水位系统，合理安排土方运输车的行走路线及弃土场。

（2）施工过程中应检查平面位置、水平标高、边坡坡度、压实度、排水、降低地下水位系统，并随时观测周围的环境变化。

（3）临时性挖方的边坡值应符合表5-1的规定。

临时性挖方边坡值 **表5-1**

土的类别		边坡值（高：宽）
砂土（不包括细砂、粉砂）		1：1.25～1：1.50
一般性黏土	硬	1：0.75～1：1.00
	硬、塑	1：1.00～1：1.25
	软	1：1.50或更缓
碎石类土	充填坚硬、硬塑黏性土	1：0.50～1：1.00
	充填砂土	1：1.00～1：1.50

注：1. 设计有要求时，应符合设计标准。
2. 如采用降水或其他加固措施，可不受本表限制，但应计算复核。
3. 开挖深度，对软土不应超过4m，对硬土不应超过8m。

（4）土方开挖工程的质量检验标准应符合表5-2的规定。

土方开挖工程质量检验（mm） 表5-2

项目	序号	项目	允许偏差或允许值					检验方法
			校基基坑基槽	挖方场地平整		管沟	地（路）面基层	
				人工	机械			
主控项目	1	标高	-50	±30	±50	-50	-50	水准仪
	2	长度、宽度（由设计中心线向两边量）	+200，-50	+300，-100	+500，-150	+100	—	经纬仪，用钢尺量
	3	边坡	设计要求					观察或用坡度尺检查
一般项目	1	表面平整度	20	20	50	20	20	用2m靠尺和楔形塞尺检查
	2	基底土性	设计要求					观察或土样分析

注：地（路）面基层的偏差只适用于直接在挖、填方上做地（路）面的基层。

5.1.4 安全与环保措施

（1）安全掩护措施：积土、料具的堆放应距开挖口边沿3～5m才可满足安全的需要，在基坑上口采取钢管及密网式安全网进行安全围护并在显明的位置设置各种安全标记，夜间时设置照明灯及在基坑四周设置红色警示灯，防止人员坠落。在基坑土方开挖进程中应严格依照操作规程进行，严禁偷岩取土及不按规定加设支护的施工方法，在施工进程中要经常检查边坡稳固性，暴雨过后要马上进行巡查，发现隐情应立即进行肃清，不留任何安全隐患在施工现场。施工用电、洞口防护等其他项目安全注意事项及保护措施均同整体项目施工组织设计方案中的多种安全措施。

（2）环境维护办法：根据有关法律法规，实行基坑土方开挖的环保义务制。在土方开挖外运堆放时应到有关部门申报登记备案，在施工现场进出口大门位置设置洗车台及沉淀池，每车土方外运应到洗车台位进行冲刷，车轮不得有土壤上路，防止污染城市道路。由于土方工程有部分土方堆放在现场，故施工现场环境卫生工作难度较大，但也应部署专人对大门进出口、各种排水管道、排水集水坑等处进行土壤杂物清理，坚持排水畅通，防止脏水乱流影响施工现场环境卫生，其他需进行环境维护的各种计划及办法均同总体施工组织设计。

5.2 土方回填

城市管廊的土方回填常采用机械回填。须注意的是，城市管廊回填之后，回填区域普遍存在续建其他道路以及绿化、景观等市政园林工程，应在回填时予以综合考虑，为后续工程创造有利条件，避免重复施工。

5.2.1 施工要点

（1）回填土：宜优先利用基槽中挖出的优质土。回填土内不得含有有机杂质，粒径不应大于50mm，含水量应符合压实要求。

（2）填土材料如无设计要求，应符合下列规定：

1）碎石、砂土（使用细、粉砂时应取得设计单位同意）和爆破石渣，可做表层以下的填料。

2）含水量符合压实要求的黏性土，可做各层的填料。

3）碎块草皮和有机含量大于8%的土，仅用于无压实要求的填方。

4）淤泥和淤泥质土一般不能用作填料，但在软土或沼泽地区，经过处理且含水量符合压实要求的，可用于填方次要的部位。

（3）基础、地下构筑物及地下防水层、保护层等应进行检查，办好隐蔽验收手续且结构达到规定强度，基础分部应经质监站验收通过。

5.2.2 质量要点

（1）回填土的压实系数应符合设计要求，当设计无要求时应不小于0.90。

（2）采用人工夯实时，回填部位每层铺土厚度不得超过200mm，夯实厚度不得超过150mm。采用平碾或振动压实机时，回填部位每层铺土厚度不得超过350mm，压实厚度不得超过300mm。

5.2.3 质量验收

（1）土方回填前应清除基底的垃圾、树根等杂物，抽除坑穴积水、淤泥，验收基底标高。如在耕植土或松土上填方，应在基底压实后再进行。

（2）对填方土料应按设计要求验收后方可填入。

（3）填方施工过程中应检查排水措施以及每层填筑厚度、含水量控制、压实程度。填筑厚度及压实遍数应根据土质、压实系数及所用机具确定。如无试验依据，应符合表5-3的规定。

填土施工时的分层厚度及压实遍数　　表5-3

压实机具	分层厚度（mm）	每层压实遍数
平碾	250～300	6～8
振动压实机	250～350	3～4
柴油打夯机	200～250	3～4
人工打夯	<200	3～4

（4）填方施工结束后，应检查标高、边坡坡度、压实程度等，检验标准应符合表5-4的规定。

填土工程质量检验标准（mm）　　表5-4

<table>
<tr><th rowspan="3">项目</th><th rowspan="3">序号</th><th rowspan="3">检查项目</th><th colspan="5">允许偏差或允许值</th><th rowspan="3">检查方法</th></tr>
<tr><th rowspan="2">桩基基坑基槽</th><th colspan="2">场地平整</th><th rowspan="2">管沟</th><th rowspan="2">地（路）面基础层</th></tr>
<tr><th>人工</th><th>机械</th></tr>
<tr><td rowspan="2">主控项目</td><td>1</td><td>标高</td><td>–50</td><td>±30</td><td>±50</td><td>–50</td><td>–50</td><td>水准仪</td></tr>
<tr><td>2</td><td>分层压实系数</td><td colspan="5">设计要求</td><td>按规定方法</td></tr>
<tr><td>一般项目</td><td>1</td><td>回填土料</td><td colspan="5">设计要求</td><td>取样检查或直观鉴别</td></tr>
</table>

续表

<table>
<tr><th rowspan="3">项目</th><th rowspan="3">序号</th><th rowspan="3">检查项目</th><th colspan="5">允许偏差或允许值</th><th rowspan="3">检查方法</th></tr>
<tr><th rowspan="2">桩基基坑基槽</th><th colspan="2">场地平整</th><th rowspan="2">管沟</th><th rowspan="2">地（路）面基础层</th></tr>
<tr><th>人工</th><th>机械</th></tr>
<tr><td rowspan="2">一般项目</td><td>2</td><td>分层厚度及含水量</td><td colspan="5">设计要求</td><td>水准仪及抽样检查</td></tr>
<tr><td>3</td><td>表面平整度</td><td>20</td><td>20</td><td>30</td><td>20</td><td>20</td><td>用靠尺或水准仪</td></tr>
</table>

5.2.4 安全与环保措施

（1）基坑回填过程中，应有专职安全人员在现场负责安全监督，由专业电工对现场夯实机械进行用电维护，确保回填作业安全顺利进行。

（2）挖掘机装车不得过满，运输车采用封闭式自卸汽车，在车辆出口处由专人清扫车辆。现场门口必须设置醒目的提示牌，以提示司机及有关人员在执行运输任务时注意防止遗撒。

（3）大门口设汽车轮胎清洗装置，自卸车先经过铁箅，除去车轮上的部分泥土，再开进洗车台进行冲洗，洗车台外侧铺设草帘，用以吸收轮胎的水分，减少车轮胎泥污染路面。

（4）施工作业产生的污水，必须经沉淀池沉淀后方可排入市政污水管道。施工污水严禁流出施工区域造成环境污染。

6 暗挖法施工

城市管廊在穿越河道、铁路、房屋或建筑物集中区域，无法采用明挖施工时，就需要进行暗挖施工。目前国内采用的暗挖法施工工艺主要有顶管法、盾构法和浅埋暗挖法。城市管廊的结构断面变化较少，断面尺寸相对其他市政地下工程普遍较小，在施工实践中多采用顶管法和盾构法进行暗挖施工。顶管法和盾构法适用于结构断面统一的地下工程，适用土层范围广，是合适的城市管廊暗挖施工方法。

6.1 顶管法施工

顶管法施工城市管廊时，是在以后背为支撑的条件下，顶管机头从工作井开始顶管进洞，利用主顶油缸及中继间推力重复推进管片，形成暗挖空间的施工方法。顶管法适用的断面尺寸范围十分广泛，从0.4m至2.5m均可适用，可在除坚硬岩层以外的各类土层中使用，是理想的暗挖施工方式。根据顶管截面不同，顶管可分为矩形顶管和圆形顶管。采用顶管法施工城市管廊，不仅能够有效避免原有管线搬迁工作量，大幅降低管线维护成本，有效保持原地面完整，还能降低交通安全隐患，彻底缓解市政工程与交通通行之间的矛盾。

6.1.1 施工要点

（1）顶进钢管采用钢丝网水泥砂浆和肋板保护层时，焊接后应补做焊口处的外防腐层。

（2）采用钢筋混凝土管时，其接口处理应符合下列规定：

1）管节未进入土层前，接口外侧应垫麻丝、油毡或木垫板，管口内侧应留有10～20mm的空隙；顶紧后内管间的孔隙宜为10～15mm。

2）管节入土后，管节相邻接口处安装内胀圈时，应使管节接口位于内胀圈的中部，并将内胀圈与管道之间的缝隙用木楔塞紧。

（3）采用T型钢套环橡胶圈防水接口时，应符合下列规定：

1）混凝土管节表面应光洁、平整，无砂眼、气泡；接口尺寸符合规定。

2）橡胶圈的外观和断面组织应致密、均匀，无裂缝、孔隙或凹痕等缺陷；安装前应保持清洁，无油污，且不得在阳光下直晒。

3）钢套环接口无疵点，焊接接缝平整，肋部与钢板平面垂直，且应按设计规定进行防腐处理。

4）木衬垫的厚度应与设计顶进力相适应。

（4）采用橡胶圈密封的企口或防水接口时，应符合下列规定：

1）粘结木衬垫时凹凸口应对中，环向间隙应均匀。

2）插入前，滑动面可涂润滑剂；插入时，外力应均匀。

3）安装后，发现橡胶圈出现位移、扭转或露出管外，应拔出重新安装。

（5）掘进机进入土层后的管端处理应符合下列规定：

1）进入接收坑的顶管掘进机和管端下部应设枕垫。

2）管道两端露在工作坑中的长度不得小于0.5m，且不得有接口。

3）钢筋混凝土管道端部应及时浇筑混凝土基础。

（6）在管道顶进的全部过程中，应控制顶管掘进机前进的方向，并应根据测量结果分析偏差产生的原因和发展趋势，确定纠偏的措施。

（7）管道顶进过程中，顶管掘进机的中心和高程测量应符合下列规定。

1）采用手工掘进时，顶管掘进机进入土层过程中，每顶进300mm，测量不应少于一次；管道进入土层后正常顶进时，每顶进1000mm，测量不应少于一次，纠偏时应增加测量次数。

2）全段顶完后，应在每个管节接口处测量其轴线位置和高程；有错口时，应测出相对高差。

3）测量记录应完整、清晰。

（8）纠偏时应符合下列规定：

1）应在顶进中纠偏。

2）应采用小角度逐渐纠偏。

3）纠正顶管掘进机旋转时，宜采用调整挖土方法、改变切削刀盘的转动方向，或在管内相对于机头旋转的反向增加配重。

（9）顶管穿越铁路或公路时，除应遵守相关规范要求外，还应符合铁路或公路有关技术安全规定。

（10）管道顶进应连续作业。如遇下列情况时应暂停顶进，并应及时处理；

1）顶管掘进机前方遇到障碍。

2）后背墙变形严重。

3）顶铁发生扭曲现象。

4）管位偏差过大且校正无效。

5）顶力超过管端的允许顶力。

6）油泵、油路发生异常现象。

7）接缝中漏泥浆。

（11）顶进过程中的方向控制应满足下列要求：

1）有严格的放样复核制度，并做好原始记录。顶进前必须遵守严格的放样复测制度，坚持三级复测：施工组测量员——→项目管理部——→监理工程师，确保测量万无一失。

2）必须避免布设在工作井后方的后座墙在顶进时产生移位和变形，必须定时复测并及时调整。

3）顶进纠偏必须勤测量、多微调，纠偏角度应保持10°～20°，不得大于0.5°，并设置偏差警戒线。

4）初始推进阶段，方向主要是主顶千斤顶控制，一方面要减慢主顶推进速度，另一方面要不断调整油缸编组和机头纠偏。

5）开始顶进前必须制订坡度计划，对每一米及每节管的位置、标高须事先计算，确保顶进时正确，以最终符合设计坡度要求和质量标准为原则。

6.1.2 质量要点

（1）为了满足顶管施工精度要求，在施工中必须对以下参数进行测量：

1）顶进方向的垂直偏差。

2）顶进方向的水平偏差。

3）顶管机机身的转动。

4）顶管机的姿态。

5）顶进长度。

（2）管道顶进过程中，应遵循“勤测量、勤纠偏、微纠偏”的原则，控制顶管机前进方法和姿态，并应根据测量结果分析偏差产生的原因和发展趋势，确定纠偏的措施。

（3）在软土层中顶进混凝土管时，为防止关节漂移，宜将前3～5节管体与顶管机连成一体。

6.1.3 质量验收

（1）所有顶管设备必须经检验合格后方可进入施工现场，并应进行单机、整机联动调试。

（2）给水排水管道顶管工程施工质量验收应在施工单位自检基础上，按验收批、分项工程、单位工程的顺序进行，并应符合下列规定：

1）工程施工质量应符合相关规程以及相关国家和地方验收规范的规定。

2）工程施工质量应符合工程勘察、设计文件的要求。

3）参加工程施工质量验收的各方人员应具备相应的资格。

4）涉及结构安全和使用功能的试块、试件和现场检测项目，应按规定进行平行检测或见证取样检测。

5）验收批的质量应按主控项目和一般项目进行验收。

6）承担检测的单位应具有相应的资质。

7）外观质量应由质量验收人员通过现场检查共同确认。

（3）分项工程质量验收应符合下列规定：

1）分项工程所含的验收批的质量验收全部合格。

2）分项工程所含的验收批的质量验收记录应完整、正确；有关质量保证资料和试验检测资料应齐全、正确。

（4）验收批质量验收应符合下列规定：

1）主控项目质量经抽样检验合格。

2）主要工程材料的进场验收和复验合格，试块、试件检验合格。

3）主要工程材料的质量保证资料以及相关试验检测资料齐全、正确；具有完整的施工操作依据和质量检查记录。

（5）分部工程质量验收应符合下列规定：

1）分部工程所含分项工程的质量验收全部合格。

2）质量控制资料应完整。

3）分部工程中，混凝土强度、管道接口连接、管道位置及高程、管道设备安装调试、水压试验等的检验和抽样检测结果应符合《给水排水管道工程施工及验收规范》GB 50268—2008的规定。

（6）单位工程质量验收应符合下列规定：

1）单位工程所含分部工程质量验收全部合格。

2）质量控制资料应完整。

3）单位工程所含分部工程有关安全及使用功能的检测资料应完整。

4）外观质量验收应符合要求。

（7）顶管工程质量验收不合格时，应按下列规定处理：

1）经返工重做或更换管节、管件、管道设备等的验收批，应重新进行验收。

2）经有相应资质的检测单位检测鉴定能够达到设计要求的验收批，应予以验收。

3）经有相应资质的检测单位检测鉴定达不到设计要求，但经原设计单位验算认可，能够满足结构安全和使用功能要求的验收批，可予以验收。

4）经返修或加固处理的分项工程、分部工程，改变外形尺寸但仍能满足结构安全和使用功能要求，可按技术处理方案文件和协商文件进行验收。

（8）通过返修或加固处理仍不能满足结构安全或使用功能要求的分部工程、单位工程，不得通过验收。

（9）单位工程经施工单位自行检验合格后，应由施工单位向建设单位提出验收申请。对符合竣工验收条件的单位工程，应由建设单位按规定组织验收。勘察、设计、施工、监理等单位等以及该工程等管理或使用单位有关人员应参加验收。

（10）工程质量验收。

1）工作井的围护结构、井内结构施工质量验收标准应按现行国家标准《建筑地基基础工程施工质量验收标准》GB 50202—2018、《给水排水构筑物工程施工及验收规范》GB 50141—2008的相关规定执行。

2）工作井应符合下列规定：

①工程原材料、成品、半成品的产品质量应符合国家相关标准规定和设计要求。

②工作井结构的强度、刚度和尺寸应满足设计要求，结构无滴漏和线流现象。

③混凝土结构的抗压强度等级、抗渗等级应符合设计要求。

④结构无明显渗水和水珠现象。

⑤顶管顶进工作井的后背墙应坚实、平整；后座与井壁后背墙联系紧密。

⑥两导轨应顺直、平行、等高；导轨与基座连接应牢固可靠，不得在使用中产生位移。

⑦工作井施工的允许偏差应符合表6-1的规定。

工作井施工的允许偏差 **表6-1**

<table>
<tr><th colspan="4" rowspan="2">检查项目</th><th rowspan="2">允许偏差（mm）</th><th colspan="2">检查数量</th><th rowspan="2">检查方法</th></tr>
<tr><th>范围</th><th>点数</th></tr>
<tr><td rowspan="3">1</td><td rowspan="3">井内导轨安装</td><td colspan="2">顶面高程</td><td>+3.0</td><td rowspan="3">每座</td><td>每根导轨2点</td><td>用水准仪测量、水平尺量测</td></tr>
<tr><td colspan="2">中心水平位置</td><td>3</td><td>每根导轨2点</td><td>用经纬仪测量</td></tr>
<tr><td colspan="2">两轨间距</td><td>±2</td><td>2个断面</td><td>用钢尺量测</td></tr>
<tr><td rowspan="2">2</td><td rowspan="2">井尺寸</td><td>矩形</td><td>每侧长、宽</td><td rowspan="2">不小于设计要求</td><td rowspan="2">每座</td><td rowspan="2">2点</td><td rowspan="2">挂中线用尺量测</td></tr>
<tr><td>圆形</td><td>半径</td></tr>
<tr><td rowspan="2">3</td><td colspan="2" rowspan="2">工作井和接收井预留洞口</td><td>中心位置</td><td>20</td><td rowspan="2">每个</td><td>竖向、水平各1点</td><td>用经纬仪测量</td></tr>
<tr><td>内径尺寸</td><td>±20</td><td>垂直向各1点</td><td>用钢尺量测</td></tr>
<tr><td>4</td><td colspan="3">井底板高程</td><td>±30</td><td>每座</td><td>4点</td><td>用水准仪测量</td></tr>
<tr><td rowspan="2">5</td><td colspan="2" rowspan="2">工作井后背墙</td><td>垂直度</td><td>0.1% h_2</td><td rowspan="2">每座</td><td rowspan="2">1</td><td rowspan="2">用垂线、角尺量测</td></tr>
<tr><td>水平扭转度</td><td>0.1% L_h</td></tr>
</table>

注：h_2为后背墙的高度（mm）；L_h为后背墙的宽度（mm）。

（11）顶管管道应符合下列规定：

1）管节及附件等工程材料的产品质量应符合国家有关标准的规定和设计要求。

2）接口橡胶圈安装位置正确，无位移、脱落现象；钢管的接口焊接应符合《给水排水管道工程施工及验收规范》GB 50268—2008的相关规定，焊缝无损检验符合设计要求。

3）无压管道的管底坡度无明显反坡现象；曲线顶管的实际曲率半径符合设计要求。

4）竣工后管道密封性功能验收合格。

5）管道内应线形平顺，无突变、变形现象；一般缺陷部位应修补密实、表面光洁；管道无明显渗水和水珠现象。

6）管道与工作井出、进洞口的间隙连接牢固，洞口无渗漏水。

7）钢管防腐层及焊缝处的外防腐层质量验收合格。

8）有内防腐层的钢筋混凝土管道，防腐层应完整、附着紧密。

9）管道内应清洁，无杂物、油污。

10）顶进贯通后的管道允许偏差应符合表6-2的规定。

（12）管线竣工测量。

1）工程验收阶段应由管线建设单位委托有相应测绘资质的第三方测量单位进行管线竣工测量。

2）管线竣工图应包括综合管线图、专业管线图和管线横断面图。

3）管线竣工图宜采用1：200～1：1000比例尺地形图作为工作地图。

4）管线竣工测量应符合《城市地下管线探测技术规程》CJJ 61—2017的相关规定。

6.1.4 安全与环保措施

（1）管内供电系统必须配备可靠的触电、漏电保护装置。井上、井下与管内照明用电采用36V的低压行灯。施工中保证高压电缆、配电箱具有良好的绝缘性能，电缆接头连接方便可靠，电气设备的检修维护必须有专人负责。同时作业人员必须具备高压电操作技能，做到持证上岗。

（2）顶管施工中钢管节须在地面吊运入井，垂直运输十分频繁，故极易发生坠物伤人事故。因此施工中在井四周设安全挡板，防止井边坠物伤人；履带式起重机等设备有限位保险装置，不带病、超负荷工作并定期检修：履带式起重机操作由专人持证上岗：吊装时，施工现场有两名指挥，井上、井下各一名：定期检查料索具，发现断丝超标、钢丝绳棱角边损坏等现象，及时报废更换；同时加强施工人员教育，严禁向下抛物。

（3）施工弃土、弃渣、废料及时妥善处理，运土汽车应加盖篷布，以防尘土扬洒。严禁乱取乱弃，破坏自然环境。

（4）施工期间，噪声应满足《建筑施工场界环境噪声排放标准》GB 12523—2011的要求，为减少工程施工噪声、振动对环境的影响，应采取有效措施，合理安

顶管管道顶进允许偏差　　表6-2

<table>
<tr><th colspan="4" rowspan="2">检查项目</th><th colspan="3">允许偏差（mm）</th><th colspan="2">检查频率</th><th rowspan="2">检查方法</th></tr>
<tr><th colspan="2">玻璃纤维增强塑料夹砂管，钢筋混凝土管</th><th>钢管</th><th>范围</th><th>点数</th></tr>
<tr><td rowspan="3">1</td><td rowspan="3">直线顶管水平轴线</td><td colspan="2">顶进长度＜300m</td><td colspan="2">50</td><td>130</td><td rowspan="13">每管节</td><td rowspan="13">1点</td><td rowspan="3">用经纬仪或挂中线用尺测量。L为顶进长度</td></tr>
<tr><td colspan="2">300m≤顶进长度＜1000m</td><td colspan="2">100</td><td>200</td></tr>
<tr><td colspan="2">顶进长度≥1000m</td><td colspan="2">$L/10$</td><td>100+$L/10$</td></tr>
<tr><td rowspan="4">2</td><td rowspan="4">直线顶管内底高程</td><td rowspan="2">顶进长度＜300m</td><td>D_0＜1500</td><td>+30</td><td>−40</td><td>+60，−60</td><td rowspan="2">用水准仪或水平仪测量</td></tr>
<tr><td>D_0≥1500</td><td>+40</td><td>−50</td><td>+80，−80</td></tr>
<tr><td colspan="2">300m≤顶进长度＜1000m</td><td>+60</td><td>−80</td><td>+100，−100</td><td rowspan="2">用水准仪测量</td></tr>
<tr><td colspan="2">顶进长度≥1000m</td><td colspan="2">+80，−100</td><td>+150，−100，$L/10$</td></tr>
<tr><td rowspan="6">3</td><td rowspan="6">曲线顶管水平轴线</td><td colspan="2" rowspan="3">$R≤150D_0$</td><td colspan="2">水平曲线</td><td>150</td><td rowspan="6">用经纬仪测量</td></tr>
<tr><td colspan="2">竖曲线</td><td>150</td></tr>
<tr><td colspan="2">复合曲线</td><td>200</td></tr>
<tr><td colspan="2" rowspan="3">$R≤150D_0$</td><td colspan="2">水平曲线</td><td>150</td></tr>
<tr><td colspan="2">竖曲线</td><td>150</td></tr>
<tr><td colspan="2">复合曲线</td><td>150</td></tr>
</table>

检查项目			允许偏差（mm）		检查频率		检查方法
			玻璃纤维增强塑料夹砂管，钢筋混凝土管	钢管	范围	点数	
4	曲线顶管内底高程	$R \leqslant 150D_0$	水平曲线	+100，−150	每管节	1点	用水准仪测量
			竖曲线	+150，−200			
			复合曲线	±200			
		$R > 150D_0$	水平曲线	+100，−150			
			竖曲线	+100，−150			
			复合曲线	±200			
5	相邻管间错口	钢管、玻璃纤维增强塑料夹砂管	≤2				用尺测量
		钢筋混凝土管	15%壁厚，且≤20				
6	钢筋混凝土管曲线顶管相邻管间接口的最大间隙与最小间隙之差		$\leqslant \Delta S$				
7	钢管、玻璃纤维增强塑料夹砂管管道环向变形		$\leqslant 0.03D_0$				
8	对顶时两端错口		50				

注：1. L——顶进长度（m）；D_0——管道外径（mm）；ΔS——曲线顶管相邻管节接口允许的最大间隙与最小间隙之差（mm），一般可取1/2的木垫圈厚度；R——曲线顶管的设计曲率半径（mm）。

2. 对于长距离的直线钢顶管，除应满足水平轴线和高程允许偏差外，尚应限制曲率半径R_1；当$D_0 \leqslant 1600$时，应满足$R_1 \geqslant 2080$m；当$D_0 > 1600$时，应满足$R_1 \geqslant 1260D_0$。

排施工时间，尽量避开居民休息时间，限制夜间进行强噪声、振动污染严重的施工作业，做到文明施工；施工车辆，特别是重型车辆的运行途径，尽量避开噪声敏感区；将施工现场的固定噪声源相对集中布置；施工机械尽量采取液压设备。

（5）施工过程中尽量减少对周围自然环境的破坏，施工临时用地，完工后恢复本来面貌。

6.2 盾构法施工

盾构法施工指利用盾构机在地下土层中掘进，同时拼装预制管片作为支护体，在支护体外侧注浆作为防水及加固层的施工方法。盾构机出发和接收均需要容纳盾构设备的相应空间，通常称为“始发井”和“接收井”，常为钢筋混凝土地下结构，需专门设计。在城市管廊的建设中，使用盾构法施工时经常与其他工程合建，如过江隧道、地铁、电力管道，或有特殊地段无法采用其他工法施工。盾构法适用于所有土层，适合大断面非开挖施工，可大幅减少施工对城市环境及交通的影响，社会效益明显。

6.2.1 施工要点

（1）盾构现场组装完成后应对各系统进行调试并验收。

（2）掘进施工可划分为始发、掘进和接收阶段。施工中，应根据各阶段施工特点及施工安全、工程质量和环保要求等采取针对性施工技术措施。

（3）试掘进应在盾构起始段50～200m进行。试掘进应根据试掘进情况调整并确定掘进参数。

（4）掘进施工应控制排土量、盾构姿态和地层变形。

（5）管片拼装时应停止掘进，并应保持盾构姿态稳定。

（6）掘进过程中应对已成环管片与地层的间隙充填注浆。

（7）掘进过程中，盾构与后配套设备、抽排水与通风设备、水平运输与垂直运输设备、泥浆管道输送设备和供电系统等应能正常运转。

（8）掘进过程中遇到下列情况之一时，应及时处理：

1）盾构前方地层发生坍塌或遇有障碍。

2）盾构壳体滚转角达到3°。

3）盾构轴线偏离隧道轴线达到50mm。

4）盾构推力与预计值相差较大。

5）管片严重开裂或严重错台。

6）壁后注浆系统发生故障无法注浆。

7）盾构掘进扭矩发生异常波动。

8）动力系统、密封系统和控制系统等发生故障。

（9）在曲线段施工时，应采取措施减小已成环管片竖向位移和横向位移对隧道轴线的影响。

（10）掘进应按设定的掘进参数沿隧道设计轴线进行，并进行记录。

（11）根据横向、竖向偏差和滚转角偏差，应采取措施调整盾构姿态，并应防止过量纠偏。

（12）当停止掘进时，应采取措施稳定开挖面。

（13）应对盾构姿态和管片状态进行复核测量。

（14）盾构组装与调试。

1）组装前应完成下列准备工作：

①根据盾构部件情况和场地条件，制定组装方案。

②根据部件尺寸和重量选择组装设备。

③核实起吊位置的地基承载力。

2）盾构组装应按作业安全操作规程和组装方案进行。

3）现场应配备消防设备，明火、电焊作业时，必须有专人负责。

4）组装后，应先进行各系统的空载调试，然后再进行整机空载调试。

（15）盾构现场验收。

1）盾构现场验收应满足盾构设计的主要功能及工程使用要求，验收项目应包括下列内容：

①盾构壳体。

②刀盘。

③管片拼装机。

④螺旋输送机（土压平衡盾构）。

⑤皮带输送机（土压平衡盾构）。

⑥泥水输送系统（泥水平衡盾构）。

⑦泥水处理系统（泥水平衡盾构）。

⑧同步注浆系统。

⑨集中润滑系统。

⑩液压系统。

⑪镜接装置。

⑫电气系统。

⑬渣土改良系统。

⑭盾尾密封系统。

2）当盾构各系统验收合格并确认正常运转后，方可开始掘进施工。

3）当盾构现场验收时，应记录运转状况和掘进情况，并应进行评估，满足技术要求后方可验收。

（16）盾构始发掘进。

1）盾构掘进前如需破除洞门，应在节点验收后进行。

2）始发掘进前，应对洞门外经改良后的土体进行质量检查，合格后方可始发掘进；应制定洞门围护结构破除方案，并应采取密封措施保证始发安全。

3）始发掘进前，反力架应进行安全验算。

4）始发掘进时，应对盾构姿态进行复核。

5）当负环管片定位时，管片环面应与隧道轴线相适应。拆除前，应验算成型隧道管片与地层间的摩擦力，并应满足盾构掘进反力的要求。

6）当分体始发掘进时，应保护盾构的各种管线，及时跟进后配套设备，并应确定管片拼装、壁后注浆、出土和材料运输等作业方式。

7）盾尾密封刷进入洞门结构后，应进行洞门圈间隙的封堵和填充注浆。注浆完成后方可掘进。

8）始发掘进时应控制盾构姿态和推力，加强监测，并应根据监测结果调整掘进参数。

（17）土压平衡盾构掘进。

1）开挖渣土应充满土仓，渣土形成的土仓压力应与刀盘开挖面外的水土压力平衡，并应使排土量与开挖土量相平衡。

2）应根据隧道工程地质和水文地质条件、埋深、线路平面与坡度、地表环境、施工监测结果、盾构姿态以及始发掘进阶段的经验，设定盾构刀盘转速、掘进速度和土仓压力等掘进参数。

3）掘进中应监测和记录盾构运转情况、掘进参数变化和排出渣土状况，并应及时分析反馈，调整掘进参数和控制盾构姿态。

4）应根据工程地质和水文地质条件，向刀盘前方及土仓注入添加剂，渣土应处于流塑状态。

（18）泥水平衡盾构掘进。

1）泥浆压力与开挖面的水土压力应保持平衡，排出渣土量与开挖渣土量应保持平衡，并应根据掘进状况进行调整和控制。

2）应根据工程地质条件，经试验确定泥浆参数，应对泥浆性能进行检测，并实施泥浆动态管理。

3）应根据隧道工程地质与水文地质条件、隧道埋深、线路平面与坡度、地表环境、施工监测结果、盾构姿态和盾构始发掘进阶段的经验，设定盾构刀盘转速、掘进速度、泥水仓压力和送排泥水流量等掘进参数。

4）泥水管路延伸和更换，应在泥水管路完全卸压后进行。

5）泥水分离设备应满足地层粒径分离要求，处理能力应满足最大排渣量的要求，渣土的存放和运输应符合环境保护要求。

（19）盾构姿态控制。

1）应通过调整盾构掘进液压缸和交接液压缸的行程差控制盾构姿态。

2）应实时测量盾构里程、轴线偏差、俯仰角、方位角、滚转角和盾尾管片间隙，应根据测量数据和隧道轴线线型，选择管片型号。

3）应对盾构姿态及管片状态进行测量和复核，并记录。

4）纠偏时应控制单次纠偏量，应逐环和小量纠偏，不得过量纠偏。

5）根据盾构的横向和竖向偏差及滚转角调整盾构姿态，可采取液压缸分组控制或使用仿形刀适量超挖或反转刀盘等措施。

（20）开仓作业。

1）宜预先确定开仓作业的地点和方法，并应进行相关准备工作。

2）开仓作业地点宜选择在工作井、地层较稳定或地面环境保护要求低的地段。

3）开仓作业前，应对开挖面稳定性进行判定。

4）当在不稳定地层开仓作业时，应采取地层加固或压气法等措施，确保开挖面稳定。

5）气压作业前，应完成下列准备工作：

①应对带压开仓作业设备进行全面检查和试运行。

②应配置备用电源和气源，保证不间断供气。

③应制定专项方案与安全操作规定。

6）气压作业前，开挖仓内气压必须通过计算和试验确定。

7）气压作业应符合下列规定：

①刀盘前方的地层、开挖仓、地层与盾构壳体间应满足气密性要求。

②应按施工专项方案和安全操作规定作业。

③应由专业技术人员对开挖面稳定状态和刀盘、刀具磨损状况进行检查。

④作业期间应保持开挖面和开挖仓通风换气，通风换气应减小气压波动范围。

⑤进仓人员作业时间应符合国家现行标准《空气潜水减压技术要求》GB/T 12521—2008和《盾构法开仓及气压作业技术规范》CJJ 217—2014的规定。

8）开仓作业应进行记录。

（21）盾构接收。

1）盾构接收可分为常规接收、钢套筒接收和水（土）中接收。

2）盾构接收前，应对洞口段土体进行质量检查，合格后方可接收掘进。

3）当盾构到达接收工作井100m时，应对盾构姿态进行测量和调整。

4）当盾构到达接收工作井10m内，应控制掘进速度和土仓压力等。

5）当盾构到达接收工作井时，应使管片环缝挤压密实，确保密封防水效果。

6）盾构主机进入接收工作井后，应及时密封管片环与洞门间隙。

（22）调头、过站和空推。

1）调头和过站前，应进行施工现场调查、编制技术方案及现场准备工作。调头和过站设备应满足安全要求。

2）调头和过站时应有专人指挥，专人观察盾构的移动状态，避免方向偏离或碰撞。

3）掉头和过站后应完成盾构管线的连接工作，连接后应按相关规范要求执行。

4）盾构空推应符合下列规定：

①导台或导向轨道水平和竖直方向的精度应满足设计要求。

②应控制盾构推力、速度和姿态，并应监测管片变形。

③应采取措施挤紧管片防水密封条，并应保持隧道稳定。

（23）盾构解体。

1）盾构解体前，应制定解体方案，并应准备解体使用的吊装设备、工具和材料等。

2）盾构解体前，应对各部件进行检查，并应对流体系统和电气系统进行标识。

3）对已拆卸的零部件应进行清理。

6.2.2 质量要点

（1）盾构设备制造质量必须符合设计要求，整机总装调试合格，经现场试掘进50～100m距离合格后方可正式验收。

（2）盾构组装时的各项技术指标应达到总装时的精度标准，配套系统应符合规定，组装完毕经检查合格后方可使用，盾构使用应经常检查、维修和保养。

（3）盾构掘进施工必须严格控制排土量、盾构姿态和地层变形。

（4）盾构进出洞时应视地质和现场以及盾构形式等条件对工作井洞内外的一定范围内的地层进行必要的地基加固，并对洞圈间隙采取密封措施，确保盾构的施工安全。

（5）在盾构推进施工中应及时进行各项中间隐蔽工程的验收，并填写下列记录：

1）竖井井位坐标。

2）竖井预留的洞圈制作精度和就位后标高、坐标。

3）预制管片的钢模质量。

4）盾构推进施工的各类报表。

5）内衬施工前，应对模板、预埋件等进行检查验收。

（6）盾构机进出竖井洞前，必须对洞口土体进行加固处理，以防止洞门打开时土体和地下水涌入竖井内引起地面坍陷和危及盾构施工。

（7）隧道洞口土体加固方法、范围和封门形式应根据地质、洞口尺寸、覆土厚度和地面环境等条件确定。

（8）检查盾构始发的准备工作，测量盾构机始发的姿态（盾构机垂直姿态略高于设计轴线0～30mm，防止“栽头”），检查盾构机防滚转措施及负环管片、始发台的稳定性；检查反力架刚度。最后一层钢筋的割除，应自下而上进行才比较安全。

（9）盾构工作竖井地面上应设防雨棚，井口应设防淹墙和安全栏杆。

（10）在盾构推进过程中应控制盾构轴线与设计轴线的偏离值，使之在允许范围内。

（11）盾构中途停顿较长时，开挖面及盾尾应采取防止土体流失的措施。

（12）盾构掘进临近工作竖井一定距离时应控制其出土量并加强线路中线及高程测量。距封门500mm左右时停止前进，拆除封门后应连续掘进并拼装管片。

（13）盾构掘进速度，应与地表控制的隆陷值、进出土量、正面土压平衡调整值及同步注浆等相协调，如盾构停歇时间较长时，必须及时封闭正面土体。

（14）检查进站前约10环的管片是否对纵向进行加强连接，以防止盾构在推力下降时发生管片“松脱”渗水和减轻盾构姿态发生突变时的管片错台、破损。盾构机应慢速进站，直到盾构安全上到托架。

（15）盾构掘进中遇有下列情况时应停止掘进，分析原因并采取措施：

1）盾构前发生坍塌或遇有障碍。

2）盾构自转角过大。

3）盾构位置偏离过大。

4）盾构推力较设计推力增大。

5）可能发生危及管片防水、运输的情况及注浆遇有障碍等。

（16）在施工过程中应严格控制土压值，保持压力稳定。

（17）带压更换刀具必须符合施工规范的相关规定。

（18）盾构推进应严格控制中线平面位置和高程，其允许偏差均为±50mm。发现偏离应逐步纠正，不得猛纠硬调。

（19）管片拼装。

1）必须使用质量合格的管片和防水密封条。

2）管片在送入拼装机时，前面不得有人，管片旋转及径向没有进入已拼好管片端头时，在拼装机下方严禁人员进出站立。

3）管片拼装应严格按拼装设计要求进行，管片不得有内外贯穿裂缝和宽度大于0.2mm的裂缝及混凝土剥落现象。

4）管片拼装后，应做好记录并进行检验，其质量应符合下列规定：

①管片拼装允许偏差为高程和平面±50mm，每环相邻管片平整度4mm，纵向相邻环环面平整度5mm，衬砌环直径椭圆度为隧道外直径的5‰。

②螺栓应拧紧，环向及纵向螺栓应全部穿进。

5）当管片表面出现缺棱掉角、混凝土剥落、大于0.2mm的裂缝或贯穿性裂缝等缺陷时，必须进行修补。管片修补时，应分析管片破损原因及程度，制定修补方案。修补材料强度不应低于管片强度。

（20）壁后注浆。

1）向管片外压浆工艺，应根据所建工程对隧道变形及地层沉降的控制要求，选择同步注浆或壁后注浆，一次压浆或多次压浆。

2）衬砌管片脱出盾尾后，应配合地面量测及时进行壁后注浆。

3）注浆的浆液应根据地质、地面超载及变形速度等条件选用，其配合比应经试验确定。

4）注浆时壁后空隙应全部充填密实，注浆量充填系数宜为1.30～2.50。壁孔注浆宜从隧道两腰开始，注完顶部再注底部，当有条件时可多点同时进行。注浆后应将壁孔封闭。同步注浆时各注浆管应同时进行，以达到防水和防止结构及地面沉降的目的。

5）每环压浆量应保证地表沉降控制在各工程环境保护要求的规定内。压浆机压力以控制地表变形为原则，压力应均匀以免损坏管片。

6）壁后注浆施工的注意事项。

①严格遵循材料混合顺序。如果违背壁后注浆的用料混合顺序，则无法达到预期的效果。如水（W）、膨润土（B）、水泥（C）之间混合顺序变动，则流动度的值、析水率将显著变化，必须充分注意。

②材料的准确计量：粉体材料放置时间长，由于受潮相对密度会发生变化。应定期测量粉体材料的相对密度，以修正计量系统。计量器具也必须经常维护，调节检查其精度。

7）在小曲率半径施工中壁后注浆应采用早期强度高的浆液、急凝砂浆和双液浆为好，以获得合格的盾构的推进反力。事先应制定注浆的正确方案。

8）在各种特殊地层中的壁后注浆，要充分认识地层的特性，制定详细方案和施工步骤。通过采取调整浆液参数、选择合理注浆点、改变注浆方式、控制注浆时间和压力等措施来控制注浆质量。

9）壁后注浆的质量管理。壁后注浆液的流动性、强度、收缩率、凝胶时间（即开始防水又没硬化的时间）等性能是选择浆液的重要因素，直接关系到地层的沉降、漏水、漏气等性能，必须定期对注入浆液进行试验检查。

10）浆液的主要试验项目有流动度、黏性、析水率、凝胶时间、强度等。施工时必须使用检查合格的计量器，保证配比的准确性。

（21）施工防水。

1）盾构法施工的隧道防水包括管片本体防水、管片接缝防水和隧道渗漏处理三项内容。隧道防水的质量验收合格标准为：不得有线流、滴漏和漏泥砂，隧道内面平均漏水量不超过0.1L/（m^2·d）。

2）接缝防水密封垫的构造形式、密封垫材料的性能与截面尺寸必须符合设计要求。

3）钢筋混凝土管片粘贴防水密封条前应将槽内清理干净，粘贴应牢固、平整、严密、位置正确，不得有起鼓、超长和缺口等现象。

4）钢筋混凝土管片拼装前应逐块对粘贴的防水密封条进行检查，拼装时不得损坏防水密封条，当隧道基本稳定后应及时进行嵌缝防水处理。

5）钢筋混凝土管片拼装接缝连接螺栓孔之间应按设计加设防水垫圈。必要时，螺栓孔与螺杆间应采取封堵措施。

6）预制钢筋混凝土管片的接缝（一次衬砌）必须用设计规定的材料完成嵌缝及堵漏工作，以确保现浇内衬混凝土浇捣的防水质量。

7）管片衬砌的所有预埋件、手孔、螺栓孔等应按图纸要求进行防水、防腐等处理工作。

8）遇有变形缝、柔性接头等特殊结构处，除按图进行结构施工外，还必须严格按图纸的防水处理要求落实。

9）竖井与隧道结合处，宜采用柔性材料处理，并宜加固竖井洞圈周围土体。在软土地层距结合处一定范围内的衬砌段落，宜增设变形缝或采用适应变形量大的密封条。

10）所采用的防水材料，都应检查和保存成品和半成品的质量合格证书或检验报告，按设计要求和生产厂的质量指标分批进行抽查，特别是水膨胀橡胶制品必须进行抽检。

采用水膨胀橡胶定型制品防水材料，其出厂运输和存放须做好防潮措施，并设专门库房存放，以免失效。

遇变形缝、柔性接头等处，管片接缝防水的处理应按设计图纸要求实施。

管片防水密封垫粘贴后，在运输、堆放、拼装前应注意防雨措施并逐块检查防水材料（包括传力衬垫材料）的完整和位置，发现问题及时修补。管片拼装时必须保护防水材料不被破坏，并严防脱槽、扭曲和位移现象的发生，必要时使用减摩剂、缓膨剂。如发现损坏防水材料，轻则修补，重则重新调换，以确保管片接缝防水质量。

6.2.3 质量验收

（1）结构表面应无贯穿性裂缝、无缺棱掉角，管片接缝应符合设计要求。

检验数量：全数检验。

检验方法：观察检验，检查施工记录。

（2）隧道防水应符合设计要求。

检验数量：逐环检验。

检验方法：观察检验，检查施工记录。

（3）隧道轴线平面位置和高程偏差应符合表6-3的规定。

隧道轴线平面位置和高程偏差（mm）　　表6-3

检验项目	允许偏差						检验方法	检验数量
	地铁隧道	公路隧道	铁路隧道	水工隧道	市政隧道	油气隧道		
隧道轴线平面位置	±100	±150	±120	±150	±150	±150	用全站仪测中线	10环
隧道轴线高程	±100	±150	±120	±150	±150	±150	用水准仪测高程	10环

（4）衬砌结构严禁侵入建筑限界。

检验数量：每5环检验1次。

检验方法：全站仪、水准仪等测量。

（5）隧道允许偏差应符合表6-4的规定。

隧道允许偏差　　表6-4

检验项目	允许偏差						检验方法	检验数量	
	地铁隧道	公路隧道	铁路隧道	水工隧道	市政隧道	油气隧道			
衬砌环椭圆度（‰）	±6	±8	±6	±10	±8	±8	断面仪、全站仪测量	10环	—
衬砌环内错台（mm）	10	12	12	15	15	15	尺量	10环	4点/环
衬砌环间错台（mm）	15	17	17	20	20	20	尺量	10环	4点/环

6.2.4 安全与环保措施

（1）施工前，应根据盾构设备状况、地质条件、施工方法、进度和隧道掘进长度等条件，选择通风方式、通风设备和隧道内温度控制措施。

（2）隧道内作业场所应设置照明和消防设施，并应配备通信设备和应急照明。

（3）隧道和工作井内应设置足够的排水设备。

（4）隧道内作业位置与场所应保证作业通道畅通。

（5）当存在可燃性或有害气体时，应使用专用仪器进行检测并应加强通风措施，气体浓度应控制在安全允许范围内。

（6）施工作业环境气体应符合下列规定：

1）空气中氧气含量不得低于20%（按体积计）。

2）甲烷浓度应小于0.5%（按体积计）。

3）有害气体容许浓度应符合下列规定：

①一氧化碳不应超过30mg/m^3。

②二氧化碳不应超过0.5%（按体积计）。

③氮氧化物换算成二氧化氮不应超过5mg/m^3。

4）粉尘容许浓度，空气中含有10%及以上的游离二氧化硅的粉尘不得大于2mg/m^3，空气中含有10%以下的游离二氧化硅的矿物性粉尘不得大于4mg/m^3。

（7）隧道内空气温度不应高于32℃。

（8）隧道内噪声不应大于90dB。

（9）施工通风应符合下列规定：

1）宜采取机械通风方式。

2）按隧道内施工高峰期人数计，每人需供应新鲜空气不应小于3m^3/min，隧道最低风速不应小于0.25m/s。

（10）施工中产生的废渣和废水等应及时处置。

（11）施工中，应采取措施避免施工噪声、振动、水质和土壤污染及地表下沉等对周边环境造成影响。

7 施工监测

施工监测是一项系统工程，是保证施工安全与质量控制的关键环节，监测工作的质量直接决定工程能否顺利完成，必须对监测工作做出整体规划。监测工作应坚持五大原则，即可靠性原则、多层次监测原则、重点监测关键区域原则、方便实用原则、经济合理原则。

城市管廊的监测点的布置应最大限度地反映监测对象的实际状态及其变化趋势，并应满足监控要求。监测点的布置应不妨碍监测对象的正常工作，并尽量减少对施工作业的不利影响。监测标志应稳固、明显、结构合理，监测点的位置应避开障碍物，便于观测。在监测对象内力和变形变化大的代表性部位及周边重点监护部位，监测点应适当加密。应加强对监测点的保护，必要时应设置监测点的保护装置或保护设施。

7.1 基坑、支护结构及主体结构监测

基坑、支护结构及主体结构的监测直接反映了施工过程中施工质量的优劣以及周边环境对工程实施的影响。通过全过程监测实时掌握施工质量并根据监测结果及时调整施工部署。

7.1.1 基坑及支护结构监测

（1）基坑边坡顶部的水平位移和竖向位移监测点应沿基坑周边布置，基坑周边中部、阳角处应布置监测点。监测点间距不宜大于20m，每边监测点数目不应少于3个。监测点宜设置在基坑边坡坡顶上。

（2）围护墙顶部的水平位移和竖向位移监测点应沿围护墙的周边布置，围护墙周边中部、阳角处应布置监测点。监测点间距不宜大于20m，每边监测点数目不应少于3个。监测点宜设置在冠梁上。

（3）深层水平位移监测孔宜布置在基坑边坡、围护墙周边的中心处及代表性的部位，数量和间距视具体情况而定，但每边至少应设1个监测孔。当用测斜仪观测深层水平位移时，设置在围护墙内的测斜管深度不宜小于围护墙的入土深度；设置在土体内的测斜管应保证有足够的入土深度，保证管端嵌入到稳定的土体中。

（4）围护墙内力监测点应布置在受力、变形较大且有代表性的部位，监测点数

量和横向间距视具体情况而定，但每边至少应设1处监测点。竖直方向监测点应布置在弯矩较大处，监测点间距宜为3～5m。

（5）支撑内力监测点的布置应符合下列要求：

1）监测点宜设置在支撑内力较大或在整个支撑系统中起关键作用的杆件上。

2）每道支撑的内力监测点不应少于3个，各道支撑的监测点位置宜在竖向保持一致。

3）钢支撑的监测截面根据测试仪器宜布置在支撑长度的1/3部位或支撑的端头。钢筋混凝土支撑的监测截面宜布置在支撑长度的1/3部位。

4）每个监测点截面内传感器的设置数量及布置应满足不同传感器测试要求。

（6）立柱的竖向位移监测点宜布置在基坑中部、多根支撑交汇处、施工栈桥下、地质条件复杂处的立柱上，监测点不宜少于立柱总根数的10%，逆做法施工的基坑不宜少于20%，且不应少于5根。

（7）锚杆的拉力监测点应选择在受力较大且有代表性的位置，基坑每边跨中部位和地质条件复杂的区域宜布置监测点。每层锚杆的拉力监测点数量应为该层锚杆总数的1%～3%，并不应少于3根。每层监测点在竖向上的位置宜保持一致。每根杆体上的测试点应设置在锚头附近位置。

（8）土钉的拉力监测点应沿基坑周边布置，基坑周边中部、阳角处宜布置监测点。监测点水平间距不宜大于30m，每层监测点数目不应少于3个。各层监测点在竖向上的位置宜保持一致。每根杆体上的测试点应设置在受力、变形有代表性的位置。

（9）基坑底部隆起监测点应符合下列要求：

1）监测点宜按纵向或横向剖面布置，剖面应选择在基坑的中央、距坑底边约1/4坑底宽度处以及其他能反映变形特征的位置。数量不应少于2个。纵向或横向有多个监测剖面时，其间距宜为20～50m。

2）同一剖面上监测点横向间距宜为10～20m，数量不宜少于3个。

（10）围护墙侧向土压力监测点的布置应符合下列要求：

1）监测点应布置在受力、土质条件变化较大或有代表性的部位。

2）平面布置上基坑每边不宜少于2个测点。在竖向布置上，测点间距宜为2～5m，测点下部宜密。

3）当按土层分布情况布设时，每层应至少布设1个测点，且布置在各层土的中部。

4）土压力盒应紧贴围护墙布置，宜预设在围护墙的迎土面一侧。

（11）孔隙水压力监测点宜布置在基坑受力、变形较大或有代表性的部位。监测点竖向布置宜在水压力变化影响深度范围内按土层分布情况布设，监测点竖向间距一般为2～5m，并不宜少于3个。

（12）基坑内地下水位监测点的布置应符合下列要求：

1）当采用深井降水时，水位监测点宜布置在基坑中央和两相邻降水井的中间部位；当采用轻型井点、喷射井点降水时，水位监测点宜布置在基坑中央和周边拐角处，监测点数量视具体情况确定。

2）水位监测管的埋置深度（管底标高）应在最低设计水位之下3～5m。对于需要降低承压水水位的基坑工程，水位监测管埋置深度应满足降水设计要求。

（13）基坑外地下水位监测点的布置应符合下列要求：

1）水位监测点应沿基坑周边、被保护对象（如建筑物、地下管线等）周边或在两者之间布置，监测点间距宜为20～50m。相邻建（构）筑物、重要的地下管线或管线密集处应布置水位监测点；如有止水帷幕，宜布置在止水帷幕的外侧约2m处。

2）水位监测管的埋置深度（管底标高）应在控制地下水位之下3～5m。对于需要降低承压水水位的基坑工程，水位监测管埋置深度应满足设计要求。

3）回灌井点观测井应设置在回灌井点与被保护对象之间。

7.1.2 水平位移监测

（1）测定特定方向上的水平位移时可采用视准线法、小角度法、投点法等；测定监测点任意方向的水平位移时可视监测点的分布情况，采用前方交会法、后方交会法、极坐标法等；当测点与基准点无法通视或距离较远时，可采用GPS测量法或三角、三边、边角测量与基准线法相结合的综合测量方法。

（2）水平位移监测基准点的埋设应按现行标准《建筑变形测量规范》JGJ 8—2016执行，宜设置有强制对中的观测墩，并宜采用精密的光学对中装置，对中误差不宜大于0.5mm。

（3）基坑围护墙（边坡）顶部水平位移监测精度应根据围护墙（边坡）顶部水平位移报警值按表7-1确定。

基坑围护墙（边坡）顶部水平位移监测精度要求（mm）　　表7-1

水平位移报警值（mm）	≤30	30～60	>60
监测点坐标中误差	≤1.5	≤3.0	≤6.0

注：1. 监测点坐标中误差，系指监测点相对测站点（如工作基点等）的坐标中误差，为点位中误差的$1/\sqrt{2}$。
2. 以中误差作为衡量精度的标准。

（4）管线水平位移监测的精度不宜低于1.5mm。

7.1.3 竖向位移监测

（1）竖向位移监测可采用几何水准或液体静力水准等方法。

（2）坑底隆起（回弹）宜通过设置回弹监测标，采用几何水准并配合传递高程的辅助设备进行监测，传递高程的金属杆或钢尺等应进行温度、尺长和拉力等项修正。围护墙（边坡）顶部、立柱及基坑周边地表的竖向位移监测精度应根据竖向位移报警值按表7-2确定。

围护墙（坡）顶、立柱及基坑周边地表的竖向位移监测精度要求（mm） 表7-2

竖向位移报警值	≤20（35）	20～40（35～60）	≥40（60）
监测点测站高差中误差	≤0.3	≤0.5	≤1.0

注：1. 监测点测站高差中误差系指相应精度与视距的几何水准测量单程-测站的高差中误差；
2. 括号内数值对应于立柱及基坑周边地表的竖向位移报警值。

（3）管线竖向位移监测的精度不宜低于1.0mm。

（4）坑底隆起（回弹）监测的精度应符合表7-3的要求。

坑底隆起（回弹）监测的精度要求（mm） 表7-3

坑底回弹（隆起）报警值	≤40	40～60	60～80
监测点测站高差中误差	≤1.0	≤2.0	≤3.0

（5）各监测点与水准基准点或工作基点应组成闭合环路或附合水准路线。

7.1.4 深层水平位移监测

（1）围护墙深层水平位移的监测宜采用在墙体或土体中预埋测斜管、通过测斜仪观测各深度处水平位移的方法。

（2）测斜仪的系统精度不宜低于0.25mm/m，分辨率不宜低于0.02mm/500mm。

（3）测斜管应在基坑开挖1周前埋设，埋设时应符合下列要求：

1）埋设前应检查测斜管质量，测斜管连接时应保证上、下管段的导槽相互对准、顺畅，各段接头及管底应保证密封。

2）测斜管埋设时应保持竖直，防止发生上浮、断裂、扭转；测斜管一对导槽的方向应与所需测量的位移方向保持一致。

3）当采用钻孔法埋设时，测斜管与钻孔之间的孔隙应填充密实。

（4）测斜仪探头置入测斜管底后，应待探头接近管内温度时再量测，每个监测方向均应进行正、反两次量测。

（5）当以上部管口作为深层水平位移的起算点时，每次监测均应测定管口坐标的变化并修正。

7.1.5 倾斜监测

（1）城市管廊的倾斜观测应根据现场观测条件和要求，选用投点法、前方交会法、激光铅直仪法、垂吊法、倾斜仪法和差异沉降法等。

（2）建筑倾斜观测精度应符合现行国家标准《工程测量标准》GB 50026—2020和行业标准《建筑变形测量规范》JGJ 8—2016的有关规定。

7.1.6 裂缝监测

（1）裂缝监测应监测裂缝的位置、走向、长度、宽度，必要时应监测裂缝深度。

（2）基坑开挖前应记录监测对象已有裂缝的分布位置和数量，测定其走向、长度、宽度和深度等情况，监测标志应具有可供量测的明晰断面或中心。

（3）裂缝监测可采用以下方法：

1）裂缝宽度监测宜在裂缝两侧贴埋标志，用千分尺或游标卡尺等直接量测，也可用裂缝计、粘贴安装千分表量测或摄影量测等。

2）裂缝长度监测宜采用直接量测法。

3）裂缝深度监测宜采用超声波法、凿出法等。

（4）裂缝宽度量测精度不宜低于0.1mm，裂缝长度和深度量测精度不宜低于1mm。

7.1.7 支护结构内力监测

（1）支护结构内力可采用安装在结构内部或表面的应变计或应力计进行量测。

（2）混凝土构件可采用钢筋应力计或混凝土应变计等量测；钢构件可采用轴力计或应变计等量测。

（3）内力监测值应考虑温度变化等因素的影响。

（4）应力计或应变计的量程宜为设计值的2倍，精度不宜低于0.5%F·S，分辨率不宜低于0.2%F·S。

（5）内力监测传感器埋设前应进行性能检验和编号。

（6）内力监测传感器宜在基坑开挖前至少1周埋设，并取开挖前连续2d获得的稳定测试数据的平均值作为初始值。

7.2 周边环境监测

城市管廊在施工过程中应根据设计要求以及相关规范要求对周边地下环境的土压力、地下水位、土层竖向位移等要素进行监测，如采用锚杆或土钉墙对周边土体加固的，也应对锚杆及土钉的内力进行监测。

7.2.1 土压力监测

（1）土压力宜采用土压力计量测。

（2）土压力计的量程应满足被测压力的要求，其上限可取设计压力的2倍，精度不宜低于0.5%F・S，分辨率不宜低于0.2%F・S。

（3）土压力计埋设可采用埋入式或边界式。埋设时应符合下列要求：

1）受力面与所监测的压力方向垂直并紧贴被监测对象。

2）埋设过程中应有土压力膜保护措施。

3）采用钻孔法埋设时，回填应均匀密实，且回填材料宜与周围岩土体一致。

4）做好完整的埋设记录。

（4）土压力计埋设以后应立即进行检查测试，基坑开挖前应至少经过1周时间的监测并取得稳定初始值。

7.2.2 孔隙水压力监测

（1）孔隙水压力宜通过埋设钢弦式或应变式等孔隙水压力计测试。

（2）孔隙水压力计应满足以下要求：量程满足被测压力范围的要求，可取静水压力与超孔隙水压力之和的2倍；精度不宜低于0.5%F・S，分辨率不宜低于0.2%F・S。

（3）孔隙水压力计埋设可采用压入法、钻孔法等。

（4）孔隙水压力计应事前埋设，埋设前应符合下列要求：

1）孔隙水压力计应浸泡饱和，排除透水石中的气泡。

2）核查标定数据，记录探头编号，测读初始读数。

（5）采用钻孔法埋设孔隙水压力计时，钻孔直径宜为110～130mm，不宜使用泥浆护壁成孔，钻孔应圆直、干净；封口材料宜采用直径10～20mm的干燥膨润土球。

（6）孔隙水压力计埋设后应测量初始值，且宜逐日量测1周以上并取得稳定初始值。

（7）应在孔隙水压力监测的同时测量孔隙水压力计埋设位置附近的地下水位。

7.2.3 地下水位监测

（1）地下水位监测宜通过孔内设置水位管，采用水位计进行量测。

（2）地下水位量测精度不宜低于10mm。

（3）潜水水位管应在基坑施工前埋设，滤管长度应满足量测要求；承压水位监测时被测含水层与其他含水层之间应采取有效的隔水措施。

（4）水位管宜在基坑开始降水前至少1周埋设，并逐日连续观测水位取得稳定初始值。

7.2.4 锚杆及土钉内力监测

（1）锚杆和土钉的内力监测宜采用专用测力计、钢筋应力计或应变计，当使用钢筋束时宜监测每根钢筋的受力。

（2）专用测力计、钢筋应力计和应变计的量程宜为对应设计值的2倍，量测精度不宜低于0.5%F·S，分辨率不宜低于0.2%F·S。

（3）锚杆或土钉施工完成后应对专用测力计、应力计或应变计进行检查测试，并取下一层土方开挖前连续2d获得的稳定测试数据的平均值作为其初始值。

7.2.5 土体分层竖向位移监测

（1）土体分层竖向位移可通过埋设分层沉降磁环或深层沉降标，采用分层沉降仪结合水准测量方法进行量测。

（2）分层竖向位移标应在基坑开挖前至少1周埋设。沉降磁环可通过钻孔和分层沉降管定位埋设。沉降管安置到位后应使磁环与土层粘结牢固。

（3）土体分层竖向位移的初始值应在分层竖向位移标埋设稳定后量测，稳定时间不应少于1周并获得稳定的初始值；监测精度不宜低于1.5mm。

（4）每次测量应重复进行2次并取其平均值作为测量结果，2次读数较差应不大于1.5mm。

（5）采用分层沉降仪法监测时，每次监测均应测定管口高程的变化，并换算出测管内各监测点的高程。

8 地下防水工程

城市管廊的防水工艺主要包括三种，分别为结构自防水、防水层和细部构造防水。在采用开挖方式施工的城市管廊普遍同时采用以上三种工艺作为防水工程的施工工艺。其中，结构自防水是主体结构在施工时即采用防水混凝土，通过调整配合比，掺入外加剂、掺合料、复合材料等工艺，达到结构自身抗渗等级至P6以上的能力。防水层主要采用防水涂料、防水卷材、防水板。防水涂料多用作结构外防水，在围护结构与主体结构之间通常采用铺设防水卷材或防水板的形式来实现防水。细部构造防水主要指施工缝的防水处理。

城市管廊防水要求高，防水转角和接头多，不同材料相互连接，施工缝及沉降缝防水处理难度大。在施工中应做好防水工作，防止质量通病发生，保证结构“不渗不漏”是地下防水工程的技术难点。

8.1 主体结构防水施工

防水混凝土适用于抗渗等级不低于P6的地下混凝土结构。防水混凝土应根据强度、防水等级、耐久性等要求，结合原材料性质、施工工艺、环境条件等因素进行配合比设计。原材料的选择是防水混凝土质量控制的关键，宜采用普通硅酸盐水泥或硅酸盐水泥，集料应优先选用机制砂，宜选用中粗砂。

8.1.1 防水混凝土

1. 施工要点

（1）防水混凝土施工前应做好降排水工作，不得在有积水的环境中浇筑混凝土。

（2）使用减水剂时，减水剂宜配置成一定浓度的溶液。

（3）防水混凝土应分层连续浇筑，分层厚度不得大于500mm。

（4）用于防水混凝土的模板应拼缝严密、支撑牢固。

（5）防水混凝土拌合物应采用机械搅拌，搅拌时间不宜少于2min。掺外加剂时，搅拌时间应根据外加剂的技术要求确定。

（6）防水混凝土拌合物在运输后如出现离析，必须进行二次搅拌。当坍落度损失后不能满足施工要求时，应加入原水胶比的水泥浆或掺加同品种的减水剂进行搅拌，严禁直接加水。

（7）防水混凝土应采用机械振捣，避免漏振、欠振和超振。

（8）防水混凝土应连续浇筑，宜少留施工缝。当留设施工缝时，应符合下列规定：

1）墙体水平施工缝不应留在剪力最大处或底板与侧墙的交接处，应留在高出底板表面不小于300mm的墙体上。拱（板）墙结合的水平施工缝，宜留在拱（板）墙接缝线以下150～300mm处。墙体有预留孔洞时，施工缝距孔洞边缘不应小于300mm。

2）垂直施工缝应避开地下水和裂隙水较多的地段，并宜与变形缝相结合。

（9）厚度大于800mm的明挖法底板，厚度大于500mm（含500mm）的侧墙和顶板，必须按照大体积混凝土考虑，采取混凝土缓凝措施。

（10）高温季节应尽量降低混凝土的入模温度（不宜超过30℃），尽量避开高温时浇筑混凝土，宜在气温较低的夜间浇筑混凝土。

（11）宜优先采用钢模板，模板的安装应执行《混凝土结构工程施工质量验收规范》GB 50204—2015的规定。混凝土浇筑前应对支架、模板、钢筋、保护层和预埋件等分别进行检查和验收，模板内的杂物、积水和钢筋上的污垢应清理干净；模板如有缝隙，应填塞严密，模板内面应涂刷脱模剂。混凝土浇筑区域及其浇筑顺序等应考虑工程设计条件、混凝土供给能力以及运输、浇筑机械能力、气候条件、施工管理水平等因素。

（12）混凝土的拆模与养护计划应考虑气候条件、工程部位和断面、养护龄期等，必须达到有关规范对混凝土拆模时强度的要求。

2. 质量要点

（1）防水混凝土可通过调整配合比，或掺加外加剂、掺合料等措施配制而成，其抗渗等级不得小于P6。

（2）防水混凝土的施工配合比应通过试验确定，试配混凝土的抗渗等级应比设计要求提高0.2MPa。

（3）防水混凝土应满足抗渗等级要求，并应根据地下工程所处的环境和工作条件，满足抗压、抗冻和抗蚀性等耐久性要求。

（4）防水混凝土的设计抗渗等级应符合表8-1的规定。

防水混凝土设计抗渗等级 **表8-1**

工程埋置深度H（m）	设计抗渗等级
$H<10$	P6
$10\leq H<20$	P8
$20\leq H<30$	P10
$H\geq 30$	P12

注：本表适用于Ⅰ、Ⅱ、Ⅲ类围岩（土层及软弱围岩）。

（5）防水混凝土的环境温度不得高于80℃；处于侵蚀性介质中防水混凝土的耐侵蚀要求应根据介质的性质按有关标准执行。

（6）防水混凝土结构底板的混凝土垫层，强度等级不应小于C15，厚度不应小于100mm，在软弱土层中厚度不应小于150mm。

（7）防水混凝土结构，应符合下列规定：

1）结构厚度不应小于250mm。

2）裂缝宽度不得大于0.2mm，并不得贯通。

3）钢筋保护层厚度应根据结构的耐久性和工程环境选用，迎水面钢筋保护层厚度不应小于50mm。

3. 质量验收

（1）防水混凝土适用于抗渗等级不小于P8的地下混凝土结构，不适用于环境温度高于80℃的地下工程。处于侵蚀性介质中，防水混凝土的耐侵蚀性要求应符合现行国家标准《工业建筑防腐蚀设计标准》GB 50046—2018和《混凝土结构耐久性设计规范》GB 50476—2019的有关规定。

（2）水泥的选择应符合下列规定：

1）宜采用普通硅酸盐水泥或硅酸盐水泥，采用其他品种水泥时应经试验确定。

2）在受侵蚀介质作用时，应按介质的性质选用相应的水泥品种。

3）不得使用过期或受潮结块的水泥，并不得将不同品种或强度等级的水泥混合使用。

（3）砂、石的选择应符合下列规定：

1）砂宜选用中粗砂，含泥量不应大于3.0%，泥块含量不宜大于1.0%。

2）不宜使用海砂；在不具备使用河砂的条件时，应对海砂进行处理后才能使用，且控制氯离子含量不得大于0.06%。

3）碎石或卵石的粒径宜为5～40mm，含泥量不应大于1.0%，泥块含量不应大于0.5%。

4）对长期处于潮湿环境的重要结构混凝土用砂、石，应进行碱活性检验。

（4）矿物掺合料的选择应符合下列规定：

1）粉煤灰的级别不应低于Ⅱ级，烧失量不应大于5%。

2）硅粉的比表面积不应小于15000m^3/kg，二氧化硅含量不应小于85%。

3）粒化高炉矿渣粉的品质要求应符合现行国家标准《用于水泥、砂浆和混凝土中的粒化高炉矿渣粉》GB/T 18046—2017的有关规定。

（5）混凝土拌合用水，应符合现行行业标准《混凝土用水标准》JGJ 63—2006的有关规定。

（6）外加剂的选择应符合下列规定：

1）外加剂的品种和用量应经试验确定，并符合现行国家标准《混凝土外加剂应用技术规范》GB 50119—2013的质量规定。

2）掺加引气剂或引气型减水剂的混凝土，其含气量宜控制为3%～5%。

3）应考虑外加剂对硬化混凝土收缩性能的影响。

4）严禁使用对人体产生危害、对环境产生污染的外加剂。

（7）防水混凝土的配合比应经试验确定，并应符合下列规定：

1）试配要求的抗渗水压值应比设计值提高0.2MPa。

2）混凝土胶凝材料总量不宜小于320kg/m^3，其中水泥用量不宜小于260kg/m^3，粉煤灰掺量宜为胶凝材料总量的20%～30%，硅粉的掺量宜为胶凝材料的2%～5%。

3）水胶比不得大于0.50，有侵蚀性介质时水胶比不宜大于0.45。

4）含砂率宜为35%～40%，泵送时可增至45%。

5）灰砂比宜为1：1.5～1：2.5。

6）混凝土拌合物的氯离子含量不应超过胶凝材料总量的0.1%；混凝土中各类材料的总碱量即氧化钠当量不得大于3kg/m^3。

（8）防水混凝土采用预拌混凝土时，入泵坍落度宜控制在120～160mm，坍落度每小时损失不应大于20mm，坍落度总损失值不应大于40mm。

（9）混凝土拌制和浇筑过程控制应符合下列规定：

1）拌制混凝土所用材料的品种、规格和用量，每工作班检查不应少于2次。每盘混凝土组成材料计量结果的允许偏差应符合表8-2的规定。

混凝土组成材料计量结果的允许偏差（%）　　表8-2

混凝土组成材料	每盘计量	累计计量
水泥、掺合料	±2	±1
粗、细骨料	±3	±2
水、外加剂	±2	±1

注：累计计量仅适用于微机控制计量的搅拌站。

2）混凝土在浇筑地点的坍落度，每工作班至少检查两次，坍落度试验应符合现行国家标准《普通混凝土拌合物性能试验方法标准》GB/T 50080—2016的有关规定。混凝土坍落度允许偏差应符合表8-3的规定。

混凝土坍落度允许偏差（mm）　　表8-3

规定坍落度	允许偏差
≤40	±10
50～90	±15
＞90	+20

3）泵送混凝土在交货地点的入泵坍落度，每工作班至少检查2次。混凝土入泵时的坍落度允许偏差应符合表8-4的规定。

混凝土入泵时的坍落度允许偏差值（mm）　　表8-4

所需坍落度	允许偏差
≤100	±20
>100	±30

4）当防水混凝土拌合物在运输后出现离析时，必须进行二次搅拌。当坍落度损失后不能满足施工要求时，应加入原水胶比的水泥浆或掺加同品种的减水剂进行搅拌，严禁直接加水。

（10）防水混凝土抗压强度试件，应在混凝土浇筑地点随机取样后制作，并应符合下列规定：

1）同一工程、同一配合比的混凝土，取样频率与试件留置组数应符合现行国家标准《混凝土结构工程施工质量验收规范》GB 50204—2015的有关规定。

2）抗压强度试验应符合现行国家标准《混凝土物理力学性能试验方法标准》GB/T 50081—2019的有关规定。

3）结构构件的混凝土强度评定应符合现行国家标准《混凝土强度检验评定标准》GB/T 50107—2010的有关规定。

（11）防水混凝土抗渗性能应采用标准条件下养护混凝土抗渗试件的试验结果评定，试件应在混凝土浇筑地点随机取样后制作，并应符合下列规定：

1）连续浇筑混凝土每500m应留置一组6个抗渗试件，且每项工程不得少于两组；采用预拌混凝土的抗渗试件，留置组数应视结构的规模和要求而定。

2）抗渗性能试验应符合现行国家标准《普通混凝土长期性能和耐久性能试验方法标准》GB/T 50082—2009的有关规定。

（12）大体积防水混凝土的施工应采取材料选择、温度控制、保温保湿等技术措施。在设计许可的情况下，掺粉煤灰混凝土设计强度等级的龄期宜为60d或90d。

（13）防水混凝土分项工程检验批的抽样检验数量，应按混凝土外露面积每100m^2抽查1处，每处10m^2，且不得少于3处。

（14）防水混凝土的原材料、配合比及坍落度必须符合设计要求。

检验方法：检查产品合格证、产品性能检测报告、计量措施和材料进场检验报告。

（15）防水混凝土的抗压强度和抗渗性能必须符合设计要求。

检验方法：检查混凝土抗压强度、抗渗性能检验报告。

（16）防水混凝土结构的施工缝、变形缝、后浇带、穿墙管、埋设件等设置和构造必须符合设计要求。

检验方法：观察检查和检查隐蔽工程验收记录。

4．安全与环保措施

（1）防水层所用材料和辅助材料均为易燃品，存放材料的仓库及施工现场内要严禁烟火；在施工现场存放的防水材料应远离火源。所有易燃物品、材料必须存放在总包方指定的场地，并配备10个灭火器以及消防斧、沙子。

（2）防水施工现场设置专人看火，每600m^2配备一个灭火器。防水材料为易燃材料，作为危险源控制，在铺设作业区应注意采取防火措施，保护与明火作业面的安全距离，设专人防护，配备灭火器材，设应急照明设施。施工现场内严禁吸烟，防水施工10m范围内严禁明火操作。

（3）每次用完的施工工具，要及时用二甲苯等有机溶剂清洗干净，清洗后溶剂要注意保存或处理掉。

（4）夜间施工时必须有足够照明，并有专人进行指挥。

（5）在项目部及各工程队负责人中明确分工，落实文明施工现场责任区，制定相关规章制度，确保文明施工现场管理有章可循，确保施工期间做到便民、利民、不扰民。

（6）合理布置场地。各项临时设施必须符合规定标准，做到场地整洁、道路平顺、排水畅通、标志醒目、生产环境达到标准作业要求。

（7）施工现场坚持工完料清，垃圾杂物集中整齐堆放，及时处理。施工废水严禁任意排放，严格按照招标文件要求经处理达标后排放。

（8）不得随意丢弃生产垃圾，做到工完料净场地清。

（9）现场用材须堆放整齐，不得出现材料胡乱丢弃现象。

（10）各种施工机具使用完后不得随意堆放，应清洗干净后放在指定的堆放地点。

8.1.2 水泥砂浆防水层

水泥砂浆防水层适用于地下工程主体结构的迎水面或背水面，不适用于受持续振动或环境温度高于80℃的地下工程。水泥砂浆防水层应采用聚合物水泥防水砂浆、掺外加剂或掺合料的防水砂浆。施工前应将预埋件、穿墙管预留凹槽内嵌填密封材料后再进行水泥砂浆防水层施工。

1．施工要点

（1）基层表面应平整、坚实、清洁，并应充分湿润、无明水。

（2）基层表面的孔洞、缝隙，应采用与防水层相同的防水砂浆堵塞并抹平。

（3）施工前应将预埋件、穿墙管预留凹槽内嵌填密封材料后，再施工水泥砂浆防水层。

（4）防水砂浆的配合比和施工方法应符合所掺材料的规定，其中聚合物水泥防水砂浆的用水量应包括乳液中的含水量。

（5）水泥砂浆防水层应分层铺抹或喷射，铺抹时应压实、抹平，最后一层表面应提浆压光。

（6）聚合物水泥防水砂浆拌合后应在规定时间内用完，施工中不得任意加水。

（7）水泥砂浆防水层各层应紧密粘合，每层宜连续施工；必须留设施工缝时，应采用阶梯坡形槎，但离阴阳角处的距离不得小于200mm。

（8）水泥砂浆防水层不得在雨天、五级及以上大风中施工。冬期施工时，气温不应低于5℃。夏季不宜在30℃以上或烈日照射下施工。

（9）水泥砂浆防水层终凝后应及时进行养护，养护温度不宜低于5℃，并应保持砂浆表面湿润，养护时间不得少于14d。聚合物水泥防水砂浆未达到硬化状态时，不得浇水养护或直接受雨水冲刷，硬化后应采用干湿交替的养护方法。潮湿环境下，可在自然条件下养护。

2. 质量要点

（1）水泥砂浆防水层应采用聚合物水泥防水砂浆、掺外加剂或掺合料的防水砂浆。

（2）水泥应使用普通硅酸盐水泥、硅酸盐水泥或特种水泥，不得使用过期或受潮结块的水泥。

（3）砂宜采用中砂，含泥量不应大于1.0%，硫化物及硫酸盐含量不应大于1.0%。

（4）用于拌制水泥砂浆的水，应采用不含有害物质的洁净水。

（5）聚合物乳液的外观为均匀液体，无杂质、无沉淀、不分层。

（6）外加剂的技术性能应符合现行国家或行业有关标准的质量要求。

3. 质量验收

（1）水泥砂浆的配制，应按所掺材料的技术要求准确计量。

（2）分层铺抹或喷涂，铺抹时应压实、抹平，最后一层表面应提浆压光。

（3）防水层各层应紧密黏合，每层宜连续施工；必须留设施工缝时，应采用阶梯坡形槎，但与阴、阳角处的距离不得小于200mm。

（4）水泥砂浆终凝后应及时进行养护，养护温度不宜低于5℃，并应保持砂浆表面湿润，养护时间不得少于14d；聚合物水泥防水砂浆未达到硬化状态时，不得浇水养护或直接受雨水冲刷，硬化后应采用干湿交替的养护方法。潮湿环境中，可在自然条件下养护。

（5）水泥砂浆防水层分项工程检验批的抽样检验数量，应按施工面积每100m^{2}抽查1处，每处10m^2，且不得少于3处。

（6）防水砂浆的原材料及配合比必须符合设计规定。

检验方法：检查产品合格证、产品性能检测报告、计量措施和材料进场检验报告。

（7）防水砂浆的粘结强度和抗渗性能必须符合设计规定。

检验方法：检查砂浆粘结强度、抗渗性能检验报告。

（8）水泥砂浆防水层与基层之间应结合牢固，无空鼓现象。

检验方法：观察和用小锤轻击检查。

4. 安全与环保措施

（1）操作人员应穿工作服、口罩、手套、帆布脚盖等劳保用品；工作前手、脸及外露皮肤应涂擦防护油膏等。

（2）妥善保管各种材料及用具，防止被其他人挪用而造成污染；施工时必须备齐各种落地材料的用具，及时收集落地材料，放入有毒有害垃圾池内。

（3）当天施工结束后剩余材料及工具应及时清理入库，不得随意放置。

（4）遇到五级大风或者比较恶劣天气时，必须停工。

8.1.3 卷材防水层

卷材防水层是指用防水卷材做防水层。在城市管廊的防水工程中，防水卷材主要是主体结构与围护结构之间形成防水层，起到抵御外界雨水、地下水渗漏的柔性防水材料，是主体结构外的第一道防水屏障，对整个工程起着至关重要的作用，在城市管廊的建设中普遍应用。

1. 施工要点

（1）卷材防水层的基层应坚实、平整、清洁，阴阳角处应做圆弧或折角，并应符合所用卷材的施工要求。

（2）铺设卷材严禁在雨天、雪天、五级及以上大风中施工；冷粘法、自粘法施工的环境气温不宜低于5℃，热熔法、焊接法施工的环境气温不宜低于-10℃。施工过程中下雨或下雪时，应做好已铺卷材的防护工作。

（3）不同品种防水卷材的搭接宽度应符合表8-5的要求。

防水卷材搭接宽度 **表8-5**

卷材品种	搭接宽度（mm）
弹性体改性沥青防水卷材	100
改性沥青聚乙烯胎防水卷材	100
自粘聚合物改性沥青防水卷材	80
三元乙丙橡胶防水卷材	100/60（胶粘剂/胶结带）
聚氯乙烯防水卷材	60/80（单焊缝/双焊缝）
	100（胶粘剂）
聚乙烯丙纶复合防水卷材	100（粘结料）
高分子自粘胶膜防水卷材	70/80（自粘胶/胶结带）

（4）防水卷材施工前，基面应干净、干燥，并应涂刷基层处理剂；当基层潮湿时，应涂刷湿固化型胶粘剂或潮湿界面隔离剂。基层处理剂的配制与施工应符合下列要求：

1）基层处理剂应与卷材及其粘结材料的材性相容。

2）基层处理剂喷涂或刷涂应均匀一致，不应露底，表面干燥后方可铺贴卷材。

（5）铺贴各类防水卷材应符合下列规定：

1）应铺设卷材加强层。

2）结构底板垫层混凝土部位的卷材可采用空铺法或点粘法施工，其粘结位置、点粘面积应按设计要求确定；侧墙采用外防外贴法的卷材及顶板部位的卷材应采用满粘法施工。

3）卷材与基面、卷材与卷材间的粘结应紧密、牢固；铺贴完成的卷材应平整顺直，搭接尺寸应准确，不得产生扭曲和皱折。

4）卷材搭接处和接头部位应粘贴牢固，接缝口应封严或采用材性相容的密封材料封缝。

5）铺贴立面卷材防水层时，应采取防止卷材下滑的措施。

6）铺贴双层卷材时，上下两层和相邻两幅卷材的接缝应错开1/3～1/2幅宽，且两层卷材不得相互垂直铺贴。

（6）弹性体改性沥青防水卷材和改性沥青聚乙烯胎防水卷材，搭接缝部位应溢出热熔的改性沥青。

（7）采用外防外贴法铺贴卷材防水层时，应符合下列规定：

1）应先铺平面，后铺立面，交接处应交叉搭接。

2）临时性保护墙宜采用石灰砂浆砌筑，内表面宜做找平面。

3）从底面折向立面的卷材与永久性保护墙的接触部位，应采用空铺法施工；卷材与临时性保护墙或围护结构模板的接触部位，应将卷材临时贴附在该墙上或模板上，并应将顶端临时固定。

4）当不设保护墙时，从底面折向立面的卷材接槎部位应采取可靠的保护措施。

5）混凝土结构完成，铺贴立面卷材时，应先将接槎部位的各层卷材揭开，并应将其表面清理干净，如卷材有局部损伤应及时进行修补；卷材接槎的搭接长度，高聚物改性沥青类卷材应为150mm，合成高分子类卷材应为100mm；当使用两层卷材时，卷材应错槎接缝，上层卷材应盖过下层卷材。

（8）采用外防内贴法铺贴卷材防水层时，应符合下列规定：

1）混凝土结构的保护墙内表面应抹厚度为20mm的1：3水泥砂浆找平层，然后铺贴卷材。

2）卷材宜先铺立面，后铺平面；铺贴立面时，应先铺转角，后铺大面。

2. 质量要点

（1）卷材防水层适用于受侵蚀性介质作用或受震动作用的地下工程；卷材防水层应铺设在主体结构的迎水面。

（2）卷材防水层应采用高聚物改性沥青类防水卷材和合成高分子类防水卷材。所选用的基层处理剂、胶粘剂、密封材料等均应与铺贴的卷材相匹配。

（3）铺贴防水卷材前，基面应干净、干燥，并应涂刷基层处理剂；当基面潮湿时，应涂刷湿固化型胶粘剂或潮湿界面隔离剂。

（4）基层阴阳角应做成圆弧或45°坡角，其尺寸应根据卷材品种确定；在转角处、变形缝、施工缝、穿墙管等部位应铺贴卷材加强层，加强层宽度不应小于500mm。

3. 质量验收

（1）卷材防水层完工并经验收合格后应及时做保护层。保护层应符合下列规定：

1）顶板的细石混凝土保护层与防水层之间宜设置隔离层。细石混凝土保护层厚度：机械回填时不宜小于70mm，人工回填时不宜小于50mm。

2）底板的细石混凝土保护层厚度不应小于50mm。

3）侧墙宜采用软质保护材料或铺抹20mm厚1：2.5水泥砂浆。

（2）卷材防水层分项工程检验批的抽样检验数量，应按铺贴面积每100m^{2}抽查1处，每处10m^2，且不得少于3处。

（3）卷材防水层所用卷材及其配套材料必须符合设计要求。

检验方法：检查产品合格证、产品性能检测报告和材料进场检验报告。

（4）卷材防水层在转角处、变形缝、施工缝、穿墙管等部位做法必须符合设计要求。

检验方法：观察检查和检查隐蔽工程验收记录。

4. 安全与环保措施

（1）防水卷材及其辅助材料均属易燃品，其存放仓库和施工现场内都要严禁烟火。

（2）指派专职的安全员进行管理，对于任何违章的事件必须严厉制止；施工作业现场应远离火源，挂灭火器材，严禁烟火，并严格控制施工用火。必须动火的要有动火证，并派专人监护；施工机械电力设备必须有专人操作、专人指挥并持上岗证，严禁无证上岗。

（3）施工过程中必须注意使用口罩、手套等劳动保护用品；操作时若皮肤沾上涂膜材料，应及时用沾有乙酸乙酯的棉纱擦除，再用肥皂和清水洗干净。

（4）操作人员在屋面周边高空作业时需戴好安全帽，系好安全带。

（5）当天施工之前需计算当天材料用量，限额领料，基本上做到在当日用完。

（6）严禁在防水层上堆放物品。对剩余的有关材料机具进行清理，需要运回库房堆放的材料要及时运回，并安排专人进行保管，其余材料应在指定地点堆放整齐，并挂牌标识，做到工完场清；密封膏、胶粘剂及卷材切割后的废余料要集中堆放至指定地点或收回库房，集中处理，切勿随意乱扔乱堆；配制浆液的容器底下做好铺垫，以免搅拌过程中污染卷材或地面。

8.1.4 涂料防水层

涂料防水层适用于受侵蚀性介质作用或受振动作用的地下工程。有机防水涂料宜用于主体结构的迎水面，无机防水涂料宜用于主体结构的迎水面或背水面。有机防水涂料应采用反应型、水乳型、聚合物水泥等涂料。无机防水涂料应采用掺外加剂、掺合料的水泥基防水涂料或水泥基渗透结晶型防水涂料。

1. 施工要点

（1）无机防水涂料基层表面应干净、平整、无浮浆和明显积水。

（2）有机防水涂料基层表面应基本干燥，不应有气孔、凹凸不平、蜂窝麻面等缺陷。涂料施工前，基层阴阳角应做成圆弧形。

（3）涂料防水层严禁在雨天、雾天、五级及以上大风时施工，不得在施工环境温度低于5℃及高于35℃或烈日暴晒时施工。涂膜固化前如有降雨可能时，应及时做好已完涂层的保护工作。

（4）防水涂料的配制应按涂料的技术要求进行。

（5）防水涂料应分层刷涂或喷涂，涂层应均匀，不得漏刷漏涂；接槎宽度不应小于100mm。

（6）铺贴胎体增强材料时，应使胎体层充分浸透防水涂料，不得有露槎及褶皱。

（7）有机防水涂料施工完后应及时做保护层，保护层应符合下列规定：

1）底板、顶板应采用20mm厚1：2.5水泥砂浆层和40～50mm厚的细石混凝土保护层，防水层与保护层之间宜设置隔离层。

2）侧墙背水面保护层应采用20mm厚1：2.5水泥砂浆。

3）侧墙迎水面保护层宜选用软质保护材料或20mm厚1：2.5水泥砂浆。

2. 质量要点

（1）涂料防水层适用于受侵蚀性介质作用或受震动作用的地下工程；有机防水涂料宜用于主体结构的迎水面，无机防水涂料宜用于主体结构的迎水面或背水面。

（2）有机防水涂料应采用反应型、水乳型、聚合物水泥等涂料；无机防水涂料应采用掺外加剂、掺合料的水泥基防水涂料或水泥基渗透结晶型防水涂料。

（3）有机防水涂料基面应干燥。当基面较潮湿时，应涂刷湿固化型胶结剂或潮湿界面隔离剂；无机防水涂料施工前，基面应充分润湿，但不得有明水。

3. 质量验收

（1）涂料防水层完工并经验收合格后应及时做保护层。

（2）涂料防水层分项工程检验批的抽样检验数量，应按涂层面积每100m^{2}抽查

1处，每处10m^2，且不得少于3处。

（3）涂料防水层所用的材料及配合比必须符合设计要求。

检验方法：检查产品合格证、产品性能检测报告、计量措施和材料进场检验报告。

（4）涂料防水层的平均厚度应符合设计要求，最小厚度不得小于设计厚度的90%。

检验方法：用针测法检查。

（5）涂料防水层在转角处、变形缝、施工缝、穿墙管等部位做法必须符合设计要求。

检验方法：观察检查和检查隐蔽工程验收记录。

4. 安全与环保措施

（1）施工时要使用有机溶剂，故应注意防火、施工人员应采取防护措施（戴手套、口罩、眼镜等），施工现场要求通风良好，以防溶剂中毒。

（2）如涂料粘在金属工具上固化，清洗困难时，可到指定的安全区点火焚烧，将其清除。

（3）参加屋面卷材施工的操作人员必须佩戴好安全帽、安全带等安全防护用品。

（4）屋面工程施工过程中应做好屋面的临边防护。

（5）用于操作人员上下的爬梯应安全牢固。

（6）以沥青为基料，用合成高分子聚合物进行改性，制成的水乳型或溶剂型防水涂料，不但具有优良的耐水性与抗渗性，且涂膜柔软，有高档防水卷材的功效，又有施工方便，潮湿基层可固成膜、粘结力强、可抵抗压力渗透等优点，特别适用于复杂结构，可明显降低施工费用，适用于各种材料表面，为新一代环保防水涂料。

8.2 细部构造防水施工

城市管廊的细部构造防水种类较多，主要包括施工缝、变形缝、后浇带、穿墙管、埋设件、预留通道接头、桩头（主要是抗拔桩）、孔口（包括投料口、通风口、紧急逃生口）等。其中，施工缝、变形缝、后浇带为同一结构内的防水处理，作用是消除混凝土间的渗水间隙；穿墙管、埋设件、预留通道接头等为不同结构之间的防水处理，作用是消除混凝土与其他材料或周围土体之间渗水间隙。

8.2.1 施工缝、变形缝、后浇带

施工缝、变形缝、后浇带的防水多采用橡胶止水带或钢板止水带，也可增设外涂防水材料和遇水膨胀止水条来加强防水效果。施工缝、变形缝、后浇带的设置应符合设计要求。

1. 施工要点

（1）施工缝

1）墙体水平施工缝应留在剪力最小处或底板与侧墙的交接处，并在高出底板表面不小于300mm的墙体上。拱（板）墙结合的水平施工缝，宜留在拱（板）接缝线以下150～300mm处。

2）垂直施工缝应避开地下水和裂隙水较多的部位，并宜与变形缝相结合。

3）垂直施工缝浇筑混凝土前，应将其表面清理干净并涂刷界面处理材料。

（2）变形缝

1）变形缝应满足密封防水、适应变形、施工方便、检查容易等要求。

2）变形缝的构造形式和材料，应根据工程特点、地基或结构变形情况以及水压、水质和防水等级确定。变形缝处混凝土的厚度不应小于300mm，变形缝设计的宽度宜为20～30mm。

3）对环境温度高于50℃处的变形缝，可采用1～2mm厚中间呈圆弧形的金属止水带。

（3）后浇带

1）后浇带应设在受力和变形较小的部位，宽度可为700～1000mm，不得设在变形缝部位。

2）后浇带可做平直缝或阶梯缝，结构主筋不宜在缝中断开。

3）后浇带应在其两侧混凝土龄期不得少于42d再施工，即两侧混凝土干缩变形基本稳定后再施工。

4）施工前应将接缝处的混凝土凿毛，清洗干净，保持湿润并刷水泥净浆；后浇带部位和外贴式止水带应予以保护，严防进入杂物。

5）后浇带应采用补偿收缩混凝土浇筑，其强度等级和抗渗等级不应低于两侧混凝土。

6）后浇带混凝土的养护时间不得少于28d。

2. 质量要点

（1）施工缝

施工缝防水一般可采用中埋式止水构件，也可设置全断面注浆管、遇水膨胀止水胶、遇水膨胀止水条等；施工缝结构断面需涂刷水泥基渗透结晶型防水涂料，用量一般为1.5kg/m^2，或涂刷混凝土界面剂。

（2）变形缝

现浇混凝土的管廊，变形缝设置一般为30～40m，缝宽为30mm；可采用中埋式橡胶止水带、钢边橡胶止水带或压差式橡胶止水带，均为中孔型。特殊情况时，在燃气仓或直排式雨水仓、污水仓，则中隔墙也需设置中埋式止水构件，因此在底板和顶板的止水带需采用T形接头。

（3）后浇带

后浇带结构中部不适宜设置中埋式止水构件，否则会造成混凝土振捣困难；后浇带龄期较长，混凝土表面需要采取有效的临时保护措施，防止杂物渣土掉落。

3. 质量验收

（1）施工缝

1）施工缝用止水带、遇水膨胀止水条或止水胶、水泥基渗透结晶型防水涂料和预埋注浆管必须符合设计要求。

2）施工缝防水构造必须符合设计要求。

（2）变形缝

1）变形缝用止水带、填缝材料和密封材料必须符合设计要求。

2）变形缝防水构造必须符合设计要求。

3）中埋式止水带埋设位置应准确，其中间空心圆环与变形缝的中心线应重合。

（3）后浇带

1）后浇带用遇水膨胀止水条或止水胶、预埋注浆管、外贴式止水带必须符合设计要求。

2）补偿收缩混凝土的原材料及配合比必须符合设计要求。

3）后浇带防水构造必须符合设计要求。

4）采用掺膨胀剂的补偿收缩混凝土，其抗压强度、抗渗性能和限制膨胀率必须符合设计要求。

4. 安全与环保措施

（1）施工人员应经安全技术交底和安全文明施工教育后才可进入工地施工操作，施工现场应加强安全管理，安排专职安全巡逻员，设置黄沙桶、灭火器等消防设备。施工现场应安排专人洒水、清扫。

（2）电、气焊作业前应取得动火证，施工作业时，应有防火措施和旁站人员；工地临时用电线路的架设及脚手架接地、避雷措施等应按现行行业标准《施工现场临时用电安全技术规范》JGJ 46—2005的规定执行。施工操作中，工具要随手放入工具袋内，上下传递材料或工具时不得抛掷。

8.2.2 穿墙管、埋设件、预留通道接头、桩头、孔口

穿墙管、埋设件、预留通道接头、桩头、孔口的防水除了要处理不同材料之间的防渗间隙，还要预防与周边土体之间出现防渗间隙。

1. 施工要点

（1）穿墙管应在浇筑混凝土前埋设，是为了避免混凝土完成后，再凿洞破坏防水层造成隐患。

（2）结构变形或管道伸缩量较小时，穿墙管可采用主管直接埋入混凝土内的固

定式防水做法。主管埋入前，应加入止水环，环与主管应满焊或粘结密实。

（3）结构变形后管道伸缩量较大或有更换要求时，应采用套管式防水做法，套管应焊加止水环。

（4）当穿墙管线较多时，宜相对集中，采用穿墙盒方法。穿墙管的封口钢板应与墙上的预埋角钢焊严，并应从钢板上的浇筑孔注入柔性密封材料或细石混凝土。相邻穿墙管间距应大于300mm。穿墙管与内墙角凹凸部位的距离应大于250mm。

（5）围护结构上的埋设件应预埋或预留孔（槽），其目的是为了避免破坏管廊工程的防水层。埋设件端部或预留孔（槽）底部的混凝土厚度不得小于250mm，当厚度小于250mm时，必须局部加厚或采取其他防水措施。

（6）预留孔（槽）内的防水层，应与孔（槽）外的结构附加防水层保持连续。

（7）桩头用的防水及密封材料应具有良好的粘结性和湿固化性。

（8）桩头防水材料与垫层防水层应连为一体。

（9）处理桩头用的防水材料应符合产品标准和施工标准的规定。

（10）应对遇水膨胀止水条进行保护。

（11）投料口、紧急逃生口的底部在最高地下水位以上时，投料口、紧急逃生口的底板和墙宜与主体断开。

（12）投料口、紧急逃生口或投料口、紧急逃生口的一部分在最高地下水位以下时，投料口、紧急逃生口应与主体结构连成整体。如果采用附加防水层，其防水层也应连成整体。

（13）投料口、紧急逃生口内的底板，必须比窗下缘低200～300mm。窗井墙高出地面不得小于300mm。投料口、紧急逃生口外地面宜作散水。

（14）通风口应与投料口、紧急逃生口同样处理，竖井窗下缘离室外地面高度不得小于500mm。

2. 质量要点

穿墙管件等穿过防水层的部位应采用密封收头。在结构中部穿墙管部位采用止水法兰和遇水膨胀腻子条（止水胶）进行防水处理，同时根据选用的不同防水材料对穿过防水层的部位采取相应的防水密封处理。穿墙管需提前预留防水套管。埋设件、预留通道接头应符合设计及规范的要求进行设置。

3. 质量验收

（1）穿墙管

1）穿墙管用遇水膨胀止水条和密封材料必须符合设计要求。

2）穿墙管防水构造必须符合设计要求。

（2）埋设件

1）埋设件用密封材料必须符合设计要求。

2）埋设件防水构造必须符合设计要求。

（3）预留通道接头

1）预留通道接头用中埋式止水带、遇水膨胀止水条或止水胶、预埋注浆管、密封材料和可卸式止水带必须符合设计要求。

2）预留通道接头防水构造必须符合设计要求。

3）中埋式止水带埋设位置应准确，其中间空心圆环与变形缝的中心线应重合。

（4）桩头

1）桩头用聚合物水泥防水砂浆、水泥基渗透结晶型防水涂料、遇水膨胀止水条或止水胶和密封材料必须符合设计要求。

2）桩头防水构造必须符合设计要求。

3）桩头混凝土应密实，如发现渗漏水应及时采取封堵措施。

4. 安全与环保措施

（1）施工人员应经安全技术交底和安全文明施工教育后，才可进入工地施工操作。施工现场应加强安全管理，安排专职安全巡逻员，设置黄沙桶、灭火器等消防设备。施工现场应安排专人洒水、清扫。

（2）电、气焊作业前应取得动火证。施工作业时，应有防火措施和旁站人员；工地临时用电线路的架设及脚手架接地、避雷措施等应按现行行业标准《施工现场临时用电安全技术规范》JGJ 46—2005的规定执行。施工操作中，工具要随手放入工具袋内，上下传递材料或工具时不得抛掷。

（3）对施工现场场界噪声进行检测和记录，噪声排放不得超过《建筑施工场界环境噪声排放标准》GB 12523—2011的规定。施工场地的强噪声设备宜设置在远离居民区的一侧，可采取对强噪声设备进行封闭等降低噪声措施。

（4）建筑施工材料设备宜就地取材，宜优先采用施工现场500km以内的施工材料。施工现场应建立封闭式垃圾站，并对建筑垃圾按不可再利用垃圾与可再利用垃圾进行分别存放，对可循环利用的建筑垃圾进行再分类，建立相应的台账。

8.3 排水施工

城市管廊作为地下工程，排水系统是保障廊内无积水，能够安全稳定运行的重要组成部分。城市管廊的排水特点是线型长，集水坑的设置须按照管廊总体坡降情况分段布置。采用自动排水系统可有效提高廊内的排水工作效率，有利于管廊内各系统的集成化高效管理。

8.3.1 施工要点

（1）综合管廊内应设置自动排水系统。

（2）综合管廊的排水区间长度不宜大于200m。

（3）综合管廊的低点应设置集水坑及自动水位排水泵。

（4）综合管廊的底板宜设置排水明沟，并应通过排水明沟将综合管廊内积水汇入集水坑，排水明沟的坡度不应小于0.2%。

（5）综合管廊的排水应就近接入城市排水系统，并应设置单向阀。

（6）天然气管道舱应设置独立集水坑。

8.3.2 质量要点

（1）集水坑宜采用防水混凝土整体浇筑，混凝土表面应坚实、平整，不得有露筋、蜂窝和裂缝等缺陷。内部应设防水层。受振动作用时应设柔性防水层。

（2）底板以下的坑，其局部底板应相应降低，并应使防水层保持连续（图8-1）。

（3）坑、池底板的混凝土厚度不应小于250mm；当底板的厚度小于250mm时，应采取局部加厚措施，并应使防水层保持连续。

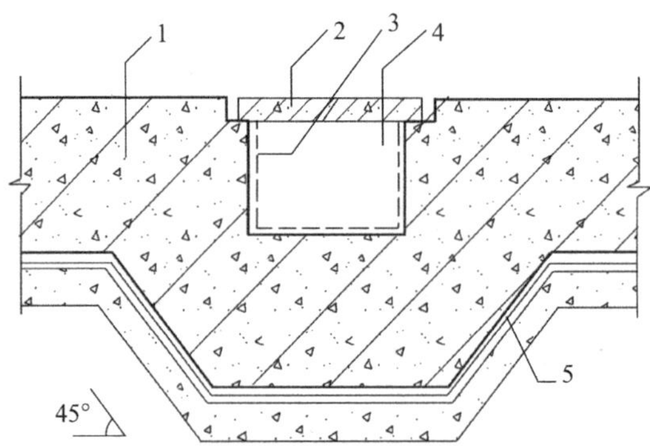

1—底板；2—盖板；3—坑、池防水层；4—坑、池；5—主体结构防水层

图8-1　底板下坑、池的防水构造

8.3.3 验收要点

（1）坑、池防水混凝土的原材料、配合比及坍落度必须符合设计要求。

检验方法：检查产品合格证、产品性能检测报告、计量措施和材料进场检验报告。

（2）坑、池防水构造必须符合设计要求。

检验方法：观察检查和检查隐蔽工程验收记录。

（3）坑、池、储水库内部防水层完成后，应进行蓄水试验。

检验方法：观察检查和检查蓄水试验记录。

8.3.4 安全与环保措施

同“主体结构施工”安全与环保措施内容。

8.4 注浆施工

注浆防水处理是当主体结构出现渗水裂隙时采用的防水措施，是防止城市管廊主体结构裂隙渗水的重要手段。注浆防水是用聚氨酯等专用注浆防水材料通过灌注设备注入到混凝土裂缝结构并延展直至所有缝隙（包括肉眼难以觉察的），经注水伴随交联反应，释放大量二氧化碳气体，产生二次渗压，二次渗压将浆液压入并充满所有缝隙，达到止漏目的，适用于结构裂缝、小蜂巢、二次施工缝渗水止漏以及主体结构外墙涌水入口处地质改良等情况。

8.4.1 施工要点

1. 技术准备

（1）混凝土表面处理：用毛刷清扫混凝土表面尘土，并清除裂缝周围易脱落的浮皮、空鼓的抹灰等，利用小锤、钢丝刷和砂纸将修理面上的碎屑、浮渣、铁锈等杂物除去，应注意防止在清理过程中把裂缝堵塞。裂缝处宜用蘸有丙酮或二甲苯的棉丝擦洗，一般不宜用水冲洗，因树脂类灌浆材料不宜与水接触，如必须用水洗刷时也需待水分完全干燥后方能进行下道工序。对于有蜂窝麻面、露筋部位可用聚合物砂浆修补平整（也可用快干型封缝胶作表面修复）。

（2）裂缝表面封闭、安设底座：要保证注浆的成功，必须使裂缝外部形成一个封闭体。封闭作业包括贴嘴、贴玻璃布或满刮腻子并勾缝。

（3）预留注浆孔位置：依据裂缝宽度大小及混凝土厚度，一般20cm左右在裂缝较宽处预留进浆口。用封缝胶安设底座，贯穿裂缝正反两面均要设注浆孔。

（4）封闭裂缝：由于施工后不必清除表面的封缝胶，所以选用了YJ快干型封缝胶封缝，将胶按比例调好，用刮刀沿裂缝方向涂抹3～4cm宽，将裂缝封严封死。贯穿裂缝两面均要封闭。待封缝胶硬化后（约1h），即可灌浆。

（5）浆液配制：根据灌前试验的配合比大小配制浆液，配浆时注意搅拌，减小浆液的黏度，以提高浆材的可灌性。

2. 材料要求

水泥类浆液宜选用强度等级不低于32.5级的普通硅酸盐水泥，其他浆液材料应符合有关规定。浆液的配合比必须经现场试验后确定。

3. 施工工艺

（1）准备工作阶段工艺流程如图8-2所示。

（2）注浆阶段工艺流程如图8-3所示。

4. 操作工艺

（1）打磨：采用砂轮机沿裂缝的两边各打磨20cm的宽度，除去混凝土表面杂物，以免影响注浆嘴的粘贴及封缝效果。

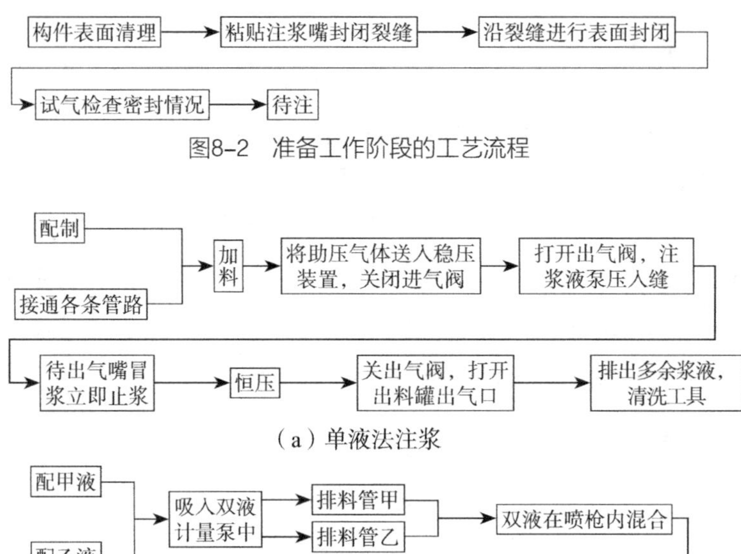

图8-2　准备工作阶段的工艺流程

（a）单液法注浆

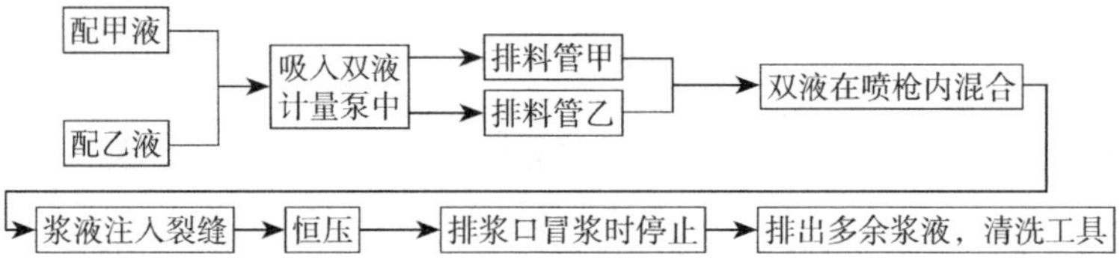

（b）双液法注浆

图8-3　注浆阶段工艺流程

（2）冲洗：是贴嘴法施工最重要的工序，用高压冲毛机沿裂缝开口向两边冲洗，以保证缝口敞开无杂物。

（3）裂缝描述：用刻度放大镜测量裂缝宽度，并对裂缝走向及缝长进行描述，用以调整布置注浆嘴间距及灌浆压力。

（4）贴嘴：根据裂缝描述进行注浆嘴的布置。规则裂缝缝宽小于0.3mm时按间距20cm布嘴，缝宽大于0.3mm时按间距30cm布嘴；不规则裂缝的交叉点及端部均布置注浆嘴。将粘贴胶抹在注浆嘴底板上，贴嘴时用定位针穿过进浆管，对准缝口插上，然后将注浆嘴压向混凝土表面抽出定位针，定位针未黏附胶认定注浆嘴粘贴合格。

（5）封缝：贴嘴3h后用堵漏灵胶泥将渗水缝口封堵住，待面胶基本固化后，用堵漏灵加固形成中间高、两边低的伞形封盖。

（6）压风检查：封缝完成并养护2h后即可进行压风检查各孔的贯通情况，压风压力小于0.25MPa；对于不串通的孔应查明原因进行分析和处理。

（7）灌浆：采用多点同步灌注方式，从下至上，从宽至窄，逐步推进，采用双组分注射泵灌注浆材，施工中采用稳压慢灌，每孔纯灌时间不少于90min，以保证灌浆质量（表8-6）。

裂缝宽度与灌浆压力关系　　**表8-6**

缝宽（mm）	<0.1	0.1～0.3	>0.3
灌浆压力（MPa）	0.8～1.0	0.6～0.8	0.5～0.8

（8）注浆嘴的清除：灌浆结束48h后铲除注浆嘴，混凝土表面采用环氧胶泥封堵平整。

（9）质量检查及验收：灌后质量检查在注射树脂灌浆结束7d后进行。

（10）压水检查：现场布骑缝孔，冲击钻造孔（孔径18～20mm、孔深10～15cm）后，采用单点法压水，压水检查压力为0.3MPa。合格标准：压水检查透水率$q \leqslant 0.1$lu。

（11）钻孔取芯：取芯直径89mm，并进行芯样鉴定、描述，绘制钻孔柱状图。

（12）裂缝灌浆后，要根据所选用材料的不同要求进行养护，并进行覆盖保护。

8.4.2 质量要点

1. 材料控制

裂缝注浆所选用水泥的细度应符合表8-7的规定。

裂缝注浆水泥的细度 **表8-7**

项目	普通硅酸盐水泥	磨细水泥	湿磨细水泥
平均粒径（d50，μm）	20～25	8	6
比表面（cm^2/g）	3250	6300	8200

2. 质量关键控制

（1）浅裂缝应骑槽粘埋注浆嘴，必要时沿缝开凿“V”槽并用水泥砂浆封缝。

（2）深裂缝应骑缝钻孔或斜向钻孔至裂缝深部，孔内埋设注浆管，间距应根据裂缝宽度而定，但每条裂缝至少有一个进浆孔和一个排气孔。

（3）注浆嘴及注浆管应设于裂缝的交叉处、较宽处及贯穿处等部位。对封缝的密封效果应进行检查。

（4）采用低压低速注浆，化学注浆压力宜为0.2～0.4MPa，水泥浆灌浆压力宜为0.4～0.8MPa。

（5）注浆后待缝内浆液初凝而不外流时，方可拆下注浆嘴并进行封口抹平。

（6）裂缝灌浆后，要根据所选用材料的不同要求进行养护，并进行覆盖保护。

8.4.3 质量验收

（1）裂缝注浆的施工质量检验数量，应按裂缝条数的10%抽查，每条裂缝为1处，且不得少于3处。

（2）注浆材料及其配合比必须符合设计要求。

检验方法：检查出厂合格证、质量检验报告、计量措施和试验报告。

（3）注浆效果必须符合设计要求。检验方法：渗漏水量测，必要时采用钻孔取芯、压水（或空气）等方法检查。

（4）钻孔埋管的孔径和孔距应符合设计要求。检验方法：检查隐蔽工程验收记录。

（5）注浆的控制压力和进浆量应符合设计要求。检验方法：检查隐蔽工程验收记录。

8.4.4 安全与环保措施

1. 安全措施

（1）注浆作业应符合《建筑机械使用安全技术规程》JGJ 33—2012及《施工现场临时用电安全技术规范》JGJ 46—2005的有关规定，施工中应定期对其进行检查、维修，保证机械使用安全。

（2）钻眼、注浆作业过程中，设隔离带，并由专人指挥过往车辆。

（3）注浆管路及连接件、阀门必须采用耐高压装置，当压力上升时，要防止管路连接部位爆裂伤人。

（4）孔口管、止浆塞要安装固结牢固，施工期间严禁人员站在其冲出方向前方，以防止孔口管冲出伤人。

（5）配制速凝剂及进行堵漏作业的人员，要戴好胶皮手套，以防烫手，配料操作人员还应戴防护眼镜，防止碱性溶液溅到眼中。

（6）注意机械使用、保养、维修，注意用电安全，经常进行检查以杜绝漏电，并派专人操作和维修，非机电修理人员不得随意拆卸设备。

2. 环保措施

（1）合理安排工作人员轮流操作机械。穿插安排低噪声工作，减少接触高噪声工作时间，并配有耳塞，同时注重机械保养，降低噪声。

（2）对洞内照明灯线坚持勤检查，光线暗淡地段加灯或换灯，保证洞内照明效果。

（3）施工现场经常洒水降尘，防止车辆行走时起尘。

（4）施工中产生的固体废弃物必须装运至弃渣场处理，严禁随意倾倒行为造成对周边环境的破坏。

（5）安排专人负责内排水系统，文明施工，保证施工环境符合要求。

（6）风钻中的废油集中存放，在指定地点掩埋处理，防止污染水源。

（7）各种作业机械坚持勤检查、勤保养、勤维护的施工制度，防止机械设备漏油对洞内环境造成影响。

（8）注浆范围和建筑物的水平距离很近时，应加强对邻近建筑物和地下埋设物的现场监控。

（9）注浆点距离饮用水源或公共水域较近时，注浆施工如有污染应及时采取相应措施。

第二部分

主体结构与附属结构

9 混凝土结构
10 附属设施工程

9 混凝土结构

城市管廊的主体结构采用混凝土结构，按照建造技术不同可分为明挖法和暗挖法。本书第一部分已介绍暗挖法施工的顶管法与盾构法，不再赘述。明挖法施工可按照主体结构制作方式的不同分为现浇结构施工和预制拼装结构施工。两者均包含模板支撑系统分项工程、钢筋分项工程、混凝土分项工程。不同之处在于现浇结构施工在现场制作直接成型，预制拼装结构施工将管廊廊体结构分块或分段在工厂预制，现场拼接安装，是一种快速绿色的施工技术。

现浇结构施工技术成熟，适用于各种尺寸和规模的建筑结构，建成的管廊主体整体性好，防水效果好；适应性强，可模性好，可按照设计要求浇筑成各种形状和尺寸；耐久性和耐火性好；工程造价和维护费用低。预制拼装结构在管廊工程实践中还处于发展阶段，多用于干线管廊、支线管廊等结构断面较小、埋深较浅、规模较小的管廊，其防水性能、整体性、安全性都不如现浇结构。在选用预制拼装结构施作管廊时，应充分考虑预制拼装结构成型快、集成化程度高、混凝土质量易于控制、受现场温度与湿度环境影响小等优势特点合理选择。

9.1 模板支撑系统施工

城市管廊主体结构的模板支架可采用常规模板支撑系统或移动模板支撑系统。

常规模板支撑系统中的模板可采用木胶板、竹胶板、塑料模板、组合钢模板或铝合金模板，支撑体系可采用扣件式脚手架、碗扣式脚手架、轮扣式脚手架、门式脚手架等。扣件式脚手架配合十字扣件、转向扣件、连接扣件可任意组合出适合施工要求的脚手架，灵活性强；碗扣式脚手架作用力位于轴心，结构合理安全，造价较低；轮扣式脚手架外观简洁、尺寸标准化、整体性好、刚度大，但某一点出现破坏，对整体安全性影响较大，在验收中要重点检查。

移动模板支撑系统是指采用模块化、单元化、可人工辅助或自行整体移动并可重复使用的模板支撑系统，特别适合呈线形分布、截面相同、水平距离长的管廊施工。移动模板支撑系统可减少施工中模板安装的人工劳动强度，节省施工周转材料，提高模板周转率，符合绿色环保的施工要求。

9.1.1 施工要点

（1）模板工程应编制专项施工方案。滑模、爬模、飞模等工具式模板工程及高大模板支架工程的专项施工方案应进行技术论证。

（2）对模板及支架应进行设计。模板及支架应具有足够的承载力、刚度和稳定性，应能可靠地承受施工过程中所产生的各类荷载。

（3）模板支架的高宽比不宜大于3；当高宽比大于3时，应增设稳定性措施，并应进行支架的抗倾覆验算。

（4）支架立柱和竖向模板安装在基土上时，应符合下列规定：

1）应设置具有足够强度和支承面积的垫板，且应中心承载。

2）基土应坚实，并应有排水措施；对湿陷性黄土应有防水措施；对冻胀性土应有防冻融措施。

3）对于软土地基，当需要时可采用堆载预压的方法调整模板面安装高度。

（5）模板对拉螺栓中部应设止水片，止水片应与对拉螺栓环焊。

（6）模板应按图加工、制作。通用性强的模板宜制作成定型模板。

（7）与通用钢管支架匹配的专用支架应按图加工、制作。搁置于支架顶端可调托座上的主梁，可采用木方、木工字梁或截面对称的型钢制作。

（8）竖向模板安装时，应在安装基层面上测量放线，并应采取保证模板位置准确的定位措施。对竖向模板及支架，安装时应有临时稳定措施。安装位于高空的模板时，应有可靠的防倾覆措施。应根据混凝土一次浇筑高度和浇筑速度，采取合理的竖向模板抗侧移、抗浮和抗倾覆措施。

（9）采用扣件式钢管作高大模板支架的立杆时，支架搭设应完整，并应符合下列规定：

1）钢管规格、间距和扣件应符合设计要求。

2）立杆上应每步设置双向水平杆，水平杆应与立杆扣接。

3）立杆底部应设置垫板。

（10）采用碗扣式、插接式和盘销式钢管架搭设模板支架时，应符合下列规定：

1）碗扣架或盘销架的水平杆与立柱的扣接应牢靠，不应滑脱。

2）立杆的上下层水平杆间距不应大于1.8m。

3）插入立杆顶端可调托座伸出顶层水平杆的悬臂长度不应超过650mm，螺杆插入钢管的长度不应小于150mm，其直径应满足与钢管内径间隙不小于6mm的要求。架体最顶层的水平杆步距应比标准步距缩小一个节点间距。

4）立柱间应设置专用斜杆或扣件钢管斜杆加强模板支架。

（11）采用门式钢管架搭设模板支架时，应符合下列规定：

1）支架应符合现行行业标准《建筑施工门式钢管脚手架安全技术规范》

JGJ/T 128的有关规定。

2）当支架高度较大或荷载较大时，宜采用主立杆钢管直径不小于48mm并有横杆加强杆的门架搭设。

（12）支架的垂直斜撑和水平斜撑应与支架同步搭设，架体应与成形的混凝土结构拉结。

（13）现浇多层混凝土结构，上下层模板支架的立杆应对准，模板及支架钢管等应分散堆放。

（14）模板安装应保证混凝土结构构件各部分形状、尺寸和相对位置准确，并应防止漏浆。

（15）模板安装应与钢筋安装配合进行，梁柱节点的模板宜在钢筋安装后再安装。

（16）模板与混凝土接触面应清理干净并涂刷脱模剂，脱模剂不得污染钢筋和混凝土接槎处。

（17）模板安装完成后，应将模板内杂物清除干净。

（18）后浇带的模板及支架应独立设置。

（19）固定在模板上的预埋件、预留孔和预留洞均不得遗漏，且应安装牢固、位置准确。

（20）模板拆除时，采取先支的后拆、后支的先拆，先拆非承重模板、后拆承重模板的顺序，并应从上而下进行拆除。

（21）当混凝土强度达到设计要求时，方可拆除底模及支架；当设计无具体要求时，同条件养护试件的混凝土抗压强度应符合相关规范的规定。

（22）当混凝土强度能保证其表面及棱角不受损伤时，方可拆除侧模。

（23）廊体与二层结构之间连续支模的底层支架拆除时间，应根据连续支模的上下层之间荷载分配和混凝土强度的增长情况确定。

（24）快拆支架体系的支架立杆间距不应大于2m。拆模时应保留立杆并顶托支承楼板，拆模时的混凝土强度可按表9-1中构件跨度为2m的规定确定。

底模拆除时的混凝土强度要求　　表9-1

构件类型	构件跨度（m）	达到设计混凝土强度等级值的百分率（%）
板	≤2	≥50
	>2，≤8	≥75
	>8	≥100
梁、拱、壳	≤8	≥75
	>8	≥100
悬臂结构		≥100

（25）对于后张预应力混凝土结构构件，侧模宜在预应力张拉前拆除；底模支架不应在结构构件建立预应力前拆除。

（26）拆下的模板及支架杆件不得抛扔，应分散堆放在指定地点，并应及时清运。

（27）模板拆除后应将其表面清理干净，对变形和损伤部位应进行修复。

（28）模板及支架的形式和构造应根据工程结构形式、荷载大小、地基土类别、施工设备和材料供应等条件确定。

（29）模板及支架设计应包括下列内容：

1）模板及支架的选型及构造设计。

2）模板及支架上的荷载及其效应计算。

3）模板及支架的承载力、刚度验算。

4）模板及支架的抗倾覆验算。

5）绘制模板及支架施工图。

（30）模板及支架的设计应符合下列规定：

1）模板及支架的结构设计宜采用以分项系数表达的极限状态设计方法。

2）模板及支架的结构分析中所采用的计算假定和分析模型，应有理论或试验依据，或经工程验证。

3）模板及支架应根据施工过程中各种受力工况进行结构分析，并确定其最不利的作用效应组合。

4）承载力计算应采用荷载基本组合；变形验算可仅采用永久荷载标准值。

（31）模板及支架设计时，应满足现行国家标准《混凝土结构工程施工规范》GB 50666的相关要求。

（32）支架结构中钢构件的长细比不应超过表9-2规定的允许值。

支架结构钢构件容许长细比 **表9-2**

构件类别	容许长细比
受压构件的支架立柱及桁架	180
受压构件的斜撑、剪刀撑	200
受拉构件的钢杆件	350

（33）支架立柱或竖向模板支承在土层上，应按现行国家标准《建筑地基基础设计规范》GB 50007的有关规定对土层进行验算；支架立柱或竖向模板支承在混凝土结构构件上时，应按现行国家标准《混凝土结构设计规范（2015年版）》GB 50010的有关规定对混凝土结构构件进行验算。

（34）采用钢管和扣件搭设的支架设计时，应符合下列规定：

1）钢管和扣件搭设的支架宜采用中心传力方式。

2）单根立杆的轴向力标准值不宜大于12kN，高大模板支架单根立杆的轴向力标准值不宜大于10kN。

3）立杆顶部承受水平杆扣件传递的竖向荷载时，立杆应按50mm的偏心距进行承载力验算，高大模板支架的立杆应按不小于100mm的偏心距进行承载力验算。

4）支承模板的顶部水平杆可按受弯构件进行承载力验算。

5）扣件抗滑移承载力验算可按现行行业标准《建筑施工扣件式钢管脚手架安全技术规范》JGJ 130的有关规定执行。

（35）采用门式、碗扣式、盘扣式或盘销式等钢管架搭设的模板支架，应采用支架立柱杆端插入可调托座的中心传力方式，其承载力及刚度可按国家现行有关标准的规定进行验算。

9.1.2 质量要点

（1）模板、支架杆件和连接件的进场检查应符合下列规定：

1）模板表面应平整；胶合板模板的胶合层不应脱胶翘角；支架杆件应平直，应无严重变形和锈蚀；连接件应无严重变形和锈蚀，并不应有裂纹。

2）模板的规格和尺寸，支架杆件的直径和壁厚及连接件的质量，应符合设计要求。

3）施工现场组装模板组成部分的外观和尺寸应符合设计要求。

4）必要时，应对模板、支架杆件和连接件的力学性能进行抽样检查。

5）应在进场时和周转使用前全数检查外观质量。

（2）模板安装后应检查尺寸偏差。固定在模板上的预埋件、预留孔和预留洞，应检查其数量和尺寸。

（3）采用扣件式钢管做模板支架式，质量检查应符合下列规定：

1）梁下支架立杆间距的偏差不宜大于50mm，板下支架立杆间距的偏差不宜大于100mm；水平杆间距的偏差不宜大于50mm。

2）应检查支架顶部承受模板荷载的水平杆与支架立杆连接的扣件数量，采用双扣件构造设置的抗滑移扣件，扣件上下应顶紧，间隙不应大于2mm。

3）支架顶部承受模板荷载的水平杆与支架立杆连接的扣件拧紧力矩不应小于40N·m，且不应大于65N·m。支架每步双向水平杆应与立杆扣接，不得缺失。

（4）采用碗扣式、盘扣式或盘销式钢管架作模板支架时，质量检查应符合下列规定：

1）插入立杆顶端可调托座伸出顶层水平杆的悬臂长度，不应超过650mm。

2）水平杆杆端与立杆连接的碗扣、插接和盘销的连接不应松脱。

3）按规定设置竖向和水平斜撑。

9.1.3 质量验收

模板支撑系统分项工程是对混凝土浇筑成型用的模板及其支架的设计、安装、拆除等一系列技术工作和完成实体的总称。由于模板可以连续周转使用，模板分项工程所含检验批通常根据模板安装和拆除的数量确定。

1. 一般规定

（1）模板工程应编制专项施工方案。滑模、爬模等工具式模板工程及高大模板支架工程的专项施工方案应进行技术论证。

（2）模板及支架应根据施工过程中的各种工况进行设计，应具有足够的承载力和刚度，并应确保其整体稳固性。

2. 模板安装

（1）模板及支架材料的技术指标应符合国家现行有关标准和专项施工方案的规定。

检查数量：全数检查。

检验方法：检查质量证明文件。

（2）现浇混凝土结构的模板及支架安装完成后，应按照专项施工方案对下列内容进行检查验收：

1）模板的定位。

2）支架杆件的规格、尺寸、数量。

3）支架杆件之间的连接。

4）支架的剪刀撑和其他支撑设置。

5）支架与结构之间的连接设置。

6）支架杆件底部的支撑情况。

检查数量：全数检查。

检验方法：观察、尺量检查；力矩扳手检查。

9.1.4 安全与环保措施

1. 模板施工安全

（1）模板施工前，应根据建筑物结构特点和混凝土施工工艺进行模板设计，并编制安全技术措施。

（2）模板及支架应具有足够的强度、刚度和稳定性，能可靠地承受新浇混凝土自重、侧压力和施工中产生的荷载及风荷载。

（3）各种材料模板的制作，应符合相关技术标准的规定。

（4）模板支架材料宜采用钢管、门型架、型钢、塔身标准节、木杆等。模板支架材质应符合相关技术标准的规定。

2. 设计计算

（1）模板荷载效应组合及其各项荷载标准值，应符合现行国家标准《建筑结构荷载规范》GB 50009—2012的有关规定。

（2）模板风荷载标准值应按现行国家标准《建筑结构荷载规范》GB 50009—2012的规定，取n=5。

（3）模板支架立杆的稳定性计算，对扣件式钢管支架在符合有关构造要求后，可按国家现行标准《建筑施工扣件式钢管脚手架安全技术规范》JGJ 130—2011有关脚手架立杆的稳定性计算公式进行。

1）模板支架立杆轴向力设计值及弯矩设计值，应按下列公式计算：

$$N=1.2\sum N_{GK}+1.4\sum N_{QK}$$

$$M=0.9\times 1.4M_{WK}=(0.9\times 1.4W_{K}L_{A}h^{2})/10$$

式中 $\sum N_{GK}$——模板及支架自重、新浇混凝土自重与钢筋自重标准值产生的轴向力总和；

$\sum N_{QK}$——施工人员及施工设备荷载标准值、振捣混凝土时产生的荷载标准值产生的轴向力总和；

M_{WK}——水平风荷载产生的弯矩标准值；

M——水平风荷载产生的弯矩设计值。

2）模板支架立杆的计算长L_0，应按下式计算：

$$L_0=h+2a$$

式中 h——支架立杆的步距；

a——模板支架立杆伸出顶层横向水平杆中心线至模板支撑点距离。

（4）模板支架底部的底板或地基，必须具有支撑上层荷载的能力。当底板设计荷载不足时，可保留下层支架立杆（经计算确定）加强；当支撑在地基上时，应验算地基的承载力。

3. 构造要求

（1）各种模板的支架应自成体系，严禁与脚手架进行连接。

（2）模板支架立杆底部应设置垫板，不得使用砖及脆性材料铺垫，并应在支架的两端和中间部分与建筑结构进行连接。

（3）模板支架立杆在安装的同时，应加设水平支撑，立杆高度大于2m时，应设两道水平支撑，每增高1.5～2m时，再增设一道水平支撑。

（4）满堂模板立杆除必须在四周及中间设置纵、横双向水平支撑外，当立杆高度超过4m时，应每隔两步设置一道水平剪刀撑。

（5）当采用多层支模时，上下各层立杆应保持在同一垂直线上。

（6）需进行二次支撑的模板，当安装二次支撑时，模板上不得有施工荷载。

（7）模板支架的安装应按照设计图纸进行，安装完毕浇筑混凝土前，应经验收确认符合要求。

（8）应严格控制模板上堆料及设备荷载，当采用小推车运输时，应搭设小车运输通道，将荷载传给建筑结构。

4. 模板拆除

（1）模板支架拆除必须有工程负责人的批准手续及混凝土的强度检验报告。

（2）模板拆除顺序应按设计方案进行。当无规定时，应遵循先支的后拆、先拆主承重模板后拆次承重模板的原则。

（3）拆除较大跨度梁下支柱时，应先从跨中开始，分别向两端拆除。拆除多层楼板支柱时，应确认上部施工荷载不需要传递的情况下方可拆除下部支柱。

（4）当水平支撑超过二道时，应先拆除二道以上水平支撑，最下一道大横杆与立杆应同时拆除。

（5）模板拆除应按规定逐次进行，不得采用大面积撬落方法。拆除的模板、支撑、连接件应用槽滑下或用绳系下。不得留有悬空模板。

5. 模板施工环保措施

（1）在制作和设计模板时，尽量节约材料。

（2）应集中处理加工或使用后的残余材料、废木屑。锯末集中收集，对其加以二次利用（用于养护或其他），二次利用完毕后再集中处理。

（3）使用电锯时遵守作息时间，保证在正常的施工时间内使用。其他如电刨的使用也应如此。模板运输时轻拿轻放。模板调整时，不要过度敲击，避免损坏模板及其附件并产生噪声。

（4）模板拆除时，必须尽量保存模板的完整性，减少模板的报废率。废旧模板用的穿墙螺栓等要收集处理。模板进行清理时，应避免破坏模板和其配件。

（5）涂刷脱模剂时应注意防止脱模剂泄漏，以免污染土壤，禁止用废旧的机油代替脱模剂。

9.2 钢筋施工

钢筋是混凝土结构中重要的结构材料，是实现管廊主体结构抵抗受拉应变和整体受力的主要材料。进场钢筋原材料或半成品必须具有出厂质量证明资料，进场检验应分品种、规格、炉号分批检查，检验合格后要按部位、分层、分段和构件名称、编号整齐堆放，同一部位或同一构件的钢筋要集中堆放并明显标识。

9.2.1 施工要点

（1）钢筋工程宜采用专业化生产的成型钢筋。

（2）钢筋连接方式应根据设计要求和施工条件选用。

（3）当需要进行钢筋代换时，应办理设计变更文件。

（4）钢筋材料应符合下列规定。

1）钢筋的性能应符合国家现行有关标准的规定。常用钢筋的公称直径、公称截面面积、计算截面面积及理论重量，应符合《混凝土结构工程施工质量验收规范》GB 50204的规定。

2）对有抗震设防要求的结构，其纵向受力钢筋的性能应满足设计要求；当设计无具体要求时，对按一、二、三级抗震等级设计的框架和斜撑构件（含梯段）中的纵向受力钢筋应采用HRB335E、HRB400E、HRB500E、HRBF335E、HRBF400E或HRBF500E钢筋，其强度和最大力下总伸长率的实测值应符合下列规定：

①钢筋的抗拉强度实测值与屈服强度实测值的比值不应小于1.25。

②钢筋的屈服强度实测值与屈服强度标准值的比值不应大于1.30。

③钢筋的最大力下总伸长率不应小于9%。

3）施工过程中应采取防止钢筋混淆、锈蚀或损伤的措施。

4）施工中发现钢筋脆断、焊接性能不良或力学性能显著不正常等现象时，应停止使用该批钢筋，并对该批钢筋进行化学成分检验或其他专项检验。

（5）钢筋加工。

1）钢筋加工前应将表面清除干净。表面有颗粒状、片状老锈或有损伤的钢筋不得使用。

2）钢筋加工宜在常温状态下进行，加工过程中不应对钢筋进行加热。钢筋应一次弯折到位。

3）钢筋宜采用无机械设备进行调直，也可采用冷拉方法调直。当采用机械设备调直时，调直设备不应具有延伸功能。当采用冷拉方法调直时，HPB300光圆钢筋的冷拉率不宜大于4%；HRB335、HRB400、HRB500、HRBF335、HRBF400、HRBF500及RRB400带肋钢筋的冷拉率不宜大于1%。钢筋调直过程中不应损伤带肋钢筋的横肋。调直后的钢筋应平直，不应有局部弯折。

4）钢筋弯折的弯弧内直径应符合下列规定：

①光圆钢筋，不应小于钢筋直径的2.5倍。

②335MPa级、400MPa级带肋钢筋，不应小于钢筋直径的4倍。

③500MPa级带肋钢筋，当直径为28mm以下时不应小于钢筋直径的6倍，当直径为28mm及以上时不应小于钢筋直径的7倍。

④位于框架结构顶层端节点处的梁上部纵向钢筋和柱外侧纵向钢筋，在节点角部弯折处，当钢筋直径为28mm以下时不宜小于钢筋直径的12倍，当钢筋直径为28mm及以上时不宜小于钢筋直径的16倍。

⑤箍筋弯折处上不应小于纵向受力钢筋直径；箍筋弯折处纵向受力钢筋为搭接

钢筋或并筋时，应按钢筋实际排布情况确定箍筋弯弧内直径。

5）纵向受力钢筋的弯折后平直段长度应符合设计要求及现行国家标准《混凝土结构设计规范（2015年版）》GB 50010—2010的有关规定。光圆钢筋末端作180°弯钩时，弯钩的弯后平直段长度不应小于钢筋直径的3倍。

6）箍筋、拉筋的末端应按设计要求作弯钩。并应符合下列规定：

①对一般结构构件，箍筋弯钩的弯折角度不应小于90°，弯折后平直段长度不应小于箍筋直径的5倍；对有抗震设防要求或设计有专门要求的结构构件，箍筋弯钩的弯折角度不应小于135°，弯折后平直段长度不应小于箍筋直径的10倍和75mm两者之中的较大值。

②圆柱箍筋的搭接长度不应小于其受拉锚固长度，且两末端均应作不小于135°的弯钩，弯折后平直段长度对一般结构构件不应小于箍筋直径的5倍，对有抗震设防要求的结构构件不应小于箍筋直径的10倍和75mm的较大值。

③拉筋用作梁、柱复合箍筋中单肢箍筋或梁腰筋间拉结筋时，两端弯钩的弯折角度均不应小于135°，弯折后平直段长度应符合上述第①条对箍筋的规定。

7）焊接封闭箍筋宜采用闪光对焊，也可采用气压焊或单面搭接焊，并宜采用专用设备进行焊接。焊接封闭箍筋下料长度和端头加工应按焊接工艺确定。焊接封闭箍筋的焊点设置，应符合下列规定：

①每个箍筋的焊点数量应为1个，焊点宜位于多边形箍筋中的某边中部，且距箍筋弯折处的位置不宜小于100mm。

②矩形柱箍筋焊点宜设在柱短边，等边多边形柱箍筋焊点可设在任一边；不等边多边形柱箍筋焊点应位于不同边上。

③梁箍筋焊点应设置在顶边或底边。

8）当钢筋采用机械锚固措施时，钢筋锚固端的加工应符合国家现行相关标准的规定。采用钢筋锚固板时，应符合现行行业标准《钢筋锚固板应用技术规程》JGJ 256—2011的规定。

（6）钢筋连接与安装。

1）钢筋接头宜设置在受力较小处；有抗震设防要求的结构中，梁端、柱端箍筋加密区范围内不宜设置钢筋接头，且不应进行钢筋搭接。同一纵向受力钢筋不宜设置两个或两个以上接头。接头末端至钢筋弯起点的距离，不应小于钢筋直径的10倍。

2）钢筋机械连接施工应符合下列规定：

①加工钢筋接头的操作人员应经专业培训合格后上岗，钢筋接头的加工应经工艺检验合格后方可进行。

②机械连接接头的混凝土保护层宜符合现行国家标准《混凝土结构设计规范（2015年版）》GB 50010—2010中受力钢筋的混凝土保护层最小厚度规定，且不得小于15mm。接头之间的横向净间距不宜小于25mm。

③螺纹接头安装后应使用专用扭力扳手校核拧紧扭力矩。挤压接头压痕直径的波动范围应控制在允许范围内，并使用专用量规进行检验。

④机械连接接头的适用范围、工艺要求、套筒材料及质量要求等应符合现行行业标准《钢筋机械连接通用技术规程》JGJ 107—2016的有关规定。

3）钢筋焊接施工应符合下列规定：

①从事钢筋焊接施工的焊工应持有钢筋焊工考试合格证，并应按照合格证规定的范围上岗操作。

②在钢筋工程焊接施工前，参与该项工程施焊的焊工应进行现场焊接工艺试验，经试验合格后，方可进行焊接。焊接过程中，如果钢筋牌号、直径发生变更，应再次进行焊接工艺试验。工艺试验使用的材料、设备、辅料及作业条件均应与实际施工一致。

③细晶粒热轧钢筋及直径大于28mm的普通热轧钢筋，其焊接参数应经试验确定；余热处理钢筋不宜焊接。

④电渣压力焊只应使用于柱、墙等构件中竖向受力钢筋的连接。

⑤钢筋焊接接头的适用范围、工艺要求、焊条及焊剂选择、焊接操作及质量要求等用符合现行行业标准《钢筋焊接及验收规程》JGJ 18—2012的有关规定。

4）当纵向受力钢筋采用机械连接接头或焊接接头时，接头的设置应符合下列规定：

①同一构件内的接头宜分批错开。

②接头连接区段内的长度为35*d*（*d*为相互连接两根钢筋中较小直径），且不应小于500mm，凡接头中点位于该连接区段长度内的接头均应属于同一连接区段。

③同一连接区段内，纵向受力钢筋的接头面积百分率为该区段内有接头的纵向受力钢筋截面面积与全部纵向受力钢筋截面面积的比值；纵向受力钢筋的接头面积百分率应符合下列规定：

A. 受拉接头，不宜大于50%；受压接头，可不受限制。

B. 墙、板、柱中受拉机械连接接头，可根据实际情况放宽；装配式混凝土结构构件连接处受拉接头，可根据实际情况放宽。

C. 直接承受动力荷载的结构构件中，不宜采用焊接；当采用机械连接时，不应超过50%。

5）当纵向受力钢筋采用绑扎搭接接头时，接头的设置应符合下列规定：

①同一构件内的接头宜分批错开。各接头的横向净距不应小于钢筋直径，且不应小于25mm。

②接头连接区段的长度为1.3倍搭接长度，凡搭接接头中点位于该连接区段长度内的接头均应属于同一连接区段；搭接长度可取相互连接两根钢筋中较小直径计算。纵向受力钢筋的最小搭接长度应符合《混凝土结构工程施工质量验收规范》GB 50204—2015的规定。

③同一连接区段内，纵向受力钢筋接头面积百分率为该区段内有接头的纵向受力钢筋截面面积与全部纵向受力钢筋截面面积的比值。纵向受压钢筋的接头面积百分率可不受限制；纵向受拉钢筋的接头面积百分率应符合搭接接头同一连接区段内的搭接钢筋为两根，当各钢筋直径相同时，接头面积百分率为50%。

A. 梁、板类及墙类构件，接头面积百分率不宜超过25%，基础筏板接头面积百分率不宜超过50%。

B. 柱类构件，接头面积百分率不宜超过50%。

C. 当工程中确有必要增大接头面积百分率时，对梁类构件，不应大于50%；对其他构件，可根据实际情况适当放宽。

6）在梁、柱类构件的纵向受力钢筋搭接长度范围内应按设计要求配置箍筋，并应符合下列规定：

①箍筋直径不应小于搭接钢筋较大直径的25%。

②受拉搭接区段的箍筋间距不应大于搭接钢筋较小直径的5倍，且不应大于100mm。

③受压搭接区段的箍筋间距不应大于搭接钢筋较小直径的10倍，且不应大于200mm。

④当柱中纵向受力钢筋直径大于25mm时，应在搭接接头两个端面外100mm范围内各设置两个箍筋，其间距宜为50mm。

7）钢筋绑扎应符合下列规定：

①钢筋的绑扎搭接接头应在接头中心和两端用钢丝扎牢。

②墙、柱、梁钢筋骨架中各竖向面钢筋网交叉点应全数绑扎；板上部钢筋网的交叉点应全数绑扎，底部钢筋网除边缘部分外可间隔交错绑扎。

③梁、柱的箍筋弯钩及焊接封闭箍筋的焊点应沿纵向受力钢筋方向错开设置。

④填充墙构造柱纵向钢筋宜与承重结构钢筋同步绑扎。

⑤梁及柱中箍筋、墙中水平分布钢筋、板中钢筋距构件边缘的起始距离宜为50mm。

8）构件交接处的钢筋位置应符合设计要求。当设计无具体要求时，应保证主要受力构件和构件中主要受力方向的钢筋位置。框架节点处梁纵向受力钢筋宜放在柱纵向钢筋内侧。

9）钢筋安装应采用定位件固定钢筋的位置，并宜采用专用定位件。定位件应具有足够的承载力、刚度、稳定性和耐久性。定位件的数量、间距和固定方式，应能保证钢筋的位置偏差符合国家现行有关标准的规定。混凝土框架梁、柱保护层内，不宜采用金属定位件。

10）钢筋安装过程中，因施工操作需要对钢筋进行焊接时，应符合现行行业标准《钢筋焊接及验收规程》JGJ 18—2012的有关规定。

9.2.2 质量要点

1. 材料

（1）钢筋进场时，应按国家现行相关标准的规定抽取试件作屈服强度、抗拉强度、伸长率、弯曲性能和重量偏差检验，检验结果必须符合相关标准的规定。

检查数量：按进场批次和产品的抽样检验方案确定。

检验方法：检查质量证明文件和抽样复验报告。

钢筋的进场检验，应按照现行国家标准《钢筋混凝土用钢　第1部分：热轧光圆钢筋》GB/T 1499.1—2017、《钢筋混凝土用钢　第2部分：热轧带肋钢筋》GB/T 1499.2—2018规定的组批规则、取样数量和方法进行检验，检验结果应符合上述标准的规定。一般钢筋检验断后伸长率即可，牌号带E的钢筋检验最大力下总伸长率。钢筋的质量证明文件主要为产品合格证和出厂检验报告。

（2）成型钢筋进场时，应抽取试件作屈服强度、抗拉强度、伸长率和重量偏差检验，检验结果必须符合相关标准的规定。

检查数量：同一工程、同一类型、同一原材料来源、同一组生产设备生产的成型钢筋，检验批量不应大于30t。

检验方法：检查质量证明文件和抽样复验报告。

（3）对按一、二、三级抗震等级设计的框架和斜撑构件（含梯段）中的纵向受力普通钢筋应采用HRB335E、HRB400E、HRB500E、HRBF335E、HRBF400E或HRBF500E钢筋，其强度和最大力下总伸长率的实测值应符合下列规定：

1）钢筋的抗拉强度实测值与屈服强度实测值的比值不应小于1.25。

2）钢筋的屈服强度实测值与屈服强度标准值的比值不应大于1.30。

3）钢筋的最大力下总伸长率不应小于9%。

检查数量：按进场的批次和产品的抽样检验方案确定。

检查方法：检查抽样复验报告。

2. 钢筋加工（主控项目）

（1）钢筋弯折的弯弧内直径应符合下列规定：

1）光圆钢筋，不应小于钢筋直径的2.5倍。

2）335MPa级、400MPa级带肋钢筋，不应小于钢筋直径的4倍。

3）500MPa级带肋钢筋，当直径为28mm以下时不应小于钢筋直径的6倍，当直径为28mm及以上时不应小于钢筋直径的7倍。

4）箍筋弯折处尚不应小于纵向受力钢筋直径。

检查数量：按每工作班同一类型钢筋、同一加工设备抽查不应少于3件。

检验方法：尺量检查。

（2）箍筋、拉筋的末端应按设计要求作弯钩，并应符合下列规定：

1）对一般结构构件，箍筋弯钩的弯折角度不应小于90°，弯折后平直段长度不应小于箍筋直径的5倍；对有抗震设防要求或设计有专门要求的结构构件，箍筋弯钩的弯折角度不应小于135°，弯折后平直段长度不应小于箍筋直径的10倍和75mm两者之中的较大值。

2）圆形箍筋的搭接长度不应小于其受拉锚固长度，且两末端均应作不小于135°的弯钩，弯折后平直段长度一般结构构件不应小于箍筋直径的5倍，对有抗震设防要求的结构构件不应小于箍筋直径的10倍和75mm的较大值。

3）拉筋用作梁、柱复合箍筋中单肢箍筋或梁腰筋间拉结筋时，两端弯钩的弯折角度均不应小于135°，弯折后平直段长度应符合上述第1）条对箍筋的有关规定。

检查数量：按每工作班同一类型钢筋、同一加工设备抽查不应少于3件。

检验方法：尺量检查。

（3）盘卷钢筋调直后应进行力学性能和重量偏差的检验，其强度应符合现行国家有关标准的规定，其断后伸长率、重量负偏差应符合表9-3的规定。重量负偏差不符合要求时，调直钢筋不得复检。

盘卷调直后的断后伸长率、重量负偏差要求　　表9-3

钢筋牌号	断后伸长率（%）	重量负偏差（%）	
		直径6～12mm	直径14～20mm
HPB300	≥21	≤10	—
HRB335、HRBF335	≥16	≤7	≤6
HRB400、HRBF400	≥15		
RRB400	≥13		
HRB500、HRBF500	≥14		

3. 钢筋连接

（1）钢筋的连接方式应符合设计要求。

检查数量：全数检查。

检验方法：观察。

（2）应按现行行业标准《钢筋机械连接技术规程》JGJ 107—2016、《钢筋焊接及验收规程》JGJ 18—2012的规定抽取钢筋机械连接接头、焊接接头试件作力学性能检验，检验结果应符合相关标准的规定。

检查数量：按现行行业标准《钢筋机械连接技术规程》JGJ 107—2016、《钢筋焊接及验收规程》JGJ 18—2012的规定确定。接头试件应现场截取。

检验方法：检查质量证明文件和抽样复验报告。

（3）对机械连接接头，直螺纹接头安装后应按现行行业标准《钢筋机械连接技术规程》JGJ 107—2016的规定检验拧紧扭矩；挤压接头应测量压痕直径，其检验结果应符合该规程的相关规定。

检查数量：按现行行业标准《钢筋机械连接技术规程》JGJ 107—2016的规定确定。

检验方法：使用专用扭力扳手或专用量规检查。

4. 钢筋安装

（1）受力钢筋的牌号、规格、数量必须符合设计要求。

检查数量：全数检查。

检验方法：观察，尺量检查。

（2）纵向受力钢筋的锚固方式和锚固长度应符合设计要求。

检查数量：全数检查。

检验方法：观察、尺量检查。

9.2.3 质量验收

钢筋分项工程是普通钢筋进场检验、钢筋加工、钢筋连接、钢筋安装等一系列技术工作和完成实体的总称。钢筋分项工程所含的检验批可根据施工工序和验收的需要确定。

（1）浇筑混凝土之前，应进行钢筋隐蔽工程验收，其内容应包括：

1）纵向受力钢筋的牌号、规格、数量、位置。

2）钢筋的连接方式、接头位置、接头数量、接头面积百分率、搭接长度、锚固方式及锚固长度。

3）箍筋、横向钢筋的牌号、规格、数量、间距，箍筋弯钩的弯折角度及平直段长度。

4）预埋件的规格、数量、位置。

钢筋验收时，首先检查钢筋牌号、规格、数量，再检查位置偏差，不允许钢筋间距累计正偏差后造成钢筋数量减少。

（2）钢筋进场检验，当满足下列条件之一时，其检验批容量可扩大一倍：

1）经产品认证符合要求的钢筋。

2）同一工程、同一厂家、同一牌号、同一规格的钢筋、成型钢筋，连续三次进场检验均一次检验合格。

（3）钢筋焊接网和焊接骨架的焊点验收应按照现行国家标准《钢筋焊接及验收规程》JGJ 18—2012的相关规定执行。

9.2.4 安全与环保措施

1. 钢筋施工安全

（1）机械必须设置防护装置，注意每台机械必须一机一闸并设漏电保护开关。

（2）工作场所保持道路畅通，危险部位必须设置明显标志。

（3）操作人员必须持证上岗，熟识机械性能和操作规程。

（4）搬运钢筋时，要注意前后方向有无碰撞危险或被钩挂料物，特别是避免碰挂周围和上下方向的电线。人工抬运钢筋，上肩卸料要注意安全。

（5）起吊或安装钢筋时，应和附近高压线路或电源保持一定安全距离，在钢筋林立的场所，雷雨时不准操作和站人。

（6）在高空安装钢筋应选好位置站稳，系好安全带。

（7）对焊前应清理钢筋与电极表面污泥、铁锈，使电极接触良好，以免出现“打火”现象。

（8）对焊完毕不要过早松开夹具，连接头处高温时不要抛掷钢筋接头，不准往高温接头上浇水，较长钢筋对接应安置在台架上。

（9）对焊机选择参数，包括功率和二次电压应与对焊钢筋相匹配，电极冷却水的温度，不超过40℃，机身应接地良好。

（10）闪光火花飞溅的方向要有良好的防护安全设施。

（11）电渣焊使用的焊机设备外壳应接零或接地，露天放置的焊机应有防雨遮盖。

（12）焊接电缆必须有完整的绝缘，绝缘性能不良的电缆禁止使用。

（13）在潮湿的地方作业时，应用干燥的木板或橡胶片等绝缘物作垫板。

（14）焊工作业，应穿戴焊工专用手套、绝缘鞋，手套及绝缘鞋应保持干燥。

（15）在大雨、中雨天时严禁进行焊接施工。在雨天时，焊接施工现场要有可靠的遮蔽防护措施，焊接设备要遮蔽好，电线要保证绝缘良好，焊药必须保持干燥。

（16）在高温天气施工前，焊接施工现场要做好防暑降温工作。

（17）用于电渣焊作业的工作台、脚手架，应牢固、可靠、安全、适用。

2. 钢筋施工环保措施

（1）钢筋进场时的装卸必须用吊车装卸，轻拿轻放，避免产生噪声。

（2）对锈蚀过重的钢筋除锈，将除下来的铁锈集中清扫统一处理。

（3）钢筋进场切割时，切下来的铁锈不可与其他垃圾混放。

（4）钢筋加工机械（切割机、卷扬机、弯曲机等）的检修、擦拭使用的棉纱应统一处理。机械需要经常进行检修，有漏油现象的机械必须停止使用并进行维修，防止漏油过多而污染土地。

（5）钢筋绑扎时，一次绑扎成型到位，避免修整，避免对钢筋的砸和敲击产生的噪声影响周围居民区，尤其夜间更不能敲击。

（6）现场的废弃钢筋头、废弃绑丝、废弃垫块都统一回收处理。在使用电焊机时，注意焊条的节约。焊条头要统一回收处理。

9.3 混凝土分项施工

在城市管廊的施工中，混凝土的制备无论是现场自制还是拌合站订制，均为集中搅拌制。混凝土集中搅拌有利于采用先进的工艺技术，实行专业化生产管理，设备利用率高，计量准确。将配合好的干料投入混凝土搅拌机充分拌合后运送至现场，因而产品质量好、材料消耗少、工效高、成本较低，又能改善劳动条件，减少环境污染。混凝土的制备要从配合比、原材料、运输、浇筑等多方面严格控制，保障成品质量。

9.3.1 施工要点

1. 混凝土结构施工宜采用预拌混凝土

（1）混凝土制备应符合下列规定：

1）预拌混凝土应符合现行国家标准《预拌混凝土》GB 14902—2012的有关规定。

2）现场搅拌混凝土宜采用具有自动计量装置的设备集中搅拌。

3）当不具备上述 1）、2）条规定的条件时，应采用符合现行国家标准《建筑施工机械与设备 混凝土搅拌机》GB/T 9142—2021的搅拌机进行搅拌，并应配备计量装置。

（2）混凝土运输应符合下列规定：

1）混凝土宜采用搅拌运输车运输，运输车辆应符合国家现行有关标准的规定。

2）运输过程中应保证混凝土拌合物的均匀性和工作性。

3）应采取保证连续供应的措施，并应满足现场施工的需要。

2. 原材料

（1）混凝土原材料的主要技术指标应符合《混凝土结构工程施工质量验收规范》GB 50204—2015和国家现行有关标准的规定。

（2）水泥的选用应符合下列规定：

1）水泥品种与强度等级应根据设计、施工要求，以及工程所处环境条件确定。

2）普通混凝土宜选用通用硅酸盐水泥；有特殊需要时，也可选用其他品种水泥。

3）有抗渗、抗冻融要求的混凝土，宜选用硅酸盐水泥或普通硅酸盐水泥。

4）处于潮湿环境的混凝土结构，当使用碱活性骨料时，宜采用低碱水泥。

（3）粗骨料宜选用粒形良好、质地坚硬的洁净碎石或卵石，并应符合下列规定：

1）粗骨料最大粒径不应超过构件截面最小尺寸的1/4，且不应超过钢筋最小净间距的3/4；对于实心混凝土板，粗骨料的最大粒径不宜超过板厚的1/3，且不应超过40mm。

2）粗骨料宜采用连续粒级，也可用单粒级组合成满足要求的连续粒级。

3）含泥量、泥块含量指标应符合《混凝土结构工程施工质量验收规范》GB 50204—2015的规定。

（4）细骨料宜选用级配良好、质地坚硬、颗粒洁净的天然砂或机制砂，并应符合下列规定：

1）细骨料宜选用Ⅱ区中砂。当选用Ⅰ区砂时应提高砂率，并应保持足够的胶凝材料用量，同时应满足混凝土的工作性要求；当采用Ⅲ区砂时，宜适当降低砂率。

2）混凝土细骨料中氯离子含量，对钢筋混凝土，按干砂的质量百分率计算不得大于0.06%；对预应力混凝土，按干砂的质量百分率计算不得大于0.02%。

3）含泥量、泥块含量指标应符合《混凝土结构工程施工质量验收规范》GB 50204—2015附录F的规定。

4）海砂应符合现行行业标准《海砂混凝土应用技术规范》JGJ 206—2010的有关规定。

（5）强度等级为C60及以上的混凝土所用骨料，除应符合《混凝土结构工程施工质量验收规范》GB 50204—2015的规定外，还应符合下列规定：

1）粗骨料压碎指标的控制值应经试验确定。

2）粗骨料最大粒径不宜超过25mm，针片状颗粒含量不应大于8.0%，含泥量不应大于0.5%，泥块含量不应大于0.2%。

3）细骨料细度模数宜控制为2.6～3.0，含泥量不应大于2.0%，泥块含量不应大于0.5%。

（6）有抗渗、抗冻融或其他特殊要求的混凝土，宜选用连续级配的粗骨料，最大粒径不宜大于40mm，含泥量不应大于1.0%，泥块含量不应大于0.5%；所用细骨料含泥量不应大于3.0%，泥块含量不应大于1.0%。

（7）矿物掺合料选用应根据设计、施工要求以及工程所处环境条件确定，其掺量应通过试验确定。

（8）当没有近期的同品种混凝土强度资料时，其混凝土强度标准差σ可按表9-4取用。

混凝土强度标准差σ值（MPa）　　表9-4

混凝土强度标准值	≤C20	C25～C45	C50～C55
σ	4.0	5.0	6.0

1）当使用碱活性骨料时，由外加剂带入的碱含量（以当量氧化钠计）不宜超过1.0kg/m^3，混凝土总碱含量还应符合现行国家标准《混凝土结构设计规范（2015年

版）》GB 50010等的有关规定。

2）不同品种外加剂首次复合使用时，应检验混凝土外加剂的相容性。

（9）混凝土拌合及养护用水，应符合现行行业标准《混凝土用水标准（附条文说明）》JGJ 63—2016的有关规定。

（10）未经处理的海水严禁用于钢筋混凝土结构和预应力混凝土结构中混凝土的拌制和养护。

（11）原材料进场后，应按种类、批次分开储存与堆放，应标识明晰，并应符合下列规定：

1）散装水泥、矿物掺合料等粉体材料，应采用散装罐分开储存；袋装水泥、矿物掺合料、外加剂等，应按品种、批次分开码垛堆放，并应采取防雨、防潮措施，高温季节应有防晒措施。

2）骨料应按品种、规格分别堆放，不得混入杂物，并应保持洁净与颗粒级配均匀。骨料堆放场地的地面应做硬化处理，并应采取排水、防尘和防雨等措施。

3）液体外加剂应放置阴凉干燥处，应防止日晒、污染、浸水，使用前应搅拌均匀；有离析、变色等现象时，应经检验合格后再使用。

3. 混凝土配合比

（1）混凝土配合比设计应经试验确定，并应符合下列规定：

1）应在满足混凝土强度、耐久性和工作性要求的前提下，减少水泥和水的用量。

2）当有抗冻、抗渗、抗氯离子侵蚀和化学腐蚀等耐久性要求时，还应符合现行国家标准《混凝土结构耐久性设计规范》GB/T 50476—2019的有关规定。

3）应分析环境条件对施工及工程结构的影响。

4）试配所用的原材料应与施工实际使用的原材料一致。

（2）混凝土的配制强度应按下列规定计算：

1）当设计强度等级小于C60时，配制强度应按下式确定：

$$f_{cu,0} \geqslant f_{cu,k} + 1.645\sigma$$

式中 $f_{cu,0}$——混凝土的配制强度（MPa）；

$f_{cu,k}$——混凝土立方体抗压强度标准值（MPa）；

σ——混凝土强度标准差（MPa），应按《普通混凝土配合比设计规程》JGJ 55—2011确定。

2）当设计强度等级不低于C60时，配制强度应按下式确定：

$$f_{cu,0} \geqslant 1.15 f_{cu,k}$$

（3）混凝土强度标准差应按表9-4确定。

（4）混凝土的工作性指标应根据结构形式、运输方式和距离、泵送高度、浇筑和振捣方式以及工程所处环境条件等确定。

（5）混凝土最大水胶比和最小胶凝材料用量，应符合现行行业标准《普通混凝土配合比设计规程》JGJ 55—2011的有关规定。

（6）当设计文件对混凝土提出耐久性指标时，应进行相关耐久性试验验证。

（7）大体积混凝土的配合比设计，应符合下列规定：

1）在保证混凝土强度及工作性要求的前提下，应控制水泥用量，宜选用中、低水化热水泥，并宜掺加粉煤灰矿渣粉。

2）温度控制要求较高的大体积混凝土，其胶凝材料用量、品种等宜通过水化热和绝热温升试验确定。

3）宜采用高性能减水剂。

（8）混凝土配合比的试配、调整和确定，应按下列步骤进行：

1）采用工程实际使用的原材料和计算配合比进行试配。每盘混凝土试配量不应小于20L。

2）进行试拌，并调整砂率和外加剂掺量等使拌合物满足工作性要求，提出试拌配合比。

3）在试拌配合比的基础上，调整胶凝材料用量，提出不少于3个配合比进行试配。根据试件的试压强度和耐久性试验结果，选定设计配合比。

4）应对选定的设计配合比进行生产适应性调整，确定施工配合比。

5）对采用搅拌运输车运输的混凝土，当运输时间较长时，试配时应控制混凝土坍落度经时损失值。

（9）施工配合比应经技术负责人批准。在使用过程中，应根据反馈的混凝土动态质量信息对混凝土配合比及时进行调整。

（10）遇有下列情况时，应重新进行配合比设计：

1）当混凝土性能指标有变化或有其他特殊要求时。

2）当原材料品质发生显著改变时。

3）同一配合比的混凝土生产间断3个月以上时。

4. 混凝土搅拌

（1）当粗、细骨料的实际含水量发生变化时，应及时调整粗、细骨料和拌合用水的用量。

（2）混凝土搅拌时应对原材料用量准确计量，并应符合下列规定：

1）计量设备的精度应符合现行国家标准《混凝土搅拌站（楼）》GB 10171—2016的有关规定，并应定期校准。使用前设备应归零。

2）原材料的计量应按重量计，水和外加剂溶液可按体积计，其允许偏差应符合表9-5的规定。

混凝土原材料计量允许偏差（%） 表9-5

原材料品种	水泥	细骨料	粗骨料	水	矿物掺合料	外加剂
每盘计量允许偏差	±2	±3	±3	±1	±2	±1
累计计量允许偏差	±1	±2	±2	±1	±1	±1

注：1. 现场搅拌时原材料计量允许偏差应满足每盘计量允许偏差要求。
2. 累计计量允许偏差指每一运输车中各盘混凝土的每种材料累计称量的偏差，该项指标仅适用于采用计算机控制计量的搅拌站。
3. 骨料含水率应经常测定，雨、雪天施工应增加测定次数。

（3）采用分次投料搅拌方法时，应通过试验确定投料顺序、数量及分段搅拌的时间等工艺参数。矿物掺合料宜与水泥同步投料，液体外加剂宜滞后于水和水泥投料；粉状外加剂宜溶解后再投料。

（4）混凝土应搅拌均匀，宜采用强制式搅拌机搅拌。混凝土搅拌的最短时间可按表9-6采用，当能保证搅拌均匀时可适当缩短搅拌时间。搅拌强度等级C60及以上的混凝土时，搅拌时间应适当延长。

混凝土搅拌的最短时间（s） 表9-6

混凝土坍落度（mm）	搅拌机机型	搅拌机出料量（L）		
		＜250	250～500	＞500
≤40	强制式	60	90	120
＞40且＜100	强制式	60	60	90
≥100	强制式	60		

注：1. 混凝土搅拌时间指从全部材料装入搅拌筒中起，到开始卸料时止的时间段。
2. 当掺有外加剂与矿物掺合料时，搅拌时间应适当延长。
3. 采用自落式搅拌机时，搅拌时间宜延长30s。
4. 当采用其他形式的搅拌设备时，搅拌的最短时间也可按设备说明书的规定或经试验确定。

（5）对首次使用的配合比应进行开盘鉴定，开盘鉴定应包括下列内容：

1）混凝土的原材料与配合比设计所采用原材料的一致性。

2）出机混凝土工作性与配合比设计要求的一致性。

3）混凝土强度。

4）混凝土凝结时间。

5）工程有要求时，尚应包括混凝土耐久性能等。

5. 混凝土运输

（1）采用混凝土搅拌运输车运输混凝土时，应符合下列规定：

1）接料前，搅拌运输车应排净罐内积水。

2）在运输途中及等候卸料时，应保持搅拌运输车罐体正常转速，不得停转。

3）卸料前，搅拌运输车罐体宜快速旋转搅拌20s以上后再卸料。

（2）采用搅拌运输车运输混凝土时，施工现场车辆出入口处应设置交通安全指挥人员，施工现场道路应顺畅，有条件时宜设置循环车道；危险区域应设警戒标志；夜间施工时，应有良好的照明。

（3）采用搅拌运输车运输混凝土，当混凝土坍落度损失较大不能满足施工要求时，可在运输车罐内加入适量的与原配合比相同成分的减水剂。减水剂加入量应事先由试验确定，并应作出记录。加入减水剂后，混凝土罐车罐体应快速旋转搅拌均匀，并应达到要求的工作性能后再泵送或浇筑。

（4）当采用机动翻斗车运输混凝土时，道路应通畅，路面应平整、坚实，临时坡道或支架应牢固，铺板接头应平顺。

9.3.2 质量要点

（1）原材料进场时，供方应对进场材料按材料进场验收所划分的检验批提供相应的质量证明文件。外加剂产品应提供使用说明书。当能确认连续进场的材料为同一厂家的同批出厂材料时，可按出厂的检验批提供质量证明文件。

（2）原材料进场时，应对材料外观、规格、等级、生产日期等进行检查，并应对其主要技术指标按《混凝土结构工程施工质量验收规范》GB 50204—2015的规定划分检验批进行抽样检验，每个检验批检验不得少于1次。

经产品认证符合要求的水泥、外加剂，其检验批可扩大一倍。在同一工程中，同一厂家、同一品种、同一规格的水泥、外加剂，连续三次进场检验均一次合格时，其后的检验批量可扩大一倍。

原材料进场质量检查应符合下列规定：

1）应对水泥的强度、安定性及凝结时间进行检验。同一生产厂家、同一等级、同一品种、同一批号且连续进场的水泥，袋装水泥不超过200t为一检验批，散装水泥不超过500t应为一批。

2）应对粗骨料的颗粒级配、含泥量、泥块含量、针片状含量指标进行检验，压碎指标可根据工程需要进行检验，应对细骨料颗粒级配、含泥量、泥块含量指标进行检验。当设计文件有要求或结构处于易发生碱骨料反应环境中时，应对骨料进行碱活性检验。抗冻等级F100及以上的混凝土用骨料，应进行坚固性检验。骨料不超过400m^3或600t为一检验批。

3）应对矿物掺合料细度（比表面积）、需水量比（流动度比）、活性指数（抗压强度比）、烧失量指标进行检验。粉煤灰、矿渣粉、沸石粉不超过200t应为一检验批，硅灰不超过30t应为一检验批。

4）应按外加剂产品标准规定对其主要匀质性指标和掺外加剂混凝土性能指标进行检验。同一品种外加剂不超过50t应为一检验批。

5）当采用饮用水作为混凝土用水时，可不检验。当采用中水、搅拌站清洗水或施工现场循环水等其他来源水时，应对其成分进行检验。

（3）当使用中对水泥质量受不利环境影响或水泥出厂超过三个月（快硬硅酸盐水泥超过一个月）时，应进行复验，并应按复验结果使用。

（4）混凝土在生产过程中的质量检查应符合下列规定：

1）生产前应检查混凝土所用原材料的品种、规格是否与施工配合比一致。在生产过程中应检查原材料实际称量误差是否满足要求，每一工作班应至少检查2次。

2）生产前应检查生产设备和控制系统是否正常，计量设备是否归零。

3）混凝土拌合物的工作性检查每100m不应少于1次，且每一工作班不应少于2次，必要时可增加检查次数。

4）骨料含水率的检验每工作班不应少于1次；当雨、雪天气等外界影响导致混凝土骨料含水率变化时，应及时检验。

（5）混凝土应进行抗压强度试验。有抗冻、抗渗等耐久性要求的混凝土，还应进行抗冻性、抗渗性等耐久性指标的试验。其试件留置方法和数量，应按现行国家标准《混凝土结构工程施工质量验收规范》GB 50204—2015的有关规定执行。

（6）采用预拌混凝土时，供方应提供混凝土配合比通知单、混凝土抗压强度报告、混凝土质量合格证和混凝土运输单；当需要其他资料时，供需双方应在合同中明确约定。

（7）混凝土坍落度、维勃稠度的质量检查应符合下列规定：

1）坍落度和维勃稠度的检验方法，应符合现行国家标准《普通混凝土拌合物性能试验方法》GB/T 50080—2016的有关规定。

2）坍落度、维勃稠度的允许偏差应符合表9-7、表9-8的规定。

3）预拌混凝土的坍落度检查应在交货地点进行。

4）坍落度大于220mm的混凝土，可根据需要测定其坍落扩展度，扩展度的允许偏差为±30mm。

坍落度（mm） **表9-7**

设计值	≤40	50～90	≥100
允许偏差	±10	±20	±30

维勃稠度（s） **表9-8**

设计值	≥11	10～6	≤5
允许偏差	±3	±2	±1

（8）掺引气剂或引气型外加剂的混凝土拌合物，应按现行国家标准《普通混凝土拌合物性能试验方法标准》GB/T 50080—2016的有关规定检验含气量，含气量应符合表9-9的规定。

混凝土含气量限值 **表9-9**

粗骨料最大公称粒径（mm）	混凝土含气量限值（%）
20	≤5.5
25	≤5.0
40	≤4.5

9.3.3 质量验收

1. 一般规定

（1）水泥、外加剂等进场检验，当满足下列条件之一时，其检验批容量可扩大一倍：

1）经产品认证符合要求的产品。

2）同一工程、同一厂家、同一牌号、同一规格的产品，连续三次进场检验均一次检验合格。

（2）检验评定混凝土强度时，应采用28d龄期标准养护试件。其成型方法及标准养护条件应符合现行国家标准《普通混凝土力学性能试验方法标准》GB/T 50081—2019的规定。采用蒸汽养护的构件，其试件应先随构件同条件养护，然后应置入标准养护条件下继续养护，两段养护时间的总和为设计规定龄期。

（3）混凝土强度应按现行国家标准《混凝土强度检验评定标准》GB/T 50107—2010的规定分批检验评定。

（4）对混凝土的耐久性指标有要求时，应按现行行业标准《混凝土耐久性检验评定标准》JGJ/T 193—2009的规定检验评定。

（5）大批量、连续生产的同一配合比混凝土，混凝土生产方应提供基本性能试验报告。

2. 原材料

（1）水泥进场（厂）时应对其品种、级别、包装或散装仓号、出厂日期等进行检查，并应对水泥的强度、安定性和凝结时间进行复验，其结果应符合现行国家标准《通用硅酸盐水泥》GB 175—2007等的规定。当对水泥质量有怀疑或水泥出厂超过3个月时，或快硬硅酸盐水泥超过一个月时，应进行复验并按复验结果使用。

检查数量：按同一生产厂家、同一等级、同一品种、同一批号且连续进场（厂）的水泥，袋装不超过200t为一批，散装不超过500t为一批，每批抽样数量不应少于一次。

检验方法：检查质量证明文件和抽样复验报告、检验报告、出厂检验报告。

（2）混凝土外加剂进场（厂）时应对其品种、性能、出厂日期等进行检查，并对外加剂的相关性能指标进行复验，其结果应符合现行国家标准《混凝土外加剂》GB 8076—2008和《混凝土外加剂应用技术规范》GB 50119—2013的规定。

检查数量：按同一生产厂家、同一等级、同一品种、同一批号且连续进场（厂）的混凝土外加剂，不超过5t为一批，每批抽样数量不应少于一次。

检验方法：检查质量证明文件和抽样复验报告。

3. 混凝土拌合物

（1）采用预拌混凝土时，其原材料质量、混凝土制备与质量检验等均应符合现行国家标准《预拌混凝土》GB/T 14902—2012的规定。预拌混凝土进场时，应检查混凝土质量证明文件，抽检混凝土的稠度。

检查数量：质量证明文件按现行国家标准《预拌混凝土》GB/T 14902—2012的规定检查；每5罐检查一次稠度。

（2）当设计有要求时，混凝土中最大氯离子含量和最大碱含量应符合现行国家标准《混凝土结构设计规范》GB 50010—2010的规定以及设计要求。

检查数量：同一配合比、同种原材料检查不应少于一次。

检验方法：检查原材料试验报告和氯离子、碱的总含量计算书。

（3）结构混凝土的强度等级必须满足设计要求。用于检查结构构件混凝土强度的标准养护试件，应在混凝土的浇筑地点随机抽取。试件取样和留置应符合下列规定：

1）每拌制100盘且不超过100m^3的同一配合比混凝土，取样不得少于一次。

2）每工作班拌制的同一配合比的混凝土不足100盘时，取样不得少于一次。

3）每次连续浇筑超过1000m^3时，同一配合比的混凝土每200m^3取样不得少于一次。

4）每一楼层、同一配合比混凝土，取样不得少于一次。

5）每次取样应至少留置一组试件。

检验方法：检查施工记录及混凝土标准养护试件试验报告。

9.3.4 安全与环保措施

1. 混凝土施工安全

（1）进入施工现场的作业人员必须正确佩戴安全帽，严禁酒后上岗、施工现场严禁吸烟、严禁随地大小便。

（2）浇筑混凝土使用的模板节间应连接牢固。操作部位应有护身栏杆，不准直接站在溜槽帮上操作。

（3）浇筑拱形结构时，应自两边拱脚对称地同时进行；浇筑料仓时，下出料口应先行封闭，并搭设临时脚手架，以防人员下坠。

（4）夜间浇筑混凝土，应有足够的照明设备。

（5）使用振捣器时，应按混凝土振捣器使用安全要求执行，湿手不得接触开关，电源线不得有破损和漏电。开关箱内应装设防溅的漏电保护器，漏电保护器其额定漏电动作电流应不大于30mA，额定漏电动作时间应小于0.1s。

（6）浇筑作业必须设专人指挥，分工明确。

（7）混凝土振捣器使用前必须经过电工检查确认合格后方可使用，开关箱内必须装置漏电保护器，插座插头应完好无损，电源线不得破皮漏电；操作者必须穿绝缘鞋，戴绝缘手套。

（8）任何施工进行前，必须确认安全后方可作业。

（9）泵送混凝土时，宜设2名以上人员牵引布料杆。泵送管接口、安全阀、管架等必须安装牢固，输送前应试送，检修时必须卸压。

（10）浇筑拱形结构，应自两边拱脚对称同时进行，浇筑时应设置安全防护设施。

（11）浇灌顶时应站在脚手架或平台上作业，不得直接站在模板或支撑上操作。浇灌人员不得直接在钢筋上踩踏、行走。

（12）向模板内灌注混凝土时，作业人员应协调配合，灌注人员应听从振捣人员的指挥。

（13）浇筑混凝土作业时，模板仓内照明用电必须使用12V低压。

（14）预应力灌浆应严格按照规定压力进行，输浆管道应畅通，阀门接头应严密牢固。

2. 混凝土施工环保措施

（1）商品混凝土的运输过程中，运输车会发出很大的噪声，排放尾气等。这要求运送车辆在车况良好的情况下使用。

（2）车辆必须保修得当，在车辆上料过程中，洒在车身上的各种骨料必须清理干净，以免遗撒在运输道路上。运输车应集中冲洗，且用水适当，不得随意清洗排放，浪费水资源。

（3）混凝土施工中应确保混凝土泵送设备的良好工作状态。泵送时间停顿过长，易造成泵管堵塞，从而造成冲洗泵管和敲打泵管，既浪费水资源又会产生噪声。混凝土振捣时采用无声振捣棒，尽量避免振击模板，以减少噪声。

（4）泵送设备要经常维修，避免漏油及排放废气过多而污染土地及大气。

（5）混凝土养护：对混凝土进行养护时，必须集中使用。保证水的充分利用，对毡布和塑料薄膜要保护好，以备回收利用。草帘和其他东西经多次利用后统一收集废弃。冬期施工时不能用明火养护，蒸汽养护时要封闭，避免热能散失。

9.4 现浇结构分项施工

现浇法施工是城市综合管廊主体结构常用的施工方法。施工前应进行基地承载力试验，如地下水比较丰富，应进行降水，如主体结构不符合抗浮要求，应按设计做抗浮桩。现浇法施工过程中应遵循“纵向分段、竖向分层、由下至上”的原则，纵向将整个结构分作若干段施作，竖向从地板开始，自下而上施作底板、基础、立柱、侧墙、中板、顶板，每一纵向混凝土浇筑段长不宜大于15m。

9.4.1 施工要点

1. 一般规定

（1）混凝土浇筑前应完成下列工作：

1）隐蔽工程验收和技术复核。

2）对操作人员进行技术交底。

3）根据施工方案中的技术要求，检查并确认施工现场具备实施条件。

4）施工单位填报浇筑申请单，并经监理单位签认。

（2）混凝土拌合物入模温度不应低于5℃，且不应高于35℃。

（3）混凝土运输、输送、浇筑过程中严禁加水；混凝土运输、输送、浇筑过程中散落的混凝土严禁用于结构构件的浇筑。

（4）混凝土应布料均衡。应对模板及支架进行观察和维护，发生异常情况应及时进行处理。混凝土浇筑和振捣应采取防止模板、钢筋、钢构、预埋件及其定位件移位的措施。

2. 混凝土输送

（1）混凝土输送宜采用泵送方式。

（2）混凝土输送泵的选择及布置应符合下列规定：

1）输送泵的选型应根据工程特点、混凝土输送高度和距离、混凝土工作性确定。

2）输送泵的数量应根据混凝土浇筑量和施工条件确定，必要时应设置备用泵。

3）输送泵设置的位置应满足施工要求，场地应平整、坚实，道路应畅通。

4）输送泵的作业范围不得有阻碍物；输送泵设置位置应有防范高空坠物的设施。

（3）混凝土输送泵管与支架的设置应符合下列规定：

1）混凝土输送泵管应根据输送泵的型号、拌合物性能、总输出量、单位输出量、输送距离以及粗骨料粒径等进行选择。

2）混凝土粗骨料最大粒径不大于25mm时，可采用内径不小于125mm的输送泵管；混凝土粗骨料最大粒径不大于40mm时，可采用内径不小于150mm的输送泵管。

3）输送泵管安装接头应严密，输送泵管道转向宜平缓。

4）输送泵管应采用支架固定，支架应与结构牢固连接，输送泵管转向处支架应加密。支架应通过计算确定，设置位置的结构应进行验算，必要时应采取加固措施。

5）向上输送混凝土时，地面水平输送泵管的直管和弯管总的折算长度不宜小于竖向输送高度的20%，且不宜小于15m。

6）输送泵管倾斜或垂直向下输送混凝土，且高差大于20m时，应在倾斜或竖向管下端设置直管或弯管，直管或弯管总的折算长度不宜小于高差的1.5倍。

7）输送高度大于100m时，混凝土输送泵出料口处的输送泵管位置应设置截止阀。

8）混凝土输送泵管及其支架应经常进行检查和维护。

（4）混凝土输送布料设备的布置应符合下列规定：

1）布料设备的选择应与输送泵相匹配；布料设备的混凝土输送管内径宜与混凝土输送泵管内径相同。

2）布料设备的数量及位置应根据布料设备工作半径、施工作业面大小以及施工要求确定。

3）布料设备应安装牢固，且应采取抗倾覆措施；布料设备安装位置处的结构或专用装置应进行验算，必要时应采取加固措施。

4）应经常对布料设备的弯管壁厚进行检查，磨损较大的弯管应及时更换。

5）布料设备作业范围不得有阻碍物，并应有防范高空坠物的设施。

（5）输送混凝土的管道、容器、溜槽不应吸水、漏浆，并应保证输送通畅。输送混凝土时，应根据工程所处环境条件采取保温、隔热、防雨等措施。

（6）输送泵输送混凝土应符合下列规定：

1）应先进行泵水检查，并应湿润输送泵的料斗、活塞等直接与混凝土接触的部位；泵水检查后，应清除输送泵内积水。

2）输送混凝土前，应先输送水泥砂浆对输送泵和输送管进行润滑，然后开始输送混凝土。

3）输送混凝土速度应先慢后快、逐步加速，应在系统运转顺利后再按正常速度输送。

4）输送混凝土过程中，应设置输送泵集料斗网罩，并应保证集料斗有足够的混凝土余量。

（7）吊车配备斗容器输送混凝土应符合下列规定：

1）应根据不同结构类型以及混凝土浇筑方法选择不同的斗容器。

2）斗容器的容量应根据吊车吊运能力确定。

3）运输至施工现场的混凝土宜直接装入斗容器进行输送。

4）斗容器宜在浇筑点直接布料。

（8）升降设备配备小车输送混凝土时应符合下列规定：

1）升降设备和小车的配备数量、小车行走路线及卸料点位置应能满足混凝土浇筑需要。

2）运输至施工现场的混凝土宜直接装入小车进行输送，小车宜在靠近升降设备的位置进行装料。

3. 混凝土浇筑

（1）浇筑混凝土前，应清除模板内或垫层上的杂物。表面干燥的地基、垫层、模板上应洒水湿润；现场环境温度高于35℃时，宜对金属模板进行洒水降温；洒水后不得留有积水。

（2）混凝土浇筑应保证混凝土的均匀性和密实性。混凝土宜一次连续浇筑。

（3）混凝土应分层浇筑，分层浇筑应符合混凝土结构工程施工规范GB 50666的规定，上层混凝土应在下层混凝土初凝之前浇筑完毕。

（4）混凝土运输、输送入模的过程应保证混凝土连续浇筑，从运输到输送入模的延续时间不宜超过表9-10的规定，且不应超过表9-11的限值规定。掺早强型减水剂、早强剂的混凝土，以及有特殊要求的混凝土，应根据设计及施工要求，通过试验确定允许时间。

运输到输送入模的延续时间（min）　　表9-10

条件	气温	
	≤25℃	＞25℃
不掺外加剂	90	60
掺外加剂	150	120

运输、输送入模及其间歇总的时间限值（min）　　表9-11

条件	气温	
	≤25℃	＞25℃
不掺外加剂	180	150
掺外加剂	240	210

（5）混凝土浇筑的布料点宜接近浇筑位置，应采取减少混凝土下料冲击的措施，并应符合下列规定：

1）宜先浇筑竖向结构构件，后浇筑水平结构构件。

2）浇筑区域结构平面有高差时，宜先浇筑低区部分，再浇筑高区部分。

（6）柱、墙模板内的混凝土浇筑不得发生离析，倾落高度应符合表9-12的规定；当不能满足要求时，应加设串筒、溜管、溜槽等装置。

柱、墙模板内混凝土浇筑倾落高度限值（m）　　表9-12

条件	浇筑倾落高度限值
粗骨料粒径＞25mm	≤3
粗骨料粒径≤25mm	≤6

注：有可靠的措施能保证混凝土不产生离析时，混凝土倾落高度可不受本表限制。

（7）混凝土浇筑后，在混凝土初凝前和终凝前，宜分别对混凝土裸露表面进行抹面处理。

（8）柱、墙混凝土设计强度等级高于梁、板混凝土设计强度等级时，混凝土浇筑应符合下列规定：

1）柱、墙混凝土设计强度比梁、板混凝土设计强度高一个等级时，柱、墙位置梁、板高度范围内的混凝土经设计单位确认，可采用与梁、板混凝土设计强度等级相同的混凝土进行浇筑。

2）柱、墙混凝土设计强度比梁、板混凝土设计强度高两个等级及以上时，应在交界区域采取分隔措施。分隔位置应在低强度等级的构件中，且距高强度等级构件边缘不应小于500mm。

3）宜先浇筑高强度等级的混凝土，后浇筑低强度等级的混凝土。

（9）泵送混凝土浇筑应符合下列规定：

1）宜根据结构形状及尺寸、混凝土供应、混凝土浇筑设备、场地内外条件等划分每台输送泵的浇筑区域及浇筑顺序。

2）采用输送管浇筑混凝土时，宜由远而近浇筑；采用多根输送管同时浇筑时，其浇筑速度宜保持一致。

3）润滑输送管的水泥砂浆用于湿润结构施工缝时，水泥砂浆应与混凝土浆液成分相同；接浆厚度不应大于30mm，多余水泥砂浆应收集后运出。

4）混凝土泵送浇筑应保持连续进行；当混凝土不能及时供应时，应采取间歇泵送方式。

5）混凝土浇筑后，应清洗输送泵和输送管。

（10）施工缝或后浇带处浇筑混凝土，应符合下列规定：

1）结合面应为粗糙面，并应清除浮浆、松动石子、软弱混凝土层。

2）结合面处应洒湿润，并不得有积水。

3）施工缝处已浇筑混凝土的强度不应小于1.2MPa。

4）柱、墙水平施工缝水泥砂浆接浆层厚度不应大于30mm，接浆层水泥砂浆应与混凝土浆液成分相同。

5）后浇带混凝土强度等级及性能应符合设计要求；当设计无具体要求时，后浇带强度等级宜比两侧混凝土提高一级，并宜采用减少收缩的技术措施。

（11）超长结构混凝土浇筑应符合下列规定：

1）可留设施工缝分仓浇筑，分仓浇筑间隔时间不应少于7d。

2）当留设后浇带时，后浇带封闭时间不得少于14d。

3）超长整体基础中调节沉降的后浇带，混凝土封闭时间应通过监测确定，应在差异沉降稳定后封闭后浇带。

4）后浇带的封闭时间尚应经设计单位确认。

（12）型钢混凝土结构浇筑应符合下列规定：

1）混凝土粗骨料最大粒径不应大于型钢外侧混凝土保护层厚度的1/3，且不宜大于25mm。

2）浇筑应有足够的下料空间，并应使混凝土充盈整个构件各部位。

3）型钢周边混凝土浇筑宜同步上升，混凝土浇筑高差不应大于500mm。

（13）钢管混凝土结构浇筑应符合下列规定：

1）宜采用自密实混凝土浇筑。

2）混凝土应采取减少收缩的技术措施。

3）钢管截面较小时，应在钢管壁适当位置留有足够的排气孔，排气孔孔径不应小于20mm；浇筑混凝土应加强排气孔观察，并应在确认浆体流出和浇筑密实后再封堵排气孔。

4）当采用粗骨料粒径不大于25mm的高流态混凝土或粗骨料粒径不大于20mm的自密实混凝土时，混凝土最大倾落高度不宜大于9m；倾落高度大于9m时，应采用串筒、溜槽、溜管等辅助装置进行浇筑。

5）混凝土从管顶向下浇筑时应符合下列规定：

①浇筑应有足够的下料空间，并应使混凝土充盈整个钢管。

②输送管端内径或斗容器下料口内径应小于钢管内径，且每边应留有不小于100mm的间隙。

③应控制浇筑速度和单次下料量，并应分层浇筑至设计标高。

④混凝土浇筑完毕后应对管口进行临时封闭。

6）混凝土从管底顶升浇筑时应符合下列规定：

①应在钢管底部设置进料输送管，进料输送管应设止流阀门，止流阀门可在顶升浇筑的混凝土达到终凝后拆除。

②应合理选择混凝土顶升浇筑设备；应配备上、下方通信联络工具，并应采取可有效控制混凝土顶升或停止的措施。

③应控制混凝土顶升速度，并均衡浇筑至设计标高。

（14）自密实混凝土浇筑应符合下列规定：

1）应根据结构部位、结构形状、结构配筋等确定合适的浇筑方案。

2）自密实混凝土粗骨料最大粒径不宜大于20mm。

3）浇筑应能使混凝土充填到钢筋、预埋件、预埋钢构周边及模板内各部位。

4）自密实混凝土浇筑布料点应结合拌合物特性选择适宜的间距，必要时可通过试验确定混凝土布料点下料间距。

（15）清水混凝土结构浇筑应符合下列规定：

1）应根据结构特点进行构件分区，同一构件分区应采用同批混凝土，并应连续浇筑。

2）同层或同区内混凝土构件所用材料牌号、品种、规格应一致，并应保证结构外观色泽符合要求。

3）竖向构件浇筑时应严格控制分层浇筑的间歇时间。

（16）基础大体积混凝土结构浇筑应符合下列规定：

1）采用多条输送泵管浇筑时，输送泵管间距不宜大于10m，并宜由远及近浇筑。

2）采用汽车布料杆输送浇筑时，应根据布料杆工作半径确定布料点数量，各布料点浇筑速度应保持均衡。

3）宜先浇筑深坑部分再浇筑大面积基础部分。

4）宜采用斜面分层浇筑方法，也可采用全面分层、分块分层浇筑方法，层与层之间混凝土浇筑的间歇时间应能保证混凝土浇筑连续进行。

5）混凝土分层浇筑应采用自然流淌形成斜坡，并应沿高度均匀上升，分层厚度不宜大于500mm。

6）抹面处理应符合《混凝土结构工程施工规范》GB 50666—2011的规定，抹面次数宜适当增加。

7）应有排除积水或混凝土泌水的有效技术措施。

（17）预应力结构混凝土浇筑应符合下列规定：

1）应避免成孔管道破损、移位或连接处脱落，并应避免预应力筋、锚具及锚垫板等移位。

2）预应力锚固区等钢筋密集部位应采取保证混凝土浇筑密实的措施。

3）先张法预应力混凝土构件，应在张拉后及时浇筑混凝土。

4. 混凝土振捣

（1）混凝土振捣应能使模板内各个部位混凝土密实、均匀，不应漏振、欠振、过振。

（2）混凝土振捣应采用插入式振捣棒、平板振动器或附着振动器，必要时可采用人工辅助振捣。

（3）振捣棒振捣混凝土应符合下列规定：

1）应按分层浇筑厚度分别进行振捣，振捣棒的前端应插入前一层混凝土中，插入深度不应小于50mm。

2）振捣棒应垂直于混凝土表面并快插慢拔均匀振捣；当混凝土表面无明显塌陷、有水泥浆出现、不再冒气泡时，可结束该部位振捣。

3）振捣棒与模板的距离不应大于振捣棒作用半径的50%；振捣插点间距不应大于振捣棒的作用半径的1.4倍。

（4）平板振捣器振捣混凝土应符合下列规定：

1）平板振捣器振捣应覆盖振捣平面边角。

2）平板振捣器移动间距应覆盖已振实部分混凝土边缘。

3）振捣倾斜表面时，应由低处向高处进行振捣。

（5）附着振捣器振捣混凝土应符合下列规定：

1）附着振捣器应与模板紧密连接，设置间距应通过试验确定。

2）附着振捣器应根据混凝土浇筑高度和浇筑速度，依次从下往上振捣。

3）模板上同时使用多台附着振捣器时，应使各振捣器的频率一致，并应交错设置在相对面的模板上。

（6）混凝土分层振捣的最大厚度应符合表9-13的规定。

混凝土分层振捣的最大厚度 **表9-13**

振捣方法	混凝土分层振捣最大厚度
振捣棒	振捣棒作用部分长度的1.25倍
平板振捣器	200mm
附着振捣器	根据设置方式，通过试验确定

（7）特殊部位的混凝土应采取下列加强振捣措施：

1）宽度大于0.3m的预留洞底部区域，应在洞口两侧进行振捣，并应适当延长振捣时间；宽度大于0.8m的洞口底部，应采取特殊的技术措施。

2）后浇带及施工缝边角处应加密振捣点，并应适当延长振捣时间。

3）钢筋密集区域或型钢与钢筋结合区域，应选择小型振捣棒辅助振捣、加密振捣点，并应适当延长振捣时间。

4）基础大体积混凝土浇筑流淌形成的坡脚，不得漏振。

5. 混凝土养护

（1）混凝土浇筑后应及时进行保湿养护，保湿养护可采用洒水、覆盖、喷涂养护剂等方式。养护方式应根据现场条件、环境温湿度、构件特点、技术要求、施工操作等因素确定。

（2）混凝土的养护时间应符合下列规定：

1）采用硅酸盐水泥、普通硅酸盐水泥或矿渣硅酸盐水泥配制的混凝土，养护时间不应少于7d；采用其他品种水泥时，养护时间应根据水泥性能确定。

2）采用缓凝型外加剂、大掺量矿物掺合料配制的混凝土，不应少于14d。

3）抗渗混凝土、强度等级C60及以上的混凝土，不应少于14d。

4）后浇带混凝土的养护时间不应少于14d。

5）地下室底层墙、柱和上部结构首层墙、柱，宜适当增加养护时间。

6）大体积混凝土养护时间应根据施工方案确定。

（3）洒水养护应符合下列规定：

1）洒水养护宜在混凝土裸露表面覆盖麻袋或草帘后进行，也可采用直接洒水、蓄水等养护方式；洒水养护应保证混凝土处于湿润状态。

2）洒水养护用水应符合《混凝土结构工程施工规范》GB 50666—2011的规定。

3）当日最低温度低于5℃时，不应采用洒水养护。

（4）覆盖养护应符合下列规定：

1）覆盖养护宜在混凝土裸露表面覆盖塑料薄膜、塑料薄膜加麻袋、塑料薄膜加草帘。

2）塑料薄膜应紧贴混凝土裸露表面，塑料薄膜内应保持有凝结水。

3）覆盖物应严密，覆盖物的层数应按施工方案确定。

（5）喷涂养护剂养护应符合下列规定：

1）应在混凝土裸露表面喷涂覆盖致密的养护剂进行养护。

2）养护剂应均匀喷涂在结构构件表面，不得漏喷；养护剂应具有可靠的保湿效果，保湿效果可通过试验检验。

3）养护剂使用方法应符合产品说明书的有关要求。

（6）基础大体积混凝土裸露表面应采用覆盖养护方式；当混凝土表面以内40～100mm位置的温度与环境温度的差值小于25℃时，可结束覆盖养护。覆盖养护结束但尚未到达养护时间要求时，可采用洒水养护方式直至养护结束。

（7）混凝土养护方法应符合下列规定：

1）地下室结构带模养护时间，不应少于3d；带模养护结束后，可采用洒水养护方式继续养护，也可采用覆盖养护或喷涂养护剂的养护方式继续养护。

2）其他部位柱、墙混凝土可采用洒水养护，也可采用覆盖养护或喷涂养护剂养护。

（8）混凝土强度达到1.2MPa前，不得在其上踩踏、堆放物料、安装模板及支架。

（9）同条件养护试件的养护条件应与实体结构部位养护条件相同，并应妥善保管。

（10）施工现场应具备混凝土标准试件制作条件，并应设置标准试件养护室或养护箱。标准试件养护应符合国家现行有关标准的规定。

6. 混凝土施工缝与后浇带

（1）施工缝和后浇带的留设位置应在混凝土浇筑前确定。施工缝和后浇带宜留设在结构受剪力较小且便于施工的位置。受力复杂的结构构件或有防水抗渗要求的结构构件，施工缝留设位置应经设计单位确认。

（2）水平施工缝的留设位置应符合下列规定：

1）施工缝与结构上表面的距离宜为0～300mm。

2）施工缝与结构下表面的距离宜为0～50mm。

3）特殊结构部位留设水平施工缝应经设计单位确认。

（3）竖向施工缝和后浇带的留设位置应符合下列规定：

1）单向板施工缝应留设在与跨度方向平行的任何位置。

2）墙的施工缝宜设置在门洞口过梁跨中1/3范围内，也可留设在纵横墙交接处。

3）后浇带留设位置应符合设计要求。

4）特殊结构部位留设竖向施工缝应经设计单位确认。

（4）设备基础施工缝留设位置应符合下列规定：

1）水平施工缝应低于地脚螺栓底端，与地脚螺栓底端的距离应大于150mm；当地脚螺栓直径小于30mm时，水平施工缝可留设在深度不小于地脚螺栓埋入混凝土部分总长度的3/4处。

2）竖向施工缝与地脚螺栓中心线的距离不应小于250mm，且不应小于螺栓直径的5倍。

（5）承受动力作用的设备基础施工缝留设位置，应符合下列规定：

1）标高不同的两个水平施工缝，其高低接合处应留设成台阶形，台阶的高宽比不应大于1.0。

2）竖向施工缝或台阶形施工缝的断面处应加插钢筋，插筋数量和规格应由设计确定。

3）施工缝的留设应经设计单位确认。

（6）施工缝、后浇带留设界面，应垂直于结构构件和纵向受力钢筋。结构构件厚度或高度较大时，施工缝或后浇带界面宜采用专用材料封挡。

（7）混凝土浇筑过程中，因特殊原因需临时设置施工缝时，施工缝留设应规整，并宜垂直于构件表面，必要时可采取增加插筋、事后修凿等技术措施。

（8）施工缝和后浇带应采取钢筋防锈或阻锈等保护措施。

7. 大体积混凝土裂缝控制

（1）大体积混凝土宜采用后期强度作为配合比、强度评定及验收的依据。 基础混凝土，确定混凝土强度时的龄期可取为60d（56d）、90d；柱、墙混凝土强度等级不低于C80时，确定混凝土强度时的龄期可取为60d（56d）。确定混凝土强度时采用大于28d的龄期时，龄期应经设计单位确认。

（2）大体积混凝土施工配合比设计应符合《普通混凝土配合比设计规程》JGJ 55—2011的规定，并应加强混凝土养护。

（3）大体积混凝土施工时，应对混凝土进行温度控制，并应符合下列规定：

1）混凝土入模温度不宜大于30℃；混凝土浇筑体最大温升值不宜大于50℃。

2）在覆盖养护或带模养护阶段，混凝土浇筑体表面以内40～100mm位置处的温度与混凝土浇筑体表面温度差值不应大于25℃，结束养护或拆模后，混凝土浇筑体表面以内40～100mm位置处的温度与环境温度差值不应大于25℃。

3）混凝土浇筑体内部相邻两测温点的温度差值不应大于25℃。

4）混凝土降温速率不宜大于2.0℃/d；当有可靠经验时，降温速率要求可适当放宽。

（4）基础大体积混凝土测温点设置应符合下列规定：

1）宜选择具有代表性的两个交叉竖向剖面进行测温，竖向剖面交叉位置宜通过基础中部区域。

2）每个竖向剖面的周边及以内部位应设置测温点，两个竖向剖面交叉点处应设置测温点；混凝土浇筑体表面测温点应设置在保温覆盖层底部或模板内侧表面，并应与两个剖面上的周边测温点位置及数量对应；环境测温点不应少于2处。

3）每个剖面的周边测温点应设置在混凝土浇筑体表面以内40～100mm位置处；每个剖面的测温点宜竖向、横向对齐；每个剖面竖向设置的测温点不应少于3处，间距不应小于0.4m且不宜大于1.0m；每个剖面横向设置的测 温点不应少于4处，间距不应小于0.4m且不应大于10m。

4）对基础厚度不大于1.6m，裂缝控制技术措施完善的工程，可不进行测温。

（5）大体积混凝土测温应符合下列规定：

1）宜根据每个测温点被混凝土初次覆盖时的温度确定各测点部位混凝土的入模温度。

2）浇筑体周边表面以内测温点、浇筑体表面测温点、环境测温点的测温，应与混凝土浇筑、养护过程同步进行。

3）应按测温频率要求及时提供测温报告，测温报告应包含各测温点的温度数据、温差数据、代表点位的温度变化曲线、温度变化趋势分析等内容。

4）混凝土浇筑体表面以内40～100mm位置的温度与环境温度的差值小于20℃时，可停止测温。

（6）大体积混凝土测温频率应符合下列规定：

1）第一天至第四天，每4h不应少于一次。

2）第五天至第七天，每8h不应少于一次。

3）第七天至测温结束，每12h不应少于一次。

9.4.2 质量要点

1. 外观质量

现浇结构的外观质量不应有严重缺陷。对已经出现的严重缺陷，应由施工单位提出技术处理方案，并经监理（建设）单位认可后进行处理。对经处理的部位，应重新检查验收。

检查数量：全数检查。

检验方法：观察，检查技术处理方案。

2. 位置和尺寸偏差

现浇结构不应有影响结构性能和使用功能的尺寸偏差；混凝土设备基础不应有影响结构性能和设备安装的尺寸偏差。

对超过尺寸允许偏差要求且影响结构性能、设备安装、使用功能的结构部位，应由施工单位提出技术处理方案，并经设计单位及监理（建设）单位认可后进行处理。对经处理后的部位，应重新验收。

检查数量：全数检查。

检验方法：量测，检查技术处理方案。

9.4.3 质量验收

一般规定如下：

（1）混凝土现浇结构质量验收应符合下列规定：

1）结构质量验收应在拆模后混凝土表面未作修整和装饰前进行。

2）已经隐蔽的不可直接观察和量测的内容，可检查隐蔽工程验收记录。

3）修整或返工的结构构件部位应有实施前后的文字及其图像记录资料。

（2）混凝土现浇结构外观质量应根据缺陷类型和缺陷程度进行分类，并应符合表9-14的规定。

现浇结构外观质量缺陷　　表9-14

名称	现象	严重缺陷	一般缺陷
露筋	构件内钢筋未被混凝土包裹而外露	纵向受力钢筋有露筋	其他钢筋有少量露筋
蜂窝	混凝土表面缺少水泥砂浆而形成石子外露	构件主要受力部位有蜂窝	其他部位有少量蜂窝
孔洞	混凝土中孔穴深度和长度均超过保护层厚度	构件主要受力部位有孔洞	其他部位有少量孔洞
夹渣	混凝土中夹有杂物且深度超过保护层厚度	构件主要受力部位有夹渣	其他部位有少量夹渣
疏松	混凝土中局部不密实	构件主要受力部位有疏松	其他部位有少量疏松

续表

名称	现象	严重缺陷	一般缺陷
裂缝	缝隙从混凝土表面延伸至混凝土内部	构件主要受力部位有影响结构性能或使用功能的裂缝	其他部位有少量不影响结构性能或使用功能的裂缝
连接部位缺陷	构件连接处混凝土有缺陷及连接钢筋、连接件松动	连接部位有影响结构传力性能的缺陷	连接部位有基本不影响结构传力性能的缺陷
外形缺陷	缺棱掉角、棱角不直、翘曲不平、飞边凸肋等	清水混凝土构件有影响使用功能或装饰效果的外形缺陷	其他混凝土构件有不影响使用功能的外形缺陷
外表缺陷	构件表面麻面、掉皮、起砂、沾污等	具有重要装饰效果的清水混凝土构件有外表缺陷	其他混凝土构件有不影响使用功能的外表

（3）混凝土现浇结构外观质量、位置偏差、尺寸偏差不应有影响结构性能和使用功能的缺陷，质量验收应作出记录。

（4）装配整体式结构现浇部分的外观质量、位置偏差、尺寸偏差验收应符合本章要求；装配结构与现浇结构之间的结合面应符合设计要求。

9.4.4 安全与环保措施

1. 现浇结构施工安全

（1）使用插入式振动器进入仓内振捣时，应对缆线加强保护，防止磨损漏电。

（2）混凝土浇筑应在模板及其支架支设完成，经验收确认合格，并形成文件后方可进行。

（3）从高处向模板仓内浇筑混凝土时，应使用溜槽或串筒；溜槽和串筒应连接牢固。严禁攀登溜槽或串筒作业。

（4）混凝土振捣设备应完好，电气接线与拆卸必须由电工操作，使用前必须由电工进行检查，确认合格方可使用。

（5）浇筑、振捣作业应设专人指挥，分工明确，并按施工方案规定的顺序、层次进行；作业人员应协调配合，浇筑人员应听从振捣人员的指令。

（6）浇筑倒拱或封闭式吊模构筑物应先从一侧浇筑混凝土，待低处模底混凝土浇满，并从另侧溢出浆液后，方可从另侧浇筑混凝土；浇筑过程中应严防倒拱或吊模上浮、位移。

（7）混凝土振捣设备应设专人操作；操作人员应在施工前进行安全技术培训，考核合格；作业中应保护电缆，严防振动器电缆磨损漏电，使用中出现异常必须立即关机、断电，并由电工处理。

（8）浇筑混凝土过程中，必须设模板工和架子工对模板及其支承系统和脚手架进行监护，随时观察模板及其支承系统和脚手架的位移、变形情况，出现异常，必须及时采取加固措施；当模板及其支承系统和脚手架，出现坍塌征兆时，必须立即组织现场施工人员离开危险区，并及时分析原因，采取安全技术措施进行处理。

（9）使用混凝土泵车浇筑混凝土应符合下列要求：

1）车辆进入现场后，应设专人指挥。

2）泵车行驶道路和停置场地应平整、坚实。

3）向模板内泵送混凝土时，布料杆下方严禁有人。

4）泵送管接口必须安装牢固；泵送混凝土时宜设2名以上人员牵引布料杆。

5）混凝土搅拌运输车卸料时，车轮应挡掩牢固；指挥人员必须站在车辆侧面。

6）泵车卸混凝土时应设专人站在明显的位置指挥，泵车操作者应服从指挥人员的指令。

（10）采用起重机吊装罐体浇筑混凝土应符合下列要求：

1）卸料时吊罐距浇筑面不得大于1.2m。

2）作业现场应划定作业区，设专人值守，非施工人员禁止入内。

3）使用自制吊罐、吊索具和连接装置应完好，作业前应进行检查、试吊，确认安全。

4）作业时应由专人指挥，吊罐升降应听从指挥；转向、行走应缓慢，不得急刹车，吊罐下方严禁有人。

（11）混凝土浇筑后应及时养护，并应符合下列要求：

1）养护区的孔洞必须盖牢；水池采用蓄水养护，应采取防溺水措施。

2）作业中，养护与测温人员应选择安全行走路线；夜间照明必须充足；使用便桥、作业平台、斜道等时，必须搭设牢固。

3）养护用覆盖材料应具有阻燃性，混凝土养护完成后的覆盖材料应及时清理，集中至指定地点存放，废弃物应及时妥善处理。

4）水养护现场应设养护用配水管线，其敷设不得影响人员、车辆和施工安全；拉移输水胶管应顺直，不得扭结，不得倒退行走；用水应适量，不得造成施工场地积水。

2. 现浇结构施工环保措施

（1）噪声污染防治措施

1）施工现场严格遵照《建筑施工场界环境噪声排放标准》GB 12523—2011规定的降噪相应制度和措施。做好宣传工作，倡导科学管理和文明施工。

2）混凝土拌合站等高噪声作业场地设置应尽量避开居民集中区。

3）合理安排施工场地，施工场地尽量远离居民区敏感点，施工场界内合理安排施工机械，根据场地的布置情况实测或估算场界噪声，特别是有敏感点一侧的噪声，如果超标可采取加防震垫、包覆和隔声罩等有效措施减轻噪声污染。

4）在居民生活区内施工，合理安排作业时间，噪声大的作业尽量安排在白天，在村庄、居民区附近施工时注意避开午休、夜间施工，减少扰民。一般情况下把作业时间限定在7：00～22：00，避免夜间作业，或按监理工程师限定的作业时间施工，必须昼夜连续作业的施工现场，采取降噪措施，做好周围群众工作，并报有关环保单位备案。

5）合理规划施工便道和载重车辆走行时间，尽量远离村庄，减小运输噪声对村民的影响。同时做好施工人员的环保意识教育，降低人为因素造成的噪声污染；施工车辆通过城区、村庄时应减速慢行和减少鸣笛。

6）施工选择性能优良、噪声小的施工机械，对本工程使用的机械设备进行详细的建筑噪声影响评估，并采取消音、隔声材料、护板等设施降低噪声。对各种车辆和机械进行强制性的定期保养维护，以减少因机械故障产生的附加噪声与振动。

7）施工活动引起的环境污染，应及时采取有效措施加以控制，并达到规定的限值。

8）高噪声区作业人员需配备个人降噪设备，注意施工人员的合理作息，增强身体对环境污染的抵抗力。

9）噪声排放执行《建筑施工场界环境噪声排放标准》GB 12523—2011。

（2）粉尘污染控制措施

施工过程中产生的粉尘、烟尘及汽车运输中的扬尘、油烟等对施工人员产生影响，因此必须采取措施加强劳动保护。

1）施工中加强通风设施，确保空气质量达标；同时配备对有害气体的检测和报警装置及施工人员防护用具，减少有害气体对施工人员的危害。

2）施工区域运输道路、临时便道其面层采用泥结碎石结构或硬化处理，及时清扫、洒水，防止车辆行驶时扬起尘土。

3）水泥等粉细散装材料，采取室内存放，运至工点后用棚布遮盖，卸运时采取必要措施，减少扬尘。

4）高尘区作业人员配备个人防尘设施。

（3）废气污染控制措施

1）严禁在施工现场焚烧废弃物和会产生有害有毒气体、烟尘、臭气的物品。施工中若产生有害气体，则采取有效的措施，及时治理，尽量减少有害气体排放对大气的污染。

2）施工现场使用的锅炉、茶炉、大灶，排烟必须符合环保要求。

3）施工期间做好既有道路养护工作，不得随意占用道路施工、堆放物料、搭设建筑物。对现场临时道路经常洒水，防止车辆废气污染空气。

（4）水污染控制措施

施工期间，采取严密的防范措施，严禁污染物直接或间接地进入河道、水源。各种生产和生活污水必须经无害化处理，做到“两个统一”，即污水统一集中，统一排放。教育职工明确生产、生活污水无害化处理工作的重要性，划分明确其职责范围。

9.5 装配式结构施工

地下综合管廊装配式结构施工，其原理是将管廊结构剖分成便于吊装、运输的构件，在预制厂预制后运到施工现场通过拼装形成管廊整体结构的施工方式。与现浇法相比，预制装配结构施工方便快捷缩短工期，降低人工成本，提高混凝土质量。目前我国常见的装配结构管廊多采用节段装配式和分块预制装配式两种形式。节段装配式管廊基本可以实现100%的装配率，现场无湿作业，安装人工少，工期短，不足之处在于单节管廊质量大，吊装精度要求高，安装效率低，整体性差。分块装配式管廊是在节段装配式管廊的基础上将结构分为上下两块，两块之间采用螺栓连接或预应力连接。其不足之处在于连接头增多，防水质量要求高，安装精度要求高，非标准段截面适用性低。

9.5.1 预制构件施工

1. 施工要点

（1）一般规定

1）装配式结构工程应编制专项施工方案。必要时，专业施工单位应根据设计文件进行深化设计。

2）装配式结构正式施工前，宜选择有代表性的单元或部分进行试制作、试安装。

3）预制构件的吊运应符合下列规定：

①根据预制构件形状、尺寸、重量和作业半径等要求选择吊具和起重设备，所采用的吊具和起重设备及其施工操作，应符合国家现行有关标准及产品应用技术手册的有关规定。

②应采取保证起重设备的主钩位置、吊具及构件重心在竖直方向上重合的措施；吊索与构件水平夹角不宜小于60°，不应小于45°；吊运过程应平稳，不应有大幅度摆动，且不应长时间悬停。

③应设专人指挥，操作人员应位于安全位置。

4）预制构件经检查合格后，应在构件上设置可靠标识。在装配式结构的施工全过程中，应采取防止预制构件损伤或污染的措施。

5）装配式结构施工中采用专用定型产品时，专用定型产品及施工操作均应符合国家现行有关标准及产品应用技术手册的有关规定。

（2）施工验算

1）装配式混凝土结构施工前，应根据设计要求和施工方案进行必要的施工验算。

2）预制构件在脱模、吊运、运输、安装等环节的施工验算，应将构件自重标准值乘以脱模吸附系数或动力系数作为等效荷载标准值，并应符合下列规定：

①脱模吸附系数宜取为1.5，并可根据构件和模具表面状况适当增减；对于复杂情况，脱模吸附系数宜根据试验确定。

②构件吊运、运输时，动力系数宜取1.5；构件翻转及安装过程中就位、临时固定时，动力系数可取1.2。当有可靠经验时，动力系数可根据实际受力情况和安全要求适当增减。

3）预制构件的施工验算应符合设计要求。当设计无具体要求时，宜符合下列规定：

①钢筋混凝土和预应力混凝土构件正截面边缘的混凝土法向压应力，应满足下式的要求：

$$\sigma_{cc} \leqslant 0.8 f'_{ck}$$

式中 σ_{cc}——各施工环节在荷载标准组合作用下产生的构件正截面边缘混凝土法向压应力（MPa），可按毛截面计算；

f'_{ck}——与各施工环节的混凝土立方体抗压强度相应的抗压强度标准值（MPa），按现行国家标准《混凝土结构设计规范（2015年版）》GB 50010—2010以线性内插法确定。

②钢筋混凝土和预应力混凝土构件正截面边缘的混凝土法向拉应力，宜满足下式的要求：

$$\sigma_{ct} \leqslant 1.0 f'_{tk}$$

式中 σ_{ct}——各施工环节在荷载标准组合作用下产生的构件正截面边缘混凝土法向拉应力（MPa），可按毛截面计算；

f'_{tk}——与各施工环节的混凝土立方体抗压强度相应的抗拉强度标准值（MPa），按国家标准《混凝土结构设计规范（2015年版）》GB 50010—2010以线性内插法确定。

③预应力混凝土构件的端部正截面边缘的混凝土法向拉应力可适当放松，但不应大于$1.2 f'_{tk}$。

④施工过程中允许出现裂缝的钢筋混凝土构件，其正截面边缘混凝土法向拉应力限值可适当放松，但开裂截面处受拉钢筋的应力，应满足下式的要求：

$$\sigma_{s} \leqslant 0.7 f_{yk}$$

式中 σ_{s}——各施工环节在荷载标准组合作用下产生的构件受拉钢筋应力，应按开裂截面计算（MPa）；

f_{yk}——受拉钢筋强度标准值（MPa）。

⑤叠合式受弯构件还应符合现行国家标准《混凝土结构设计规范（2015年版）》GB 50010—2010的有关规定。在叠合层施工阶段验算时，作用在叠合板上的施工活荷载标准值可按实际情况计算，且取值不宜小于1.5kN/m²。

4）预制构件中的预埋吊件及临时支撑，宜按下式进行计算：

$$K_c S_c \leq R_c$$

式中 K_c——施工安全系数，可按表9-15的规定取值；当有可靠经验时，可根据实际情况适当增减；

S_c——施工阶段荷载标准组合作用下的效应值。施工阶段的荷载标准值按有关规定取值；

R_c——按材料强度标准值计算或根据试验确定的预埋吊件、临时支撑、连接件的承载力；对复杂或特殊情况，宜通过试验确定。

预埋吊件及临时支撑的施工安全系数 **表9-15**

项目	施工安全系数（K_c）
临时支撑	2
临时支撑的连接件预制构件中用于连接临时支撑的预埋件	3
普通预埋吊件	4
多用途的预埋吊件	5

注：对采用HPB300钢筋吊环形式的预埋吊件，应符合现行国家标准《混凝土结构设计规范（2015年版）》GB 50010—2010的有关规定。

（3）构件制作

1）制作预制构件的场地应平整、坚实，并应有排水措施。当采用台座生产预制构件时，台座表面应光滑平整，2m长度内表面平整度不应大于2mm，在气温变化较大的地区应设置伸缩缝。

2）模具应具有足够的强度、刚度和整体稳定性，并应能满足预制构件预留孔、插筋、预埋吊件及其他预埋件的定位要求。模具设计应满足预制构件质量、生产工艺、模具组装与拆卸、周转次数等要求。跨度较大的预制构件的模具应根据设计要求预设反拱。

3）混凝土振捣除可采用《混凝土结构设计规范（2015年版）》GB 50010—2010规定的方式外，还可采用振动台等振捣方式。

4）当采用平卧重叠法制作预制构件时，应在下层构件的混凝土强度达到5.0MPa后，再浇筑上层构件混凝土，上、下层构件间应采取隔离措施。

5）预制构件可根据需要选择洒水、覆盖、喷涂养护剂养护，或采用蒸汽养护、电加热养护。采用蒸汽养护时，应合理控制升温、降温速度和最高温度，构件表面宜保持90%～100%的相对湿度。

6）预制构件的饰面应符合设计要求。带饰面砖或石材饰面的预制构件宜采用反打成型法制作，也可采用后贴工艺法制作。

7）带保温材料的预制构件宜采用水平浇筑方式成型。采用夹芯保温的预制构件，宜采用专用连接件连接内外两层混凝土，其数量和位置应符合设计要求。

8）清水混凝土预制构件的制作应符合下列规定：

①预制构件的边角宜采用倒角或圆弧角。

②模具应满足清水表面设计精度要求。

③应控制原材料质量和混凝土配合比，并应保证每班生产构件的养护温度均匀一致。

④构件表面应采取针对清水混凝土的保护和防污染措施。质量缺陷应采用专用材料修补，修补后的混凝土外观质量应满足设计要求。

9）采用现浇混凝土或砂浆连接的预制构件结合面，制作时应按设计要求进行处理。当设计无具体要求时，宜进行拉毛或凿毛处理，也可采用露骨料粗糙面。

10）预制构件脱模起吊时的混凝土强度应根据计算确定，且不宜小于15MPa。后张有粘结预应力混凝土预制构件应在预应力筋张拉并灌浆后起吊，起吊时同条件养护的水泥砂浆试块抗压强度不宜小于15MPa。

（4）运输与堆放

1）预制构件运输与堆放时的支承位置应经计算确定。

2）预制构件的运输应符合下列规定：

①预制构件的运输线路应根据道路、桥梁的实际条件确定，场内运输宜设置循环线路。

②运输车辆应满足构件尺寸和载重要求。

③装卸构件过程中，应采取保证车体平衡、防止车体倾覆的措施。

④应采取防止构件移动或倾倒的绑扎固定措施。

⑤运输细长构件时应根据需要设置水平支架。

⑥构件边角部或绳索接触处的混凝土，宜采用垫衬加以保护。

3）预制构件的堆放应符合下列规定：

①场地应平整、坚实，并应有良好的排水措施。

②应保证最下层构件垫实，预埋吊件宜向上，标识宜朝向堆垛间的通道。

③垫木或垫块在构件下的位置宜与脱模、吊装时的起吊位置一致。重叠堆放构件时，每层构件间的垫木或垫块应在同一垂直线上。

④堆垛层数应根据构件与垫木或垫块的承载能力及堆垛的稳定性确定，必要时应设置防止构件倾覆的支架。

⑤施工现场堆放的构件，宜按安装顺序分类堆放，堆垛宜布置在吊车工作范围内且不受其他工序施工作业影响的区域。

⑥预应力构件的堆放应考虑反拱的影响。

4）墙板构件应根据施工要求选择堆放和运输方式。外观复杂墙板宜采用插放架或靠放架直立堆放和运输。插放架、靠放架应安全可靠。采用靠放架直立堆放的墙板宜对称靠放、饰面朝外，与竖向的倾斜角度不宜大于10°。

5）吊运平卧制作的混凝土屋架时，应根据屋架跨度、刚度确定吊索绑扎形式及加固措施。屋架堆放时，可将几榀屋架绑扎成整体。

2. 质量要点

预制构件主控项目：

（1）对工厂生产的预制构件，进场时应检查其质量证明文件和表面标识。预制构件的质量、标识应符合本规范及国家现行相关标准、设计的有关要求。

（2）预制构件的外观质量不应有严重缺陷，且不应有影响结构性能和安装、使用功能的尺寸偏差。

检查数量：全数检查。

检验方法：观察，尺量检查。

3. 质量验收

装配式结构分项工程的验收包括预制构件进场、预制构件安装以及装配式结构特有的钢筋连接和构件连接等内容。对于装配式结构现场施工中涉及的钢筋绑扎、混凝土浇筑等内容，应分别纳入钢筋、混凝土等分项工程进行验收。

（1）在连接节点及叠合构件浇筑混凝土之前，应进行隐蔽工程验收，其内容应包括：

1）现浇结构的混凝土结合面。

2）后浇混凝土处钢筋的牌号、规格、数量、位置、锚固长度等。

3）抗剪钢筋、预埋件、预留专业管线的数量、位置。

（2）预应力混凝土简支预制构件应定期进行结构性能检验。对生产数量较少的大型预应力混凝土简支受弯构件可不进行结构性能检验或只进行部分检验内容。预制构件结构性能检验应符合国家现行相关产品标准及设计的有关要求。预制构件的结构性能检验要求和检验方法应分别符合《混凝土结构工程施工质量验收规范》GB 50204—2015。

（3）装配式结构采用钢件焊接、螺栓等连接方式时，其材料性能及施工质量验收应符合现行国家标准《钢结构工程施工质量及验收规范》GB 50205—2020的相关要求。

（4）预制构件结构性能检验基本规定。预制构件应按设计要求的试验参数及检验指标进行结构性能检验。

检验内容：钢筋混凝土构件和允许出现裂缝的预应力混凝土构件进行承载力、挠度和裂缝宽度检验；不允许出现裂缝的预应力混凝土构件进行承载力、挠度和抗裂检验；预应力混凝土构件中的非预应力杆件按钢筋混凝土构件的要求进行检验；对生产数量较少的大型构件，可仅作挠度、抗裂或裂缝宽度检验。

检验数量：按产品标准的相关规定确定。对无产品标准的成批生产预制构件，应按同一工艺正常生产的不超过1000件且不超过3个月的同类型产品为一批；当连续检验10批且每批的结构性能检验结果均符合相关规范规定的要求时，对同一工艺正常生产的构件，可改为不超过2000件且不超过3个月的同类型产品为一批；在每批中应随机抽取一个构件作为试件进行检验。

4. 预制构件的安全施工

（1）预制构件运输。预制构件应采用专用运输架对其进行运输，避免在运输时道路及施工现场场地不平整、颠簸情况下构件发生倾覆。

（2）预制构件现场存放。预制构件批量运输到现场，尚未吊装前，应统一分类存放于专门设置的构件存放区。存放区位置的选定，应便于起重设备对构件的一次起吊就位，要尽量避免构件在现场的二次转运；存放区的地面应平整、排水通畅，并具有足够的地基承载能力；预制构件应放置于专用存放架上以避免构件倾覆；应严禁工人非工作原因在存放区长时间逗留、休息，在预制外墙板之间的间隙中休息，如遇扰动等原因引起墙板倾覆，易造成人体挤压伤害；严禁将预制构件以不稳定状态放置于边坡上；严禁采用未加任何侧向支撑的方式放置预制墙板等构件。

（3）预制构件吊装设备能力需核算，吊装时需采用专用吊架。

（4）吊装安全注意事项。起吊较大吨位预制构件时，构件起吊离地后，应保持该状态约10s时间，期间观察起重设备、钢丝绳、吊点与构件的状态是否正常，无异常情况后再继续吊运；六级及以上大风天气应停止吊装作业，即便在日常天气下，其构件吊装过程中也应实时观察风力、风向对吊运中的构件的摆动影响，避免构件碰撞主体结构或其他临时设施。

（5）预制剪力墙、柱在吊装就位、吊钩脱钩前，需设置工具式钢管斜撑等形式的临时支撑以维持构件自身稳定。

（6）临时支撑体系的拆除应严格依照安全专项施工方案实施。

（7）工人在施工预制外墙时，外脚手架应设置操作平台及有效安全防护措施。

（8）在高处作业时应配备安全防护，施工时除了加强发放安全带、安全绳、防高坠安全教育培训、监管等措施，还可通过设置安全母索和防坠安全平网的方式对高坠事故进行主动防御。

9.5.2 安装与连接

1. 施工要点

（1）装配式结构安装现场应根据工期要求、工程量和机械设备等现场条件，组织立体交叉、均衡有效的安装施工流水作业。

（2）预制构件安装前的准备工作应符合下列规定：

1）应核对已施工完成结构的混凝土强度、外观质量、尺寸偏差等符合设计文件要求和相关规定。

2）应核对预制构件混凝土强度及预制构件和配件的型号、规格、数量等符合设计要求。

3）应在已施工完成结构及预制构件上进行测量放线，并应设置安装定位标志。

4）应确认吊装设备及吊具处于安全操作状态。

5）应核实现场环境、天气、道路状况满足吊装施工要求。

（3）预制构件安装时，其搁置长度应满足设计要求。预制构件与其支承构件间宜设置厚度不大于30mm坐浆或垫片。

（4）预制构件安装过程中应根据水准点和轴线校正位置，安装就位后应及时采取临时固定措施。预制构件与吊具的分离应在校准定位及临时固定措施安装完成后进行。临时固定措施的拆除应在装配式结构能达到后续施工承载要求后进行。

（5）采用临时支撑时，应符合下列规定：

1）每个预制构件的临时支撑不宜少于2道。

2）对预制柱、墙板的上部斜撑，其支撑点距离底部的距离不宜小于高度的2/3，且不应小于高度的1/2。

3）构件安装就位后，可通过临时支撑对构件的位置和垂直度进行微调。

（6）装配式结构采用现浇混凝土或砂浆连接构件时，除应符合有关规定外，还应符合下列规定：

1）构件连接处现浇浇筑或砂浆的强度及收缩性能应满足设计要求；无具体要求时，应符合下列规定：

①承受内力的连接处应采用混凝土，混凝土强度等级值不应低于连接处构件混凝土强度设计等级值的较大值。

②非承受内力的连接处可采用混凝土或砂浆浇筑，其强度等级不应低于C15或M15。

③混凝土粗骨料最大粒径不宜大于连接处最小尺寸的1/4。

2）浇筑前，应清除浮浆、松散骨料和污物，并宜浇水湿润。

3）连接节点、水平拼缝应连续浇筑；竖向拼缝可逐层浇筑，每层浇筑高度不宜大于2m。应采取保证混凝土或砂浆浇筑密实的措施。

4）混凝土或砂浆强度达到设计要求后方可承受全部设计荷载。

（7）装配式结构采用焊接或螺栓连接构件时，应符合设计要求或国家现行有关钢结构施工标准的规定，并应对外露铁件采取防腐和防火措施。采用焊接连接时，应采取避免损伤已施工完成的结构、预制构件及配件的措施。

（8）装配式结构采用后张预应力筋连接构件时，预应力工程施工应符合国家现行有关标准的规定。

（9）装配式结构构件间的钢筋连接可采用焊接、机械连接、搭接及套筒灌浆连接等方式。钢筋锚固及连接长度应满足设计要求。钢筋连接施工应符合国家现行有关标准的规定。

（10）叠合式受弯构件的后浇混凝土层施工前，应按设计要求检查结合面粗糙度和预制构件的外露钢筋，施工过程中，应控制施工荷载不超过设计取值，并应避免单个预制构件承受较大的集中荷载。

（11）当设计对构件连接处有防水要求时，材料性能及防水施工应符合设计要求及国家现行有关标准的规定。

2. 质量要点

安装与连接：

（1）预制构件与结构之间的连接应符合设计要求。

检查数量：全数检查。

检验方法：观察，检查施工记录。

（2）承受内力的接头和拼缝，当其混凝土强度未达到设计要求时，不得吊装上一层结构构件。已安装完毕的装配式结构，应在混凝土强度达到设计要求后，方可承受全部设计荷载。

（3）装配式结构安装完毕后，尺寸偏差应符合表9-16要求。

检查数量：按结构缝或施工段划分检验批。在同一检验批内，对梁、柱，应抽查其构件数量的10%，且不少于3件；对墙和板，应按有代表性的自然间抽查10%，且不少于3间；对大空间结构，墙可按相邻轴线间高度5m左右划分检查面，板可按纵、横轴线划分检查面，抽查10%，且均不少于3面。

预制结构构件安装尺寸的允许偏差及检验方法　　表9-16

<table>
<tr><th colspan="3">项目</th><th>允许偏差（mm）</th><th>检验方法</th></tr>
<tr><td rowspan="3">构件中心线对轴线位置</td><td colspan="2">基础</td><td>15</td><td rowspan="3">尺量检查</td></tr>
<tr><td colspan="2">竖向构件（柱、墙板、桁架）</td><td>10</td></tr>
<tr><td colspan="2">水平构件（梁、板）</td><td>5</td></tr>
<tr><td>构件标高</td><td colspan="2">梁、板底面或顶面</td><td>±5</td><td>水准仪或尺量检查</td></tr>
<tr><td rowspan="3">构件垂直度</td><td rowspan="3">柱、墙板</td><td><5m</td><td>5</td><td rowspan="3">经纬仪量测</td></tr>
<tr><td>≥5m且<10m</td><td>10</td></tr>
<tr><td>≥10m</td><td>20</td></tr>
<tr><td>构件倾斜度</td><td colspan="2">梁、桁架</td><td>5</td><td>垂线、钢尺量测</td></tr>
</table>

续表

项目			允许偏差（mm）	检验方法
相邻构件平整度	板端面		5	钢尺、塞尺量测
	梁、板下表面	抹灰	5	
		不抹灰	3	
	柱、墙板侧表面	外露	5	
		不外露	10	
构件搁置长度	梁、板		±10	尺量检查
支座、支垫中心位置	板、梁、柱、墙板、桁架		±10	尺量检查
接缝宽度	板	＜12m	±10	尺量检查

3. 质量验收

装配式结构分项工程的验收包括预制构件进场、预制构件安装以及装配式结构特有的钢筋连接和构件连接等内容。对于装配式结构现场施工中涉及的钢筋绑扎、混凝土浇筑等内容，应分别纳入钢筋、混凝土等分项工程进行验收。在连接节点及叠合构件浇筑混凝土之前，应进行隐蔽工程验收，其内容应包括：

（1）现浇结构的混凝土结合面。

（2）后浇混凝土处钢筋的牌号、规格、数量、位置、锚固长度等。

（3）抗剪钢筋、预埋件、预留专业管线的数量、位置。

4. 安全与环保措施

安装与连接施工安全：

（1）装配式构件（梁、板）的安装应制定安装方案并建立统一的指挥系统。施工难度与危险性较大的作业项目应组织施工技术、指挥、作业人员进行培训。所有起重设备都应符合国家关于特种设备的安全规程，并进行严格管理。在实际作业中，要严格执行下列规定：

1）吊装前，应检查安全技术措施及安全防护设施等准备工作是否齐备，检查机具设备、构件的重量、长度及吊点位置等是否符合设计要求，严禁无准备盲目施工。

2）施工所需的脚手架、作业平台、防护栏杆、上下梯道、安全网必须齐备。

3）旧钢丝绳在使用前应检查其破损程度。每一节距内折断的钢丝，不得超过5%。对大型构件、重构件的吊装宜使用新的钢丝绳，使用前也要检验。

4）重大的吊装作业，应先进行试吊。按设计吊重分阶段进行观测，确定无误后，方可进行正式吊装作业。施工时，工地主要领导及专兼职安全员应在现场亲自指挥和监督。

5）遇有大风及雷雨等恶劣天气时，应停止作业。

（2）根据吊装构件的大小、重量，选择适宜的吊装方法和机具，避免超负荷。

（3）吊钩的中心线必须通过吊体的重心，严禁倾斜吊卸构件。吊装偏心构件时，应使用可调整偏心的吊具进行吊装。安装的构件必须平起稳落、就位准确，与支座密贴。

（4）起吊大型及有突出边棱的构件时，应在钢丝绳与构件接触的拐角处设垫衬。起吊时，离开作业地面0.1m后，暂停起吊，经检查确认安全可靠后，方可继续起吊。

（5）单导梁、墩顶龙门架安装构件时，应按照下列规定执行：

1）导梁组装时，各节点应联结牢固，在桥跨中推进时，悬臂部分不得超过已拼好导梁全长的1/3。

2）墩顶或临时墩顶导梁通过的导轮支座必须牢固可靠。导梁接近导轮时，应采取渐进的方法进入导轮。导梁推进到位后，用千斤顶顶升，将导梁置于稳定的木垛上。

3）导梁上的轨道必须平行等距铺设，使用不同规格的钢轨时，其接头处应妥善处理，不得有错台。

4）墩顶龙门架使用托架托运时，托架两端应保持平衡稳定，行进速度应缓慢。龙门架落位后应立即与墩顶预埋件连接，并系好缆风绳。

5）构件在预制场地起重装车后，牵引至导梁时，行进速度不得大于5m/min，到达安装位置后，平车行走轮应用木楔楔紧。

6）构件起吊横移就位后，应加设支撑、垫木，以保持构件稳定。

7）龙门架顶横移轨道的两端应设置制动枕木。

（6）预制场采用千斤顶顶升构件装车及双导梁、桁梁安装构件时，应遵守下列规定：

1）千斤顶使用前，要做承载试验。起重吨位不得小于顶升构件的1.2倍。千斤顶一次顶升高度应为活塞行程的1/3。

2）千斤顶的升降应随时加设或抽出保险垫木，构件底面与保险垫木间的距离应控制在5cm之内。

3）构件进入落梁或其他装载工具横移到位时，应保持构件在落梁时的平衡稳定。

4）顶升T梁、箱梁等大吨位构件施工时，必须在梁两端加设支撑。构件两端不得同时顶起或下落，一端顶升时，另一端应支稳、稳牢。

5）预制场和墩顶装载构件的滑移设备要有足够的强度和稳定性，牵引（或顶推）构件滑移时，施力要均匀。

6）双导梁向前推进中，应保持两导梁同速进行。各岗位作业要精心工作，听从指挥，发现问题及时处理。

7）双导梁进入墩顶导轮支座前、后，应采取与单导梁相同的措施。

（7）架桥机安装构件时，应符合下列规定：

1）架桥机组拼、悬臂牵引中的平衡稳定及机具配备等，均应按设计要求进行。

2）架桥机就位后，为保持前后支点的稳定，应用方木支垫。前后支点处还应用缆风绳封固于墩顶两侧。

3）构件在架桥上纵、横向移动时，应平缓进行，卷扬机操作人员应按指挥信号协同动作。

4）全幅宽架桥机吊装的边梁就位前，墩顶作业人员应暂时避开。

5）横移不能一次到位的构件，操作人员应将滑道板、落梁架等准备好，待构件落入后，再进入作业点进行构件顶推（或牵引）横移等项工作。

（8）跨墩龙门架安装构件时，应根据龙门架的高度、跨度，采取相应的安全措施，确保构件起吊和横移时的稳定。构件吊至墩顶，应慢速、平稳地缓落。

（9）吊车吊装简支梁、板等构件时，应符合起重吊装的有关安全规定。

（10）安装大型盆式橡胶支座，墩上两侧应搭设操作平台，墩顶作业人员应待支座吊至墩顶稳定后再扶正就位。

（11）龙门架、架桥机等设备拆除前应切断电源。拆除龙门架时，应将龙门架底部垫实，并在龙门架顶部拉好缆风绳和安装临时连接梁。拆下的杆件、螺栓、材料等应捆好向下吊放。

（12）安装涵洞预制盖板时，应用撬棍等工具拔移就位。单面配筋的盖板上应标明起吊标志。吊装涵管应绑扎牢固。

（13）各种大型吊装作业，在连续紧张作业一阶段后（如孔梁、板或较大工序等）应适当进行人员休整，避免长时间处于高度紧张状态，并检查、保养、维修吊装设备等。

10 附属设施工程

按照《城市综合管廊工程技术规范》GB 50838—2015的相关规定，城市综合管廊的附属设施包括消防系统、通风系统、供电系统、照明系统、监控与报警系统、排水系统、标识系统。各系统之间通过统一的综合管理平台实现智能化控制，各系统既能够独立发挥各自功能又能够统一协作，有效实现管廊内智能化、信息化管理。其中消防系统、通风系统、供电系统、照明系统、监控与报警系统属于传统的机电安装工程，排水系统属于结构附属系统，标识系统属于管理系统。各附属设施应与管廊同步设计、同步建设。

10.1 消防系统

城市综合管廊内的消防系统应根据舱内管线种类确定火灾危险性分类，从而确定消防设施的种类，包括高压喷淋（水雾）、气体阻燃、干粉灭火等。为实现消防系统的智能化、自动化，城市管廊内的消防系统多采用可敷设管道的高压喷淋（水雾）、气体阻燃等形式，不仅能够实现快速反应，也能够大大提高人员安全系数。

10.1.1 施工要点

（1）管网施工应严格按设计图纸要求施工。当施工场地环境发生重大变化而影响管网位置时，应及时报告，并提出变更方案，征得同意后，可按修改或变更方案施工。

（2）管网沟槽开挖后，应在沟底按规定铺设垫层并及时铺管。开挖中如遇其他管道、线缆等应按要求予以保护。

（3）管道铺设应安装牢固。在大于12%的斜坡上铺设管道时，应设置台阶。

（4）在吊运管道及下沟时，不得与沟壁或沟底相碰撞，并不得损坏管道的防腐层及保护层。

（5）管道接口不得放在砌体中，且距离砌体不应少于0.6m。

（6）管网安装完成后，应进行压力试验和漏水试验，试验压力标准及允许渗水量按有关规定进行。

（7）消防给水干管应用水压检查其强度和严密性，地下管道必须在安全检查合格、管身两侧及其顶部回填不小于0.5m以后，进行压力试验。

（8）钢管及钢制管件除另有规定外，应符合相关规范的要求。

（9）焊缝部位应在试压合格后进行防腐处理。

10.1.2 质量要点

（1）管网安装完成后应进行检查，内容与要求应符合下列规定及相关规范的要求，并应按规范填写系统检查记录表。

1）压力表、管道过滤器、金属软管、管道及附件不应有损伤。

2）管网安装完毕后宜用清水进行强度和严密性试验，并填写试验记录。

①试验可分段进行。

②管网试验压力应达到管道静压力的1.5倍。

3）管道冲洗应符合下列规定：

①管道试压合格后宜用清水进行冲洗。

②冲洗前应将试压时安装的隔离或封堵设施拆下，打开或关闭相关阀门，分段进行。

（2）管道及支架、吊架的加工制作、焊接、安装，管道系统的试压、冲洗、防腐，阀门的安装等，除应符合《城市综合管廊工程技术规范》GB 50838—2015的规定外，还应符合现行国家标准《工业金属管道工程施工规范》GB 50235—2010《现场设备、工业管道焊接工程施工规范》GB 50236—2011中的有关规定。

（3）阀门的检验应按现行国家标准《工业金属管道工程施工规范》GB 50235—2010中的有关规定执行，并应按规定填写阀门的强度和严密性试验记录表。

10.1.3 质量验收

（1）自动喷水灭火系统应符合《自动喷水灭火系统施工及验收规范》GB 50261—2017的规定。

验收方法：

1）对照设计图纸核对报警阀组和水流指示器的安装设置情况。

2）查验铭牌和阀门的设置是否符合设计图纸和产品型式检验检测报告的要求。

3）依照设计图纸、施工单位出具的消防设施检测报告审查报警阀组和水流指示器的功能。

4）抽查喷头和末端泄水装置的安装情况和选型，审查消防工程的施工（或检测）单位调试检测所出具的检测报告。

5）审查竣工图纸核对喷头和末端泄水装置数量是否符合设计要求。

（2）其他灭火系统

1）应按照现行国家标准《建筑灭火器配置设计规范》GB 50140—2005的规定配置灭火器。

2）气体灭火系统应按照现行国家标准《气体灭火系统施工及验收规范》

GB 50263—2007的规定执行。

验收方法：查验铭牌是否符合设计图纸和产品型式检验检测报告的要求。

（3）消防电源的设置应符合《建筑设计防火规范（2018年版）》GB 50016—2014的规定。

验收方法：

①根据原设计的负荷等级查验建设单位提供的消防电源竣工资料或供电方案。

②模拟交流电源断电，检验消防备用电源的切换投入程序，并按设计程序实测自动投入或人为投入的时间。

③核算消防设施的最大负载，核实主备电源容量是否满足负荷要求。

（4）现场抽查电气线路的敷设是否符合设计及规范要求。

10.1.4 安全与环保措施

1. 一般措施

（1）定期组织施工人员学习规程和工地现场的安全规章制度，每周由工长组织一次。

（2）建立定期安全检查制度，对检查出的问题和隐患要认真分析、解决，每月由工长组织一次检查。

（3）建立奖罚制度，对安全生产搞得好的单位要及时奖励，对差的要罚款并限期改正，未改或整改不彻底的要停工整改。

（4）执行每月安全分析制度，对当月存在的问题逐条分析原因，落实奖罚，限期改正。

2. 临时用电措施

（1）漏电保护器须实行两级漏电保护，严格执行“一机、一闸、一漏、一箱”；漏电保护装置应灵敏、有效，参数应匹配。

（2）临时配电线路架设必须使用五芯线电缆，电缆完好，无老化、破皮现象。

（3）各种电气设备金属的外壳必须按规定采取可靠的接零或接地保护。

（4）雨期施工安全措施：现场的各种机具、机电设备底座均应垫高，不得直接放置在地面上，避免下雨时受淹，漏电接地保护装置必须灵敏有效，并要做好防雨设施，在确保安全的情况下再进行施工。

3. 消防、安全措施

（1）建立严密的消防安全组织管理体系，形成网络，由专职消防安全员监督、执法；各专业根据安装时作业的特点，随时书面提出消防安全的措施与要求；现场消防设备应配备齐全，并保证有效、可靠，任何人在任何时候不得以任何理由擅自将消防器材移作他用；成立义务消防队，群防群治、常备不懈、应急出动、减少损失；严格执行现场用火制度，电气焊工严格按安全消防操作规程施工，五级以上大风天气，不得进行室外明火作业。施工现场严禁吸烟，严禁擅自点火取暖。

（2）电气焊、明火作业前必须办理用火手续，开用火证，备灭火器，有专人看火，并注意清理周围易燃物，各项措施落实后再动工。

（3）乙炔瓶与氧气瓶必须分开保管，使用时两瓶间距不得小于5m，两瓶与用火点之间间距不得小于10m。

（4）氧气瓶、乙炔瓶不得接近热源，夏季不宜在日光下暴晒，搬运时禁止滚动撞击，氧气瓶不得接近油脂。

10.2 通风系统

在城市综合管廊内设置通风系统是为了消除城市综合管廊舱内敷设电缆散发的热量，并且持续补充新鲜空气。当综合管廊内发生了火灾事故，火情监测器发出相应的信号从而关闭电动防烟防火闸，同时关闭通风机，等火灾报警解除后再将烟雾排出。

10.2.1 施工要点

1. 设备施工安装

（1）在本工程中安装的产品应满足图纸设计参数，并应具有产品牌号注册商标、产品合格证书、产品鉴定证书、安装运行说明书或手册等。

（2）设备招标完成后，厂家应提供安装大样图和使用说明书，施工方应严格按照厂家的安装大样图和使用说明书要求进行安装。

（3）吊装的设备及管道应在预埋钢板上焊接吊杆。采用膨胀螺栓固定时，每根吊杆顶端设型钢，并用两个膨胀螺栓固定型钢。

（4）防火阀等消防产品必须选用经当地公安消防部门批准使用的产品。

2. 风管施工安装

（1）所有风管的加固应满足《通风与空调工程施工质量验收规范》GB 50243—2016相关条文的规定。

（2）风管制作尺寸的允许偏差：风管的外径或外边长的允许偏差为负偏差，630mm者偏差值为-1mm；>630mm则为-2mm。

（3）混凝土风道的通风表面要求在满足通风面积的情况下尽量抹平，保证绝对粗糙度<3mm。设备施工单位应对风道进行检验，如不能满足设计要求，则要对局部进行打磨。

（4）设备及风管在吊装前，其支吊杆及支吊杆架采用膨胀螺栓固定在构筑物上，施工中采用的膨胀螺栓应根据其能承受的负荷认真选用。当风管大边长<1250mm时，风管吊杆采用φ12mm圆钢；当风管大边长≥1250mm时，风管吊杆

采用ϕ14mm圆钢；当风管大边长≥3000mm时，风管吊杆采用ϕ18mm圆钢。风管吊架间距按不同大边长规格选2000～3000mm，但不得超过3000mm。

（5）风管吊架构造形式由安装单位在确保安全可靠的原则下，根据现场情况，参考《金属、非金属风管支吊架（含抗震支吊架）》19K112选定。

（6）风管与风管法兰间的垫片不应含有石棉及其他有害成分，且应耐油耐潮耐酸碱腐蚀，普通风管法兰垫片的工作温度不低于70℃。

（7）风管安装时应注意风管和配件的可拆卸接口不得装在墙和楼板内，风管的纵向闭合缝必须交错布置，且不得在风管底部，风管安装的水平度允许偏差每米不应大于3mm，总偏差不应大于20mm。

（8）防火阀放置时，离墙距离不得大于200mm并设有独立的支吊架，以防止在火灾发生时因风管变形而影响阀门性能。安装防火阀时，应严格按防火有关规程及厂家的产品安装指南进行安装，其气流方向必须与阀体上标志箭头方向一致，执行器应有检修空间，不得被其他管线及墙体阻挡。在安装防火阀等其他阀体之前，应确保阀体喷涂防锈漆和耐热漆各两遍，涂漆均匀，结合牢固，无漏漆和剥落现象。

（9）所有穿越墙及楼板的管道敷设安装后，其孔洞周围须采用与墙体耐火等级相同的不可燃材料进行密封。

（10）风管的防腐：普通薄钢板在制作咬接风管前，应预涂防锈漆一道。镀锌钢板对制作中镀锌层破坏处应涂环氧富锌漆两道。普通薄钢板风管内外表面各涂防锈漆两道，外表面再涂面漆两道。

10.2.2 质量要点

（1）管廊内换气次数≥2次/小时。

（2）低压配电房换气次数≥6次/小时。

（3）管廊内空气质量标准：空气含氧量≥19%。

（4）风速标准

1）钢制风管：主风管风速≤8m/s。

2）分支风管风速≤5m/s。

3）送风井、排风井混凝土风道风速≤6m/s。

4）风亭百叶迎面风速为2～4m/s（百叶有效面积70%）。

5）管廊内风速≤3m/s。

（5）设计安全系数

1）通风设备风量：k=1.05。

2）通风设备风压：k=1.1。

（6）噪声标准

1）管廊内噪声≤80dB（A）。

2）室外：应符合《声环境质量标准》GB 3096—2008中4a类标准。

（7）灾后通风设计标准

1）按整条管廊同一时间内发生一次火灾考虑。

2）灾后排风风机要求能在280℃下连续有效工作半小时。

3）通风系统内设置下列两种防火类阀门：电动复位防烟防火阀SFD1（70℃）、电动复位防烟防火阀SFD2（280℃）。

电动复位防烟防火阀SFD1（70℃）功能：温度达到70℃时熔断关闭、手动关闭、24V电信号关闭、电动复位、手动复位、输出开和关信号。设置位置：管廊进风口。

电动复位防烟防火阀SFD2（280℃）功能：温度达到280℃时熔断关闭、手动关闭、24V电信号关闭、电动复位、手动复位、输出开和关信号。设置位置：管廊排风口。

10.2.3 质量验收

（1）所有与设备连接的软接头，包括风机软接头等，均应就近采用固定支吊托架紧固，防止产生移位。

（2）所有设备、管道施工安装要求，本说明未叙及部分按照《通风与空调工程施工质量验收规范》GB 50243—2016以及《机械设备安装工程施工及验收通用规范》GB 50231—2009等国家相关规范的有关章节执行。

（3）所有设备和管线支吊架均做热镀锌处理后安装，固定用螺栓、螺钉等辅助材料均应采用热镀锌。

（4）设备、阀门编号应做统一标识。

（5）所有工序以及各阶段验收和竣工验收均应遵照相关规范和标准进行。

10.2.4 安全与环保措施

（1）通风设备选用低噪声高效率产品，满足节能以及声环境质量标准要求。

（2）通风设备通过温感控制其开启或关闭，实现低能耗运行。

10.3 供电系统

城市综合管廊的电源供电电压、供配电系统接线方案、容量、供电回路数、供电点等方案应根据管廊的运行管理模式、建设规模、周边电源情况，经技术经济比较后确定。其中，管廊附属设施中的照明设备、消防设备、监控设备宜按照二级负荷进行供电，其余用电设备可按照三级负荷进行供电。

10.3.1 施工要点

1. 高压开关柜安装

（1）柜体就位应在混凝土凝固后进行安装，并且土建项目已交付安装。对于瓷砖地面进柜安装时，应在地面铺设保护措施。

（2）先按图纸规定的顺序将盘做好标记，然后用人工将其搬运到安装位置，利用撬棍撬到大致位置，然后再精确地调整第一个盘，再以其为标准逐个地调整其他的盘。

（3）当柜体就位找正后，才能固定柜体，固定方式采用焊接。焊接位置在柜体内侧，每处焊缝为20～40mm，每个柜体的焊缝不应少于4处，一般选在柜的四角，应牢固可靠。所有焊接处均须去除药皮并进行补漆。

（4）检查小车柜的外观，要求清洁、无机械损伤和裂纹。

（5）小车柜应与成套柜相应配套，小车移动灵活、进出平稳。

2. 箱式变压器安装

（1）箱式变压器就位移动时不宜过快，应缓慢移动，不得发生碰撞及不应有严重的冲击和震荡。

（2）箱式变压器就位后，外壳干净不应有裂纹、破损等现象，各部件应齐全完好，箱式变压器所有的门可正常开启。

（3）箱式变压器调校平稳后，与基础槽钢焊接牢固并做好防腐措施；或用地脚螺栓固定，注意螺帽齐全，拧紧牢固。

10.3.2 质量要点

1. 高压开关柜安装

（1）相邻盘的顶部水平误差要小于等于2mm、成列盘顶部最大水平误差不大于5mm；相邻两柜面的不平度不大于1mm，整列柜的各柜面不平度最多不大于5mm。

（2）盘体间间隙小于1.5mm，盘与盘之间应用M8×25的镀锌螺栓拉紧。

（3）高压开关柜的母线安装时应注意以下几点：

1）检查母线表面应当光滑、平整，无变形、扭曲现象。

2）母线的接触面螺栓须连接紧密，连接螺栓应使用力矩扳手紧固，其紧固值应符合标准。

3）母线在支柱绝缘柱子上固定时，固定应平整牢固，绝缘子不受母线的额外应力。

4）母线伸缩节不得有裂纹、断股和折皱现象。

（4）要求断路器在分合闸过程中应灵活轻便，无卡阻现象，动触头的行程和周期性均应满足厂家要求。

2. 箱式变压器安装

（1）按图纸要求做好箱式变压器基础，特别注意基础表面一定要平整，在基础面上埋有与箱变底框尺寸相适应的扁钢，扁钢要超平，并与基础接地网相连接。

（2）接地体焊接完毕冷却后，水平、垂直接地体钢材采用热浸镀锌防腐，焊接部位刷防腐油漆。

（3）箱式变压器底座与基础之间的缝隙用水泥砂浆抹封，以免雨水进入电缆室。电缆室内，电缆与穿管之间的缝隙须用胶泥密封。

10.3.3 质量验收

（1）城市综合管廊接地应符合下列规定：

1）城市综合管廊内的接地系统应形成环形接地网，接地电阻不应大于1Ω。

2）城市综合管廊的接地网宜采用热镀锌扁钢，且截面面积不应小于40mm×5mm。接地网应采用焊接搭接，不得采用螺栓搭接。

3）城市综合管廊内的金属构件、电缆金属套、金属管道以及电气设备金属外壳均应与接地网连通。

4）含天然气管道舱室的接地系统尚应符合现行国家标准《爆炸危险环境电力装置设计规范》GB 50058—2014的有关规定。

（2）非消防设备的供电电缆、控制电缆应采用阻燃电缆，火灾时需继续工作的消防设备应采用耐火电缆或不燃电缆。天然气管道舱内的电气线路不应有中间接头，线路敷设应符合现行国家标准《爆炸危险环境电力装置设计规范》GB 50058—2014的有关规定。

（3）城市综合管廊内电气设备应符合下列规定：

1）电气设备防护等级应适应地下环境的使用要求，应采取防水防潮措施，防护等级不应低于IP54。

2）电气设备应安装在便于维护和操作的地方，不应安装在低洼、可能受积水浸入的地方。

3）电源总配电箱宜安装在管廊进出口处。

（4）城市综合管廊附属设备配电系统应符合下列规定：

1）综合管廊内的低压配电应采用交流220V/380V系统，系统接地形式应为TN-S制，并宜使三相负荷平衡。

2）综合管廊应以防火分区作为配电单元，各配电单元电源进线截面应满足该配电单元内设备同时投入使用时的用电需要。

3）设备受电端的电压偏差：动力设备不宜超过供电标称电压的±5%，照明设备不宜超过+5%、-10%。

4）应采取无功率补偿措施。

5）应在各供电单元总进度线处设置电能计量测量装置。

10.3.4 安全与环保措施

（1）现场全部采用36V安全电压。危险、潮湿场所和金属窗口内的照明及手持照明灯具，应采用符合要求的安全电压。

（2）照明电线采用绝缘子固定，不使用花线或塑料胶质线，且导线不随地拖拉。

（3）电箱内设置漏电保护器，选用合理的额定漏电动作电流进行分极配合。

（4）配电箱的开关电器与配电箱或开关箱一一对应配合，作分路设置，以确保熔丝和用电设备的实际负荷相匹配。

（5）对各种施工设备、施工机械应定期进行维修和保养工作，杜绝设备带病运转。电气设备的安装检修，必须有专职电工进行，严禁其他施工人员随意拆除安装。

10.4 照明系统

城市管廊通道空间一般紧凑狭小、环境潮湿，且其中需要进行管线的安装施工作业，施工人员或工具较易触碰照明灯具。因此，管廊中的照明系统应具备防潮、防外力、防触电等具体要求。天然气舱内的照明系统还应同时符合《爆炸危险环境电力装置设计规范》GB 50058—2014的要求。

10.4.1 施工要点

（1）电气照明装置的接线必须牢固，接触良好，绝缘处理合理。需接地或接零的灯具、形状、插座与非带电金属部分，应有带明显标志的专用接地螺钉。

（2）建筑电气照明装置的安装应达到正规、合理、牢固及齐全的要求，确保使用功能。

（3）照明开关安装，应符合以下要求：灯的开关位置应便于操作，安装的位置必须符合设计要求和规范。安装在同一室内的开关，宜采用同一系列的产品，开关的通断位置应一致，且操作灵活、接触可靠。开关安装的位置要求：开关边缘距门柜距离宜为150～200mm，距地面高度宜为1400mm。

（4）穿入灯具的导线在分支连接处不得承受额外压力和磨损，多股软线的端头应挂锡，盘圈，并按顺时针方向弯钩，用灯具端子螺丝拧固在灯具的接线端子上。螺口灯头接线时，相线应接在中心角点的端子上，零线应接在螺纹的端子上。荧光灯的接线应正确，电容器应并联在镇流器前侧的电路配线中，不应串联在电路内。

（5）重型灯具安装必须应用预埋件或螺栓固定。固定大型花灯吊钩的圆钢直径，不应小于灯具的吊挂锁、钩的直径，且不应小于6mm。对大型、重型花饰灯具、吊装花灯的固定及悬吊装置，应按灯具重量的1.25倍做过载试验。

10.4.2 质量要点

（1）电气照明装置须安装到位，做到横平竖直，品种、规格、整齐统一，以达到形色协调美观、装饰性强等效果。施工中的安全技术措施，应符合国家现行技术标准和规范。

（2）开关接线应符合以下要求：相线应经开关控制。接线时应仔细辨认，识别导线的相线与零线，严格做到控制（即分断或接通）电源相线，应使开关断开后灯具上不带电。

（3）双联及以上的暗扳把开关，每一联即为一只单独的开关，能分别控制一盏电灯。接线时，应将相线连接好，分别接到开关上一动触点连通的接线桩上，并将开关线接到开关静触点的接线桩上。

（4）暗装的开关应采用专用盒。专用盒的四周不应有空隙，盖板应端正，并应紧贴墙面。

10.4.3 质量验收

（1）综合管廊内应设正常照明和应急照明，并应符合下列规定：

1）综合管廊内人行道上的一般照明的平均照度不应小于15lx，最低照度不应小于5lx；出入口和设备操作处的局部照度可为100lx。监控室一般照明照度不宜小于300lx。

2）管廊内疏散应急照明照度不应低于5lx，应急电源持续供电时间不应小于60min。

3）监控室备用应急照明照度应达到正常照明照度的要求。

4）出入口和各防火分区防火门上方应设置安全出口标志灯，灯光疏散指示标志应设置在距地坪高度1.0m以下，间距不应大于20m。

（2）综合管廊照明灯具应符合下列规定：

1）灯具应为防触电保护等级Ⅰ类设备，能触及的可导电部分应与固定线路中的保护（PE）线可靠连接。

2）灯具应采取防水防潮措施，防护等级不宜低于IP54，并应具有防外力冲撞的防护措施。

3）灯具应采用节能型光源，并应能快速启动点亮。

4）安装高度低于2.2m的照明灯具应采用24V及以下安全电压供电。当采用220V电压供电时，应采取防止触电的安全措施，并应敷设灯具外壳专用接地线。

5）安装在天然气管道舱内的灯具应符合现行国家标准《爆炸危险环境电力装置设计规范》GB 50058的有关规定。

（3）照明回路导线应采用硬铜导线，截面面积不应小于2.5mm^2。线路明敷设时宜采用保护管或线槽穿线的方式布线。天然气管线舱内的照明线路应采用低压流体输送用镀锌焊接钢管配线，并应进行隔离密封防爆处理。

10.4.4 安全与环保措施

（1）配电系统实行分级配电。

（2）在采用接地和接零保护方式的同时，必须设两级漏电保护装置，实行分级保护，形成完整的保护系统。漏电保护装置的选择应符合规定。

（3）现场前期采用管廊内的临时电源。临时配电线路穿越马路时采用方料保护，防止电线被碾压。

10.5 监控与报警系统

城市管廊的监控与报警系统宜分为安全防范系统、环境与设备监控系统、预警与报警系统、通信系统、统一管理信息平台和地理信息系统等。监控与报警系统的组成元素及其系统配置、系统架构应依据管廊运营维护管理的模式、建设规模、入廊管线种类等因素确定。监控与报警系统的联动反馈信号均应传输至控制中心。

10.5.1 施工要点

（1）布线要求：系统建筑物内垂直干线应采用金属管、封闭式金属线槽等保护方式布线；与裸放的电力电缆的最小净距为800mm；与放在有接地的金属线槽或钢管中的电力电缆最小净距为150mm。

（2）水平子系统应穿钢管埋于墙内，禁止与电力电缆穿同一管内。顶棚内施工时，须穿于PVC管或蛇皮软管内；安装设备处须放过线盒，PVC管或蛇皮软管进过线盒，线缆禁止暴露在外。穿管绝缘导线或电缆的总截面积不应超过管内截面积的40%。敷设于封闭线槽内的绝缘导线或电缆的总截面积不应大于线槽净截面积的50%。

（3）摄像机安装前的准备工作应满足下列要求：

1）摄像机应逐台通电进行检测和粗调。

2）应检查确认云台的水平、垂直转动角度满足设计要求，并根据设计要求定准云台转动起点方向。

3）应检查确认摄像机在防护罩内紧固。

4）应检查确认摄像机底座与支架或云台的安装尺寸满足设计要求。

10.5.2 质量要点

安装与调试：监控设备的系统调试应由局部到系统进行安装和调试。在调试过程中应遵照公安部颁发的《中华人民共和国公共安全行业标准》GA/T 1088—2013，深入检查各部件和设备安装是否符合规范要求。在各种设备系统连接与试运转过程中，应按照设计要求和厂家的技术说明书进行。

10.5.3 质量验收

（1）综合管廊监控与报警系统宜分为环境与设备监控系统、安全防范系统、通信系统、火灾自动报警系统、地理信息系统和统一管理信息平台等。

（2）监控与报警系统的组成及其系统架构、系统配置应根据综合管廊建设规模、纳入管线的种类、综合管廊运营维护管理模式等确定。

（3）监控、报警和联动反馈信号应送至监控中心。

（4）综合管廊应设置环境与设备监控系统，并应符合下列规定：

1）应能对综合管廊内环境参数进行监测与报警。环境参数检测内容应符合表10-1的规定，含有两类及以上管线的舱室，应按较高要求的管线设置。气体报警设定值应符合国家现行标准《密闭空间作业职业危害防护规范》GBZ/T 205—2007的有关规定。

环境参数检测内容　　　　表10-1

舱室容纳管线类别	给水管道、再生水管道、雨水管道	污水管道	天然气管道	热力管道	电力电缆、通信线缆
温度	●	●	●	●	●
湿度	●	●	●	●	●
水位	●	●	●	●	●
O_2	●	●	●	●	●
H_2S气体	▲	●	▲	▲	▲
CH_4气体	▲	●	●	▲	▲

注：●应监测；▲宜监测。

2）应对通风设备、排水泵、电气设备等进行状态监测和控制；设备控制方式宜采用就地手动、就地自动和远程控制。

3）应设置与管廊内各类管线配套检测设备、控制执行机构联通的信号传输接口；当管线采用自成体系的专业监控系统时，应通过标准通信接口接入综合管廊监控与报警系统统一管理平台。

4）环境与设备监控系统设备宜采用工业级产品。

5）H_2S、CH_4气体探测器应设置在管廊内人员出入口和通风口处。

（5）综合管廊应设置安全防范系统，并应符合下列规定：

1）综合管廊内设备集中安装地点、人员出入口、变配电间和监控中心等场所应设置摄像机；综合管廊内沿线每个防火分区内应至少设置一台摄像机，不分防火分区的舱室，摄像机设置间距不应大于100m。

2）综合管廊人员出入口、通风口应设置入侵报警探测装置和声光报警器。

3）综合管廊人员出入口应设置出入口控制装置。

4）综合管廊应设置电子巡查管理系统，并宜采用离线式。

5）综合管廊的安全防范系统应符合现行国家标准《安全防范工程技术规范》GB 50348—2018、《入侵报警系统工程设计规范》GB 50394—2007、《视频安防监控系统工程设计规范》GB 50395—2007和《出入口控制系统工程设计规范》GB 50396—2007的有关规定。

（6）综合管廊应设置通信系统，并应符合下列规定：

1）应设置固定式通信系统，电话应与监控中心接通，信号应与通信网络联通。综合管廊人员出入口或每一防火分区内应设置通信点；不分防火分区的舱室，通信点设置间距不应大于100m。

2）固定式电话与消防专用电话合用时，应采用独立通信系统。

3）除天然气管道舱外，其他舱室内宜设置用于对讲通话的无线信号覆盖系统。

（7）干线、支线综合管廊含电力电缆的舱室应设置火灾自动报警系统，并应符合下列规定：

1）应在电力电缆表层设置线型感温火灾探测器，并应在舱室顶部设置线型光纤感温火灾探测器或感烟火灾探测器。

2）应设置防火门监控系统。

3）设置火灾探测器的场所应设置手动火灾报警按钮和火灾报警器，手动火灾报警按钮处宜设置电话插孔。

4）确认火灾后，防火门监控器应联动关闭常开防火门，消防联动控制器应能联动关闭着火分区及相邻分区通风设备，启动自动灭火系统。

5）应符合现行国家标准《火灾自动报警系统设计规范》GB 50116—2013的有关规定。

（8）天然气管道舱应设置可燃气体探测报警系统，并应符合下列规定：

1）天然气报警浓度设定值（上限值）不应大于其爆炸下限值（体积分数）的20%。

2）天然气探测器应接入可燃气体报警控制器。

3）当天然气管道舱天然气浓度超过报警浓度设定值（上限值）时，应由可燃气体报警控制器或消防联动控制器联动启动天然气舱事故段分区及其相邻分区的事故通风设备。

4）紧急切断浓度设定值（上限值）不应大于其爆炸下限值（体积分数）的25%。

5）应符合国家现行标准《石油化工可燃气体和有毒气体检测报警设计规范》

GB 50493—2019、《城镇燃气设计规范（2020版）》GB 50028—2006和《火灾自动报警系统设计规范》GB 50116—2013的有关规定。

（9）综合管廊宜设置地理信息系统，并应符合下列规定：

1）应具有综合管廊和内部各专业管线基础数据管理、图档管理、管线拓扑维护、数据离线维护、维修与改造管理、基础数据共享等功能。

2）应能为综合管廊报警与监控系统统一管理信息平台提供人机交互界面。

（10）综合管廊应设置统一管理平台，并应符合下列规定：

1）应对监控与报警系统各组成系统进行系统集成，并应具有数据通信、信息采集和综合处理功能。

2）应与各专业管线配套监控系统连通。

3）应与各专业管线单位相关监控平台连通。

4）宜与城市市政基础设施地理信息系统连通或预留通信接口。

5）应具有可靠性、容错性、易维护性和可扩展性。

（11）天然气管道舱内设置的监控与报警系统设备、安装与接线技术要求应符合现行国家标准《爆炸危险环境电力装置设计规范》GB 50058—2014的有关规定。

（12）监控与报警系统中的非消防设备的仪表控制电缆、通信线缆应采用阻燃线缆。消防设备的联动控制线缆应采用耐火线缆。

（13）火灾自动报警系统布线应符合现行国家标准《火灾自动报警系统设计规范》GB 50116—2013的有关规定。

（14）监控与报警系统主干信息传输网络介质宜采用光缆。

（15）综合管廊内监控与报警设备防护等级不宜低于IP65。

（16）监控与报警设备应由在线式不间断电源供电。

（17）监控与报警系统的防雷、接地应符合现行国家标准《火灾自动报警系统设计规范》GB 50116—2013、《电子信息系统机房设计规范》GB 50174—2017和《建筑物电子信息系统防雷技术规范》GB 50343—2012的有关规定。

10.5.4 安全与环保措施

（1）在交流电源电缆接入图像监控屏及通信直流屏的两侧电源端子后，应用万用表测试接入两侧电缆芯火线、零线及地线是否对应以及两侧电缆芯间有无短路。在交流电源电缆接入图像监控屏及通信直流屏的两侧电源端子前，须断开交流空气开关，用绝缘胶布封闭空气开关，严禁空气开关合闸。

（2）在工控主机电源线接入前，应用万用表测量交流火线、零线及地线对地电压，确认无电，并断开硬盘录像机电源空气开关。

（3）接入图像监控屏至通信直流屏交流电缆二次接线时，可能会造成交流短路或接地，应做好相应隔离措施。

第三部分

安全管理与环境保护

11 安全管理

12 环境保护

11 安全管理

城市综合管廊工程属于地下市政工程，除了拥有市政工程规模大、战线长、周期长、参与人员多、周边环境复杂多变等特点，还具有地下工程深度大、空间狭小、交叉作业多的特点。因此，城市管廊工程施工过程中的安全管理就尤为重要。安全管理应贯穿施工阶段的全过程。安全体系的建立、安全技术的应用、安全检查的落实、安全信息化管理、应急预案的演练，都是保障安全管理的重要手段。

11.1 施工安全技术保证体系与施工安全管理组织

11.1.1 施工安全技术保证体系

施工安全是为了达到工程施工的作业环境和条件安全、施工技术安全、施工状态安全、施工行为安全以及安全生产管理到位的安全目的。施工安全的技术保证，就是为上述5个方面的安全要求提供安全技术的保证，确保在施工中准确判断其安全的可靠性，对避免出现危险状况、事态作出限制和控制规定，对施工安全保险与排险措施给予规定以及对一切施工生产给予安全保证。

施工安全技术保证由专项工程、专项技术、专项管理、专项治理4种类别构成，每种类别又有若干项目，每个项目都包括安全可靠性技术、安全限控技术、安全保险与排险技术和安全保护技术4种技术，建立并形成如图11-1所示的安全技术保证体系。

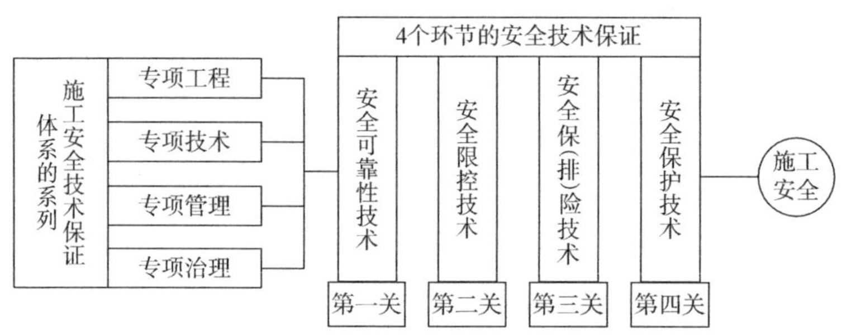

图11-1 施工安全技术保证体系的系列

11.1.2 施工安全管理组织

施工安全管理网络体系可以分为两大体系：一是以企业经理为安全第一责任人，由各职能部门参加的安全生产管理体系；二是以项目经理为项目安全生产总责任人的安全生产管理制度执行系统。各自的组织系统如图11-2、图11-3所示。

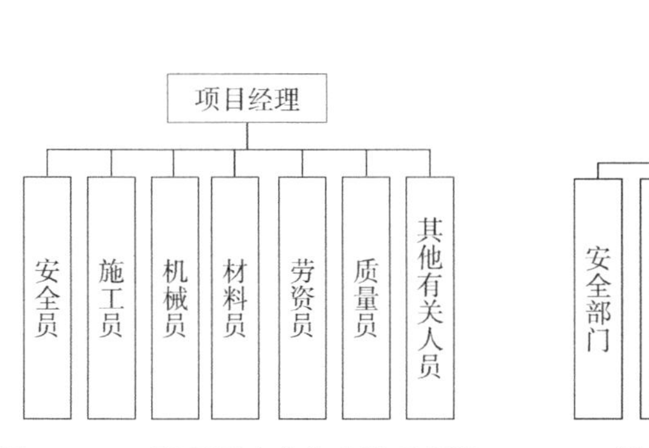

图11-2　工程项目安全生产管理组织

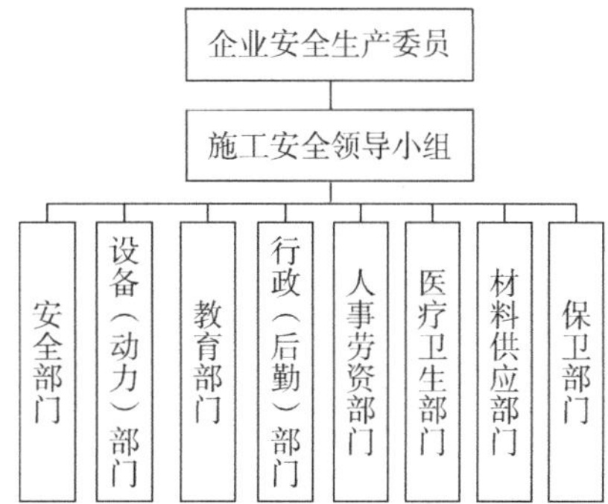

图11-3　企业安全生产管理组织

11.2 安全技术措施

11.2.1 施工准备阶段安全技术措施（表11-1）

施工准备阶段安全技术措施　　表11-1

准备类型	内容
技术准备	1. 了解工程设计对安全施工的要求。 2. 调查工程的自然环境（水文、地质、气候、洪水、雷击等）和施工环境（粉尘、噪声、地下设施、管道和电缆的分布及走向等）对施工安全及施工周围环境安全的影响。 3. 在施工组织设计中，编制切实可行、行之有效的安全技术措施，并严格履行审批手续，送安全部门备案
准备物资	1. 及时供应质量合格的安全防护用品（安全帽、安全带、安全网等），并满足施工需要。 2. 保证特殊工种（电工、焊工、爆破工、起重工等）使用工具、器械质量合格，技术性能良好。 3. 施工机具、设备（起重机、卷扬机、电锯、平面刨、电气设备等）、车辆等，须经安全技术性能检测，鉴定合格，防护装置齐全，制动装置可靠，方可进场使用
施工现场准备	1. 按施工总平面图要求做好现场施工准备。 2. 现场各种临时设施、库房、易燃易爆品存放都必须符合安全规定和消防要求，须经公安消防部门批准。 3. 电气线路、配电设备符合安全要求，有安全用电防护措施。 4. 场内道路通畅，设交通标志，危险地带设危险信号及禁止通行标志，保证行人、车辆通行安全。 5. 现场周围和陡坡、沟坑处设围栏、防护板，现场入口处设“无关人员禁止入内”的警示标志。 6. 起重设备安置要与输电线路、永久或临设工程间有足够的安全距离，避免碰撞，以保证搭设脚手架、安全网的施工距离。 7. 现场设消火栓，有足够的有效的灭火器材、设施

续表

准备类型	内容
施工队伍准备	1．总包单位及分包单位都应持有《施工企业安全资格审查认可证》，方可组织施工。 2．新工人、特殊工种工人需经岗位技术培训、安全教育后，持合格证上岗。 3．高险难作业人员须经身体检查合格，具有安全生产资格，方可施工作业。 4．特殊工程作业人员，必须持有《特种作业操作证》方可上岗

11.2.2 施工阶段安全技术措施

（1）单项工程、单位工程应有安全技术措施，分部分项工程应有安全技术具体措施，施工前由技术负责人向参加施工的有关人员进行安全技术交底，并应逐级签发和保存“安全交底任务单”。

（2）安全技术应与施工生产技术统一，各项安全技术措施必须在相应的工序施工前落实好。如：

1）垂直运输设备的位置、搭设、稳定性、安全装置等要求。

2）场内运输道路及人行通道的布置。

3）在建工程与周围人行通道及民房的防护隔离措施。

（3）操作者严格遵循相应的操作规程，实行标准化作业。

（4）针对采用的新工艺、新技术、新设备、新结构制定专门的施工安全技术措施。

（5）在明火作业现场（焊接、切割、熬沥青等）有防火防爆措施。

（6）考虑不同季节的气候对施工生产带来的不安全因素可能造成的各种突发事故，从防护上、技术上、管理上有预防自然灾害的专门安全技术措施。如：

1）夏期进行作业，应有防暑降温措施。

2）雨期进行作业，应有防触电、防雷、防沉陷坍塌、防台风和防洪排水等措施。

3）冬期进行作业，应有防风、防火、防冻、防滑和防煤气中毒等措施。

11.3 安全文明施工措施与施工安全检查

11.3.1 安全文明施工措施

施工现场应具有完善的安全文明施工措施，创造良好的生产、生活环境，保障职工的安全与健康，做到文明施工、安全有序、整洁卫生、不扰民、不损害公众利益。

1．现场大门和围挡设置

（1）施工现场设置钢制大门，大门应坚固、美观，高度不宜低于4m，大门上应标有企业标识。

（2）施工现场的围挡必须沿工地四周连续设置，不得有缺口，并且围挡要坚固、平稳、严密、整洁、美观。

（3）围挡的高度：市区主要路段不宜低于2.5m；一般路段不低于1.8m。

（4）围挡材料应选用砌体、金属板材等硬质材料，禁止使用彩条布、竹笆、安全网等易变形材料。

（5）围挡内外侧临近不得堆放土方、砂石、钢管等易倾滑的材料，防止滑塌造成围挡倾覆对施工人员和行人产生伤害。

（6）围挡搭设必须进行设计计算，确保围挡的稳定、安全，大风、雨雪前后应对围挡进行必要的检查，落实安全隐患的处理措施。

2. 现场封闭管理

（1）施工现场出入口设专职门卫人员，加强对现场材料、构件、设备的进出监督管理。

（2）为加强对出入现场人员的管理，施工人员应佩戴工作卡以示证明。

（3）根据工程性质和特点，出入大门口的形式，各企业各地区可按各自的实际情况确定。

3. 施工场地布置

（1）施工现场大门内必须设置明显的“五牌一图”，即：工程概况牌、安全生产制度牌、文明施工制度牌、环境保护制度牌、消防保卫制度牌及施工现场平面布置图，标明工程项目名称、建设单位、设计单位、施工单位、监理单位、工程概况及开工、竣工日期等。

（2）对于文明施工、环境保护和易发生伤亡事故（或危险）处，应设置明显的、符合国家标准要求的安全警示标志牌。

（3）设置施工现场安全“五标志”，即：指令标志（佩戴安全帽、系安全带等），禁止标志（禁止通行、严禁抛物等），警告标志（当心落物、小心坠落等），电力安全标志（禁止合闸、当心有电等）和提示标志（安全通道、火警、盗警、急救中心电话等）。

（4）现场主要运输道路尽量采用循环方式设置或有车辆掉头的位置，保证道路通畅。

（5）现场道路有条件的可采用混凝土路面，无条件的可采用其他硬化路面，现场地面也应进行硬化处理，以免现场扬尘、雨后泥泞。

（6）施工现场必须有良好的排水设施，保证排水畅通。

（7）现场内的施工区、办公区和生活区要分开设置，保持安全距离，并设标志牌。办公区和生活区应根据实际条件进行绿化。

（8）各类临时设施必须根据施工总平面图布置，而且要整齐、美观。办公和生活用的临时设施宜采用轻体保温或隔热的活动房，既可多次周转使用，降低建设成本，又可达到整洁美观的效果。

（9）施工现场临时用电线路的布置必须符合安装规范和安全操作规程的要求，严格按施工组织设计进行架设，严禁任意拉线接电，而且必须设置满足施工要求的夜间照明。

（10）工程施工的废水、泥浆应经流水槽或管道流到工地集水池统一沉淀处理；不得随意排放和污染施工区域以外的河道、路面。

4. 现场材料、工具堆放

（1）施工现场的材料、构件、工具必须按施工平面图规定的位置堆放，不得侵占场内道路及安全防护等设施。

（2）各种材料、构件堆放应按品种、分规格整齐堆放，并设置明显标牌。

（3）施工作业区的垃圾不得长期堆放，要随时清理，做到每天工完场清。

（4）易燃易爆物品不能混放，要有集中存放的库房。班组使用的零散易燃易爆物品，必须按有关规定存放。

（5）施工机械应当按照施工总平面布置图规定的位置和线路设置，不得任意侵占场内道路。施工机械进场需经过安全检查，经检查合格的方能使用。施工机械操作人员必须建立机组责任制，并依照有关规定持证上岗，禁止无证人员操作。

5. 施工现场安全防护布置

（1）搅拌桩钻机卷扬机滚筒系统设置封闭式防护罩，空压机皮带盘区域也必须设置封闭式防护罩。

（2）上钻塔操作必须佩戴安全带，塔上作业，塔下禁止站人，且塔上作业时必须有人监护。

（3）吊车作业时，起重臂下严禁站人，并有专人统一进行指挥、调度。

（4）栏杆材料选用脚手架或ϕ16以上钢筋，防护高度应有1.2m左右，并用黄黑油漆进行标注，设置醒目的安全标志。

（5）搅拌桩沟槽开挖后在两边设置红白三角旗防护带。

6. 施工现场防火布置

（1）施工现场应根据工程实际情况制定消防制度或消防措施。

（2）按照不同作业条件和消防有关规定，合理配备消防器材，符合消防要求。消防器材设置点要有明显标志，夜间设置红色警示灯，消防器材应垫高设置，周围2m内不准乱放物品。

（3）在容易发生火灾的区域施工或储存、使用易燃易爆器材时，必须采取特殊的消防安全措施。

（4）现场使用火源，必须经有关部门批准，设专人管理。五级风及以上禁止使用明火。

（5）坚决执行现场防火“五不走”的规定，即：交接班不交代不走、用火设备火源不熄灭不走、用电设备不拉闸不走、可燃物不清干净不走、发现险情不报告不走。

（6）食堂、宿舍及材料四周按照规定设置足够的酸碱泡沫灭火器，指定专人维护、管理、保养，定期调换药剂，并标明换药时间。

（7）现场易燃易爆物品（汽油、氧气瓶、乙炔瓶等）必须按规定设置，妥善保管。

7. 施工现场临时用电布置

（1）施工现场临时配电线路

1）按照TN-S系统要求配备五芯电缆、四芯电缆和三芯电缆。

2）按要求架设临时用电线路的电杆、横担、瓷夹、瓷瓶等或电缆埋地的地沟。

3）对靠近施工现场的外电线路，需设置木质、塑料等绝缘体的防护设施。

（2）配电箱、开关箱

1）按三级配电要求，配备总配电箱、分配电箱、开关箱三类标准电箱。开关箱应符合一机、一箱、一闸、一漏。三类电箱中的各类电器应是合格品。

2）按两级保护的要求，选取符合容量要求和质量合格的总配电箱和开关箱中的漏电保护器。

（3）接地保护

装置施工现场保护的零线的重复接地应不少于3处。

8. 施工现场生活设施布置

（1）职工生活设施应符合卫生、安全、通风、照明等要求。

（2）职工的膳食供应等应符合卫生要求。炊事员必须有卫生防疫部门颁发的体检合格证。生熟食分别存放，炊事员要穿白工作服，食堂卫生要定期清扫检查。生活用水必须符合要求，pH应介于7.5～7.8之间。

（3）施工现场应设置符合卫生要求的厕所，有条件的应设水冲式厕所，并有专人清扫管理。现场应保持卫生，不得随地大小便。

（4）生活区应设置满足使用要求的淋浴设施和管理制度。

（5）生活垃圾要及时清理，不能与施工垃圾混放，并设专人管理。

（6）职工宿舍要考虑季节性的要求，冬季应有保暖、防煤气中毒措施；夏季应有消暑、防虫叮咬措施，保证施工人员的良好睡眠。

（7）宿舍内床铺及各种生活用品放置要整齐，宿舍应随时进行清扫，通风良好，并符合安全疏散的要求。

（8）生活设施的周围环境要保持良好的卫生条件，周围道路、院区平整，并设置垃圾箱和污水池，不得随意乱泼乱倒。

（9）现场配备医药箱，配备纱布、消毒水、红药水、紫药水、创可贴、红花油、绷带、止泻药、感冒药、止痛药、消炎药等常用和急用药品。

9. 施工现场综合治理

（1）项目部应做好施工现场安全保卫工作，建立治安保卫制度和责任分工，并有专人负责管理。

（2）施工现场在生活区域内适当设置职工业余生活场所，以便施工人员工作后能劳逸结合。

（3）现场不得焚烧有毒有害物质，该类物质必须按有关规定进行处理。

（4）现场施工必须采取不扰民措施，要设置防尘和防噪声设施，做到噪声不超标。

（5）为适应现场可能发生的意外伤害，现场应配备相应的保健药箱和一般常用药品及应急救援器材，以便保证及时抢救，不扩大伤势。

（6）为保障施工作业人员的身心健康，应在流行病发生季节及平时，定期开展卫生防疫的宣传教育工作。

（7）施工作业区的垃圾不得长期堆放，要随时清理，做到每天工完场清。

（8）施工现场应设置密封式垃圾站，施工垃圾、生活垃圾应分类存放。施工垃圾必须采用相应容器或者管道运输。

11.3.2 施工安全检查

1. 施工安全检查的内容

施工安全检查应根据企业生产的特点，制定检查的项目标准，其主要内容是：查思想、查制度、查安全教育培训、查措施、查隐患、查安全防护、查劳保用品使用、查机械设备、查操作行为、查整改、查伤亡事故处理等主要内容。

2. 施工安全检查的方式

施工安全检查通常采用经常性安全检查、定期和不定期安全检查、专业性安全检查、重点抽查、季节性安全检查、节假日前后安全检查、班组自检互检、交接检查及复工检查等方式。

3. 施工安全检查的有关要求

（1）项目经理部应建立检查制度，并根据施工过程的特点和安全目标的要求，确定安全检查内容。

（2）项目经理应组织有关人员定期对安全控制计划的执行情况进行检查考核和评价。

（3）项目经理部要严格执行定期安全检查制度，对施工现场的安全施工状况和业绩进行日常的例行检查，每次检查要认真填写记录。

（4）项目经理部安全检查应配备必要的设备或器具，确定检查负责人和检查人员，并明确检查内容及要求。

（5）项目经理部的各班组日常要开展自检自查，做好日常文明施工和环境保护工作。项目部每周组织一次施工现场各班组文明施工、环境保护工作的检查评比，并进行奖惩。

（6）项目经理部安全检查应采取随机抽样、现场观察、实地检测相结合的方法，并记录检测结果。对现场管理人员的违章指挥和操作人员的违章作业行为应进行纠正。

（7）施工现场必须保存上级部门安全检查指令书，对检查中发现的不符合规定要求和存在隐患的设施设备、过程、行为，要进行整改处置。要做到：定整改责任人、定整改措施、定整改完成时间、定整改完成人、定整改验收人的“五定”要求。

（8）安全检查人员应对检查结果和整改处置活动进行记录，并通过汇总分析。

11.4 安全信息化管理

11.4.1 安全信息化管理

1. 建立安全生产信息系统

（1）以项目部为基础，建立健全基础资料台账

安全生产信息面广量大，涉及所有设施设备和人员，而且设备和人员之间相互交叉，同一设备又与运行、检修、调试、施工管理等不同部门、不同班组之间发生关系。

安全生产信息来自于各施工、安装以及各管理部门，而这些部门的安全生产信息又来自各基层班组，班组的安全生产信息来自于设施设备和人员。

（2）建立现代化的安全生产信息网络

1）提出安全生产信息需求

好的需求设计是建立安全生产信息网络的前提。要保证做好需求工作，必须专门成立一个组织，再聘请专业且有经验的人员。

2）确定网络及软件平台

计算机网络是现代化企业进行信息采集、信息集成、系统集成的基础，是建立安全生产信息网络的技术支撑。借助于这个网络，采用目前数据量大、用户界面

好、使用操作方便的DBII数据库对公司系统内现有的软件系统调查后，建立一个基于互联网结构的安全生产信息系统，可以实现实时登录、实时汇总、实时查询的目的，完全可以满足动态管理的要求，而且使安全性评价、危险点预控与日常安全管理相结合成为可能。

3）建立安全生产信息专家数据库

专家数据库是建立安全生产信息网络的保证。

4）进行软件开发

软件开发可组织公司系统内的软件专家，也可请专业的软件公司，由公司系统的专业人员配合进行。其目的就是要达到功能齐全、使用方便、界面友好、维护简单，并具有对安全生产信息智能化判断的功能。

5）数据录入

数据库和软件开发好后，大量的工作就是数据录入，数据录入是安全生产信息系统能否正常运行的基础，数据的录入必须确保准确齐全。通过数据录入，进一步完善功能需求和专家数据库的内容。数据录入的过程，既是检验企业管理工作的一个方面，也是软件调试、检验软件能否正常运作，以及运作结果是否与实际情况相符的非常重要的环节。

（3）以点带面逐步推广

建立安全生产信息系统是一个比较庞大又复杂的系统工程，涉及企业内的所有部门和全体人员，而且建立完善安全生产信息系统需要一个较长的过程，特别是人员的思想转变、观念转变需要一个过程，再加上以前的统计分析工作方式，工作量比较小、工作的弹性较大、人员比较适应这种环境。若要建立和推广安全生产信息系统，要做大量的基础工作，工作开始阶段会有枯燥无味的感觉，容易产生逆反心理。软件在开发和调试过程中，会有很多预想不到的地方，这些都会给使用推广带来难度。因此，要做好这项工作，必须先选好一个点：领导要支持和重视，要组建一个班子，工作人员需专业知识扎实、专业面广，对网络和软件开发有一定基础；人员、时间、设备和经费应得到保证；对完成开发工作要有具体时间要求，要有相应的激励机制和考核办法，在试点的基础上，组织有关领导、专业技术人员进行研讨，使之进一步完善，在总结经验的基础上，向公司系统各企业全面推广。

2. 更新和完善安全生产信息

（1）制定更新完善安全生产信息周期标准

在安全生产信息系统中，有一部分信息是动态变化的，如工程的工艺特征、施工场所、施工工期等；但还有相当多的信息是静态不变的。要使安全生产处于可控在控状态，安全生产信息就要随时处于动态变化之中，就必须及时更新安全生产信息。可根据不同工程的施工工艺、标准、规范等，以及安全生产的要求，分别制定出各类型工程更新的周期标准，此类标准应制成表格式，让人一目了然，便于操作；

对控制人身安全的指标，如劳动环境、作业安全中的设备设施及器具、作业人员的安全知识培训、规章制度的学习考试、体检等方面，可根据施工周期、使用检查周期、培训学习及体检周期等制定更新周期；对各工种作业等过程中的安全情况，可在每次工作前后进行更新安全要求和结果，达到安全生产信息动态化，处于可控在控状态。

（2）更新完善安全生产信息的责任制

安全生产信息系统的完善和持续更新，使之真正发挥作用的关键在人，要做好系统的运行维护工作，必须明确每个人的职责，每个安全生产信息项目由谁负责、何时更新、如何更新，确保安全生产信息的及时、准确、完整，使这套系统随时处于动态跟踪状态之中，在管理上就必须有相应明确的责任制，便于管理。

（3）加强检查督促，严格考核

有了一套科学、先进、智能化的安全生产信息系统，保证安全生产信息系统可靠运行的规章制度，除了与系统维护、信息更新有关的人员是否能真正负起责任有关，还需要领导的检查督促。要根据信息更新维护的责任制，建立相应的管理和考核办法。采用目标管理，工作的好坏与经济收入、福利待遇和职务晋级挂钩。鼓励职工在工作中发现问题，提出解决问题的办法和建议，使系统不断地改进和完善。

11.4.2 施工安全信息保证体系

施工安全工作中的信息主要有文件信息、标准信息、管理信息、技术信息、安全施工状况信息及事故信息等，这些信息对于企业搞好安全施工工作具有重要的指导和参考作用。因此，企业应把这些信息作为安全施工的基础资料保存，建立起施工安全的信息保证体系，以便为施工安全工作提供有力的安全信息支持。

施工安全信息保证体系由信息工作条件、信息收集、信息处理和信息服务四部分工作内容组成，如图11–4所示。

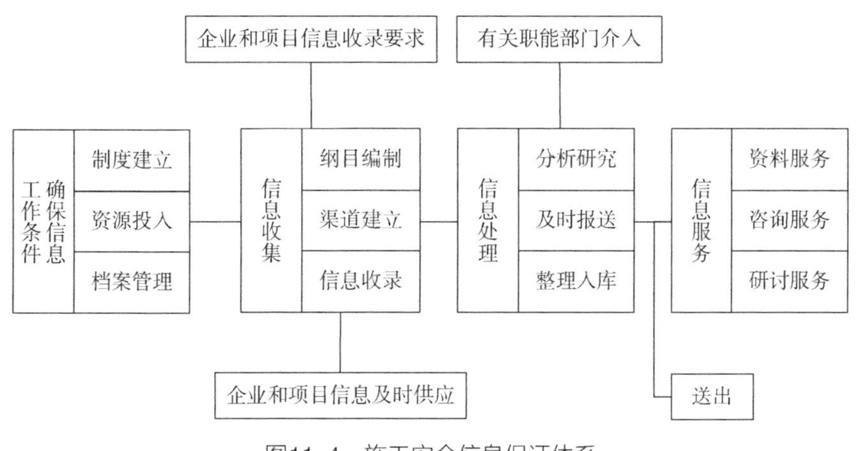

图11–4　施工安全信息保证体系

11.4.3 施工安全科学管理的基本框架

施工安全的科学管理要求由以下4个前后衔接的基本环节组成。

（1）第一环节为充分掌握基础依据，即：安全生产的法律、法规、标准；安全生产工作经验；安全生产事故教训。

（2）第二环节为研究掌握内在规律，即：事故发生规律，安全防范规律，管理工作规律。

（3）第三环节为健全完善安全保障体系，即由组织、制度、技术、投入和信息安全保障组成。

（4）第四环节为全面落实六项安全工作管理，即：安全教育培训工作管理，各级人员安全责任的管理，安全作业环境和条件的管理，安全施工操作要求的管理，安全检查与整改工作的管理，对异常、应急事态处置工作的管理。它们构成了施工安全科学管理的躯干或主线，前一环节是后一环节的前提、依据或基础，而后一环节是前一环节的目的或结果，且又可反过来发现前一环节的不足和问题，以促使前一环节的改进和完善。

政府主管部门对安全生产的监督管理工作则是站在全局的高度，依据第一、第二环节的全局性把握，对施工单位的第三、第四环节进行安全生产监督。图11-5所示为施工安全科学管理的基本框架。

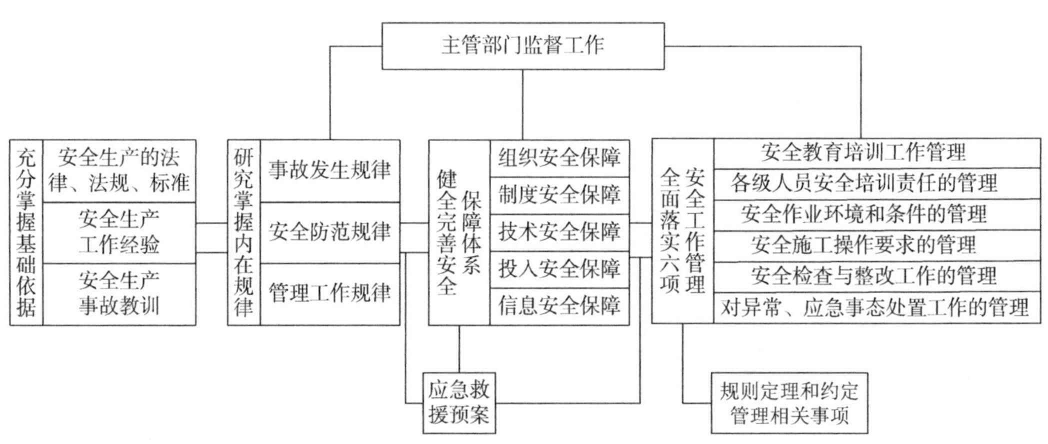

图11-5　施工安全科学管理的基本框架

施工安全科学管理的基本框架可以用24个字完整地表达出来，即：掌握依据⟶研究规律⟶完善保障⟶落实管理⟶接受监督⟶预案应急。

11.5 应急预案

城市管廊工程现场应急安全技术措施是指现场对威胁作业者的生命安全和意外灾伤、职业中毒和各种急症所采取的一种紧急措施。其目的是通过初步必要的应急处理缩小灾伤范围，尽最大可能抢救伤病员的生命。人们在各种不同的作业环境中工作，有时难免会发生一些意外的事故，如高温中暑、冬季冻伤、触电、火灾、爆炸等。这些意外的灾伤，都必须立即进行现场的应急处理。因为应急措施能否做到及时、正确，对伤病员的生命、国家的财产有着极为重要的关系，所以对于安全技术人员、广大职工来说，应当懂得一些最基本的应急救护知识，万一发生灾伤时，能应用这些知识进行应急处理。

11.5.1 应急预案的方针与原则

发生事故时应遵循“保护人员优先，防止和控制事故的蔓延为主；统一指挥、分级负责、区域为主、单位自救与社会救援相结合”的原则。首先要做的是有效地抢救伤员，减少事故损失，防止事故扩大。

11.5.2 应急预案工作流程图

根据相关工程的特点及施工工艺的实际情况，认真地组织对危险源和环境因素的识别和评价，须制定项目发生紧急情况或事故的应急措施，开展应急知识教育和应急演练，提高现场操作人员的应急能力，减少突发事件造成的损害和不良环境影响。其应急准备和相应工作程序如图11–6所示。

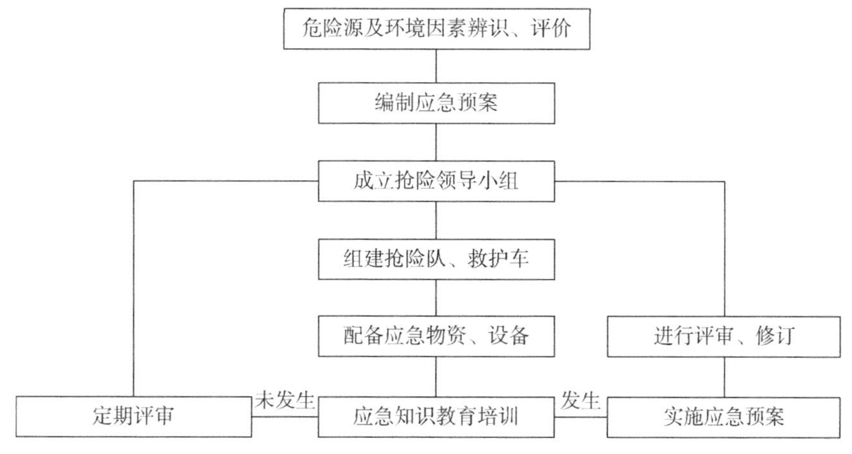

图11–6　应急准备和响应工作程序图

11.5.3 应急救援组织机构与应急救援预案流程（图11-7、图11-8）

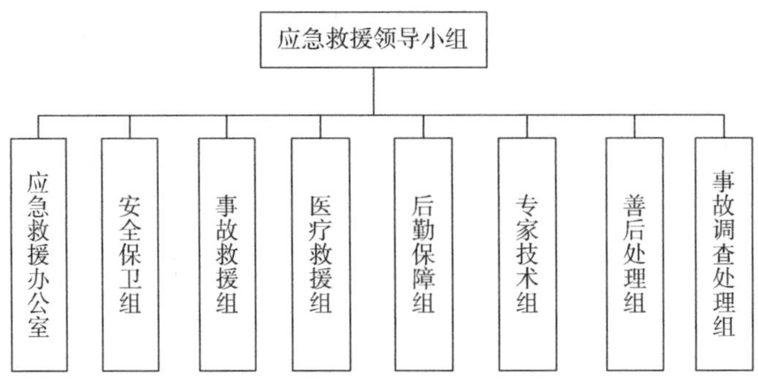

图11-7　应急救援组织机构图

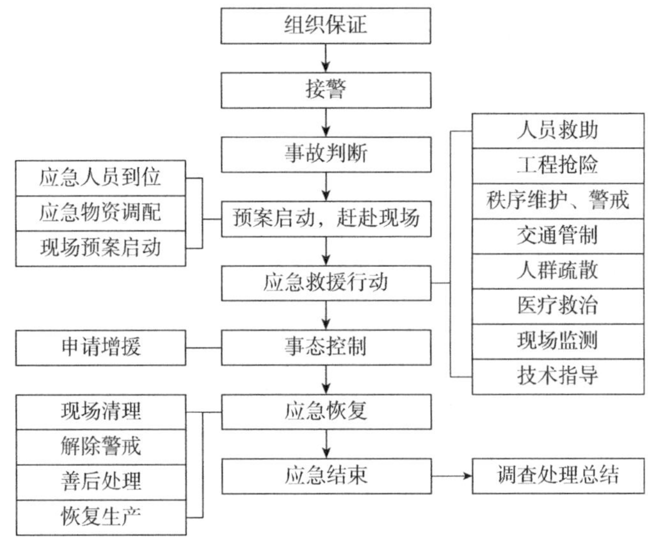

图11-8　应急救援预案流程图

11.5.4 应急方案

1. 机械性外伤应急方案

（1）迅速小心地将伤者脱离致伤源，必要时，要拆卸机器，移出受伤肢体。

（2）注意全身情况。如伤者发生休克，应先处理休克。遇呼吸、心跳停止者，应立即进行人工呼吸，胸外心脏按压。遇出血者，应迅速包扎压迫止血，使病员保持在头低脚高的卧位，并注意保暖。遇骨折者，以固定骨折处上下关节为原则，可就地取材，利用木板等，在无材料的情况下，上肢可固定在身侧，下肢与侧下肢缚在一起。

（3）现场止痛。剧烈疼痛者，应及时给予止痛剂和镇痛剂。

（4）现场伤口处理。用消毒纱布或清洁布等覆盖伤口，预防感染。

（5）根据病情轻重，及时送医院治疗，转送途中应尽量减少颠覆，同时应密切注意伤者的呼吸、脉搏、血压及创口情况。

2. 创伤出血应急方案

（1）一般止血法：一般伤口小的出血，先用生理盐水冲洗伤口，涂上红药水，然后盖上消毒纱布，用绷带稍紧地包扎。

（2）加压包扎止血法：用纱布、棉花等作为软垫，放在伤口上，再进行包扎，以增强压力而达到止血。

（3）止血带止血法：选择弹性好的橡皮管、橡皮带或三角巾、毛巾、带状布条等，上肢出血结扎在上臂二分之一处，下肢出血结扎在大腿上三分之二处，且每隔25～40min放松一次，每次放松0.5～1min。

3. 意外伤者应急方案

（1）心跳：正常人每分钟心跳60～80次；严重创伤、失血过多的伤者，心跳加快，但力量较弱，摸脉搏时，脉息变快；心跳停止则伤者死亡。

（2）呼吸：正常人每分钟为6～18次；生命垂危者，呼吸变快、变浅、不规则；当伤者临死前，呼吸变缓慢，不规则，直至死亡。

（3）瞳孔：两眼的瞳孔正常时应等大等圆，遇到光线能迅速收缩。

4. 火灾发生应急方案

发生功能火灾后应迅速打电话报警，任何地方发生火灾，人们的情绪总是紧张而且慌乱的，火灾现场不论大小，灭火工作都应有领导、有次序地进行。

为了能稳定情绪，有效地制止和扑灭火灾，首先应迅速建立一个灭火抢险指挥班子，并及时组织包括消防灭火、抢救人员、抢救财物、医疗救护、维护秩序等抢救基本队伍。其次在火场上，既要提倡勇敢抢险的精神，又要保持冷静的态度和应用科学的方法，切忌盲目行动，以免扩大损失和伤亡。

5. 急性中毒的应急方案

急性中毒，其发病进程较快，应及时进行抢救，首先要将伤者迅速救离现场，去除其身上的污染，这是现场急救的一项重要措施，也是抢救成功与失败的关键。

例如：气体中毒应及时将伤者救离现场搬至空气新鲜、流通的地方松开领口、紧身衣服和腰带，以达到呼吸畅通，有利于毒物尽快排除，有条件的可接氧气。同时要保暖、静卧并密切观察伤者病情的变化。

紧急处理危及生命的中毒现象时，对心跳、呼吸停止者要及时进行心肺复苏术，即进行人工呼吸、胸外心脏按压。同时，迅速转送就近医院进行诊断治疗。在转送途中，要坚持进行抢救，密切注意伤者的神志、瞳孔、呼吸、脉搏及血压等情况。

6. 电气设备事故应急方案

电气设备或线路发生火灾时，着火的电器可能带电，抢救人员稍有不慎就会触电，因此发生电气火灾后应立即切断电源。有时或因生产不能停电，或因照明需要，不允许断电，而必须带电灭火时，应必须选择不导电的灭火剂，如二氧化碳，1211灭火器。救火人员应穿绝缘鞋、戴绝缘手套。油开关着火，有喷油和爆炸的可能，最好是切断电源后再灭火。地面上的油火可用泡沫灭火剂，如黄沙灭火剂，起到隔绝空气的作用。

7. 触电事故应急方案和应急措施

（1）触电急救的要点是抢救迅速、救护得法。切不可惊慌失措、束手无策。一般可按下述情况处理：

1）触电者神志清醒，但有乏力、头昏、心慌、出冷汗、恶心等症状的，应让触电者就地休息；严重的，应马上送医院检查治疗。

2）触电者呼吸、心跳尚存，但神志不清，保持周围空气流通，做好人工呼吸和心脏按压的准备工作，并立即通知医院进行急救。

3）如果触电者处于“假死”状态，要速请医生或送往医院。口对口人工呼吸是人工呼吸法中最有效的一种。具体操作步骤如下：一手捏紧触电者鼻孔，另一手将下颚拉向前方，救护人员深吸一口气后紧贴触电者的口向内吹气，同时观察其胸部是否隆起，以确保吹气有效，为时约2s。吹气完毕，立即离开触电者的口，并放松捏紧的鼻子，让其自动呼吸空气，注意胸部的反复情况，为时2s。按照上述步骤连续不断地进行操作，直到触电者开始自主呼吸为止。

（2）触电事故应急措施如下：

1）现场人员应当机立断地脱离电源，尽可能地立即切断电源（关闭电路），亦可用现场得到的绝缘材料等器材使触电人员脱离带电体。

2）立即将触电者脱离危险地方，并组织人员进行抢救。

3）若发现触电者呼吸或呼吸心跳均停止，则将触电者仰卧在平地上或平板上，立即进行人工呼吸或同时进行胸外心脏按压。

4）立即拨打120与当地急救中心联系（医院在附近的直接送往医院），应详细说明事故地点、严重程度、本部门的联系电话，并派人到路口接应。

5）立即向公司应急抢救领导小组汇报事故发生情况并寻求支持。

6）维护现场秩序，保护事故现场。

8. 高处坠落事故应急措施

（1）迅速将伤者脱离危险场地，移至安全地带。

（2）保持呼吸道通畅，若发现窒息者，应及时解除其呼吸道梗塞和呼吸机能障碍，并迅速解开伤者的衣领，消除伤者口鼻、咽喉部的异物、血块、分泌物、呕吐物等。

（3）有效止血，包扎伤口。

（4）视其伤情决定是直接送往医院还是待简单处理后去医院检查。

（5）伤者有骨折、关节伤、肢体挤压伤、大块软组织伤时都要进行简单的固定。

（6）若伤者有断肢情况发生应尽量用干净的干布（灭菌敷料）包裹并装入塑料袋内，随伤者一起转送。

（7）预防感染、止痛，可以给伤者用抗生素和止痛剂。

（8）记录伤情，现场救护人员应边抢救边记录伤者的受伤机制、受伤部位、受伤程度等第一手资料。

（9）立即拨打120与当地急救中心取得联系（医院在附近的直接送往医院），应详细说明事故地点、严重程度、本部门的联系电话，并派人到路口接应。

（10）项目指挥部接到报告后，应立即在第一时间赶赴现场，了解和掌握事故情况，开展抢救和维护现场秩序，保护事故现场。

12 环境保护

12.1 施工现场环境防治措施

环境保护是保护和改善作业现场的环境，控制现场的各种粉尘、废水、废气、固体废弃物品、噪声、振动等对环境的污染和危害。环境保护也是文明施工的重要内容之一。

12.1.1 施工现场空气污染的防治措施

（1）施工现场垃圾渣土要及时清理现场。

（2）清理施工垃圾时，要使用封闭式的容器或者采取其他措施处理废弃物。

（3）施工现场道路应指定专人定期洒水清扫，形成制度，防止道路扬尘。

（4）对于细颗粒散体材料（如水泥、粉煤灰、白灰等）的运输、储存要注意遮盖、密封，防止和减少飞扬。

（5）车辆开出工地要做到不带泥砂，基本做到不撒土、不扬尘，减少对周围环境的污染。

（6）除设有符合规定的装置外，禁止在施工现场焚烧油毡、橡胶、塑料、皮革、枯草、各种包装物等废弃物品以及其他会产生有毒、有害烟尘和恶臭气体的物质。

（7）机动车都要安装减少尾气排放的装置，确保符合国家标准。

（8）工地茶炉应尽量采用电热水器。若只能使用烧煤茶炉和锅炉时，应选用消烟除尘型茶炉和锅炉，大灶应选用消烟节能回风炉灶，使烟尘降至允许排放范围。

（9）大城市市区的建设工程已不允许搅拌混凝土。在允许设置搅拌站的工地，应将搅拌站封闭严密，并在进料仓上方安装除尘装置，采用可靠措施控制粉尘污染。

（10）拆除旧构筑物时，应适当洒水，防止扬尘。

12.1.2 施工过程水污染的防治措施

（1）禁止将有毒废弃物作土方回填。

（2）施工现场搅拌站废水、现制水磨石的污水、电石（碳化钙）的污水必须经沉淀池沉淀合格后再排放，最好将沉淀水用于工地洒水降尘或采取措施回收利用。

（3）现场存放油料，必须对库房地面进行防渗处理。如果采用防渗混凝土地面、铺油毡等措施，那么在使用油料时，要采取防止油料跑、冒、滴、漏等措施，以免污染水体。

（4）施工现场100人以上的临时食堂，可设置简易有效的隔油池排放污水，须定期清理，防止污染。

（5）工地临时厕所、化粪池应采取防渗措施。中心城市施工现场的临时厕所可采用水冲式厕所，并设有防蝇、灭蛆措施，防止污染水体和环境。

（6）化学用品、外加剂等要妥善保管，库内存放，防止污染环境。

12.1.3 施工现场噪声的控制措施

（1）采取措施，把有噪声污染降低到最小的程度，并与受其污染的组织和有关单位协商，达成协议。

（2）在居民区、学校、医院等公用设施附近施工时，应采取措施和改进施工方法，使施工产生的噪声和振动尽可能地减至最低程度，并将措施汇报给监理批准。

（3）施工使用的挖掘机、空压机、风镐、搅拌机、压路机、电锯等高噪声和高振动的施工机械，应避免夜间在居住区和敏感区附近作业。

（4）尽量采用低噪声设备和工艺代替高噪声设备和工艺，如低噪声振动器、风机、电动空压机、电锯等。

（5）施工现场指挥生产，采用无线电对讲机，既可进行工作联络，又可减少人为的叫喊声。进入施工现场不得高声喊叫、无故乱吹哨，限制高音喇叭的使用，最大限度地减少噪声扰民。

（6）控制强噪声作业的时间，凡在人口稠密区进行强噪声作业时，需严格控制作业时间，一般晚10时到早6时这段时间停止强噪声作业。确是特殊情况必须昼夜施工时，尽量采取降低噪声措施，并会同建设单位找当地居委会、村委会或当地居民协调，出具安民告示，求得群众谅解。

（7）合理安排作业时间，将混凝土施工等噪声较大的工序放在白天进行，在夜间避免进行噪声较大的工作。

（8）尽量使用商品混凝土，混凝土构件尽量工厂化，减少现场加工量。

（9）吊车指挥应配套使用对讲机，保持电动工具的完好，采用低噪声产品。

（10）钢轨和型钢搬运须轻拿轻放，下垫枕木；减少现场制作材料，如需现场制作，操作间应设置除噪声设备。

12.1.4 固体废物污染的防护措施

（1）制定泥浆和废渣的处理、处置方案，须选择有资质的运输单位，及时清运施工弃土和弃渣，在收集、储存、运输、利用、处置固体废物的过程中，须采取防扬散、防流失、防渗漏或其他防止污染环境的措施。

（2）对收集储存、运输、利用、处置固体废弃物的设施、设备和场所，要加强管理和维护，保证其正常运行和使用。

（3）引导施工人员养成良好的卫生习惯，不随地乱丢垃圾、杂物，保持工作和生活环境的整洁。

（4）施工中产生的建筑垃圾和生活垃圾，应当分类、定点堆放，并与环卫公司协商好，进行专业化处理，及时清运，不得乱堆乱放；建筑物内的垃圾必须装袋清运，严禁随意丢弃。

（5）综合利用资源，对固体废物实行充分回收和合理利用，固体废物综合利用的措施：

1）工程废土集中过筛，重新利用，筛余物用粉碎机粉碎，不能利用的工程垃圾集中处置。

2）建立水泥袋回收制度。

3）施工现场设立废料区，由专人管理，可利用的废料先发先用。

（6）有利于保护环境的集中处置固体废物措施：施工现场设固定的垃圾存放区域，及时清运、处置建筑施工过程中产生的垃圾，防止污染环境。

（7）建筑垃圾应及时清理，在工完料清的前提下将各楼层垃圾清运至施工现场固定的存放点。

（8）大量废弃物在场内运输时，搬运过程中一定要做到不遗漏、不混投。

（9）固体废弃物要及时清运，避免堆积。

12.2 施工环保计划

12.2.1 环境监测计划

（1）施工现场的环境监测由项目总工程师组织实施，由安全环境管理部负责。监测的对象包括场界噪声、污水排放及粉尘等；监测的频率数为每月进行一次，施工淡季和非高峰期每季检测一次。

（2）项目部施工现场噪声监测由项目部自行完成，并做好监测记录，污水排放事宜应到地方环保部门办理排污许可证。污水排放需配置沉淀池等设施，并做定期检查。

12.2.2 环境监控计划

项目部在实施噪声和污水环境监测的同时，对粉尘排放等不易量化指标的环境因素进行定性检查，监控环境目标和指标的落实情况。

12.2.3 防止和减轻水、大气污染计划

（1）严格按施工总平面图布置的布局进行管理，在每一工地生活区范围内设置生活污水汇集设施，防止污水直接汇入河流、水道、湖泊或灌溉系统。

（2）施工中和生活区所产生的废渣和垃圾，集运到当地环保单位指定的地点堆放，不得随意乱堆丢弃，以造成水土污染。施工中拌合或筛分无机结合料时要采取喷水抑尘措施。

（3）水泥应采取袋装或罐装运输，石灰应遮盖运输，并按规划地点堆放。

12.2.4 临时设施工程管理计划

（1）采取一切合理措施，对施工作业产生的灰尘进行洒水等防尘措施，对有发挥性的材料（如水泥、石灰等）在运输和堆放过程中，要加遮盖，防止污染。

（2）所有引出与泵出的水，都应在不致使水再浸入本工程的地点和地面上排出，排水的方式不致给土地所有者、与业主有约的其他承包人，以及现场以内或邻近的个人带来冲刷、污染或分割。采取一切措施，防止将含有污染物质或可见悬浮物的水排入河流、水道或现场的灌溉或排水系统。

（3）施工中采取一切预防措施，防止其所使用或占用的土地以及任何水域的土壤受到冲刷，并积极采取措施，防止施工中挖出的或冲刷出来的材料在任何水域中产生淤积。

12.2.5 加强运输车辆的管理计划

（1）运输车辆须保持车容整洁、车厢完好。车辆装载不宜过满，对易产生扬尘的车辆用篷布遮盖，在施工现场出入口设冲洗槽，配备高压水枪。

（2）加强现场运输车辆出入的管理。车辆进出禁止鸣笛，对钢管、钢模、钢模板的装卸，采用人工递送的办法，以减少金属件的碰撞声。

12.2.6 防火计划

施工现场严格执行《中华人民共和国消防条例》和公安部关于建筑工地防火的基本措施。加强消防工作的领导，建立一支义务消防队，现场设消防值班人员，对进场职工进行消防知识教育，建立安全用火制度。

12.2.7 防治污染计划

1. 大气污染

（1）施工垃圾搭设封闭临时专用垃圾道或采用容器吊运，严禁随意凌空抛撒，垃圾及时清运，适量洒水，减少扬尘。

（2）水泥等粉细散装材料，采取室内（或封闭）存放或严密遮盖，卸运时采取有效措施，减少扬尘。

（3）现场的临时道路地面做硬化处理，防止道路扬尘，在现场设置搅拌设备时，安置挡尘装置。

2. 水污染

（1）进行混凝土、砂浆等搅拌作业的现场，设置沉淀池，使清洗机械和运输车的废水经沉淀后排入市政污水管线或回收用于洒水降尘。

（2）控制施工产生的污水流向，防止蔓延，并在合理的位置设置沉淀池，经沉淀后排入污水管线，严禁流出施工区域污染环境。

（3）现场存放油料的库房须进行防渗漏处理，储存和使用都要采取措施，防止跑、冒、滴、漏，严禁污染水体。

（4）施工现场临时食堂的用餐人数超过100人时，须设置简易有效的隔油池，定期掏油，防止污染。

（5）垃圾必须搭设封闭临时专用垃圾道，严禁随意高空抛撒。施工垃圾及时清运，适量洒水，减少扬尘。

（6）水泥等粉细散装材料，采取室内或封闭存放，卸运时要采取遮盖措施减少灰尘。

（7）现场搅拌设备要安设除尘装置，食堂和开水房使用汽化油作燃料，避免烟尘污染。

12.2.8 环境卫生计划

（1）施工现场设专人负责卫生保洁，保持现场整洁卫生，道路畅通，无积水。

（2）在现场大门口设置简易洗车装置，对进出现场的运输车辆及车轮携带装置进行清洗，做好防遗撒工作。

（3）现场设封闭垃圾站，集中堆放生活及施工垃圾。

（4）办公室实行轮流值班，每天清扫，保持室内清洁，窗明几净。

（5）施工现场不许随地大小便，厕所墙壁、屋顶要严密，门窗要齐全，并设专人管理，经常冲洗，防治蚊蝇滋生。

（6）食堂及时办理卫生许可证、炊事人员健康证和卫生知识培训证，上岗必须穿戴整洁的工作服、帽，个人卫生做到“四勤”。食堂内无蝇、无鼠、无蛛网，保持炊具卫生，杜绝食物中毒。

（7）设立开水间，保证开水供应，做到不喝生水。

（8）职工宿舍达到整齐干净，空气清新。

（9）现场必须节约用电，白天不准有长明灯，昼夜不准有长流水。

12.2.9 施工现场不扰民计划

（1）按工艺要求，避免夜间施工扰民。

（2）夜间施工时，应安排噪声低的工种进行施工。

（3）施工工艺要求必须24小时连续施工的，应先到环保部门办理夜间施工许可证。

（4）成立以项目经理、施工员、安全员以及班组长为主的防止扰民领导小组。

（5）降低混凝土振动器噪声，将高频振动器施工改为低频振动器（混凝土振动器），以减少施工噪声。

（6）降低钢模施工带来的噪声，在居民生活区内的施工现场，小钢模改为竹胶板，以减少振动器冲击钢模产生的噪声。

（7）在使用木工机械时，出料口应设三角形开口器，以减少木料夹锯片发出的噪声，或将木工机械设在地下室。

（8）对施工人员进场进行安全文明施工教育，施工中或生活中不准大声喧哗，特别是晚10时之后、早6时之前不准发出人为噪声。

（9）不准从车上往下扔材料，应采用人工扛下车或吊车吊运，堆放钢管不准发生大的声响。

（10）夜间施工争取减少现浇混凝土及倒运大型材料，如遇抢工需夜间施工，首先通知居民委员会，以求谅解。

12.2.10 施工现场有毒有害废弃物污染控制计划

（1）废弃物分类：废弃物分为一般废弃物和有毒有害废弃物；一般废弃物分为可回收和不可回收两种。各种废弃物应分类存放。

（2）为了防止废弃物再次污染，应对各种废弃物采取相应的防护措施。例如，带粉尘的废弃物应采取封闭措施，防止扬尘对大气的污染；有毒、有害固体废弃物为防治其产生的有毒有害气体或污染源蔓延，应采取隔离封闭设施。

（3）垃圾存放位置应合理，且便于清运，垃圾点设明显标志以防混投，对于体积较大的有毒有害废弃物（如废油桶、废油漆桶、稀料桶等），现场也应设置固定的存放点。对产生的液态废弃物（废油及各种废液的化学危险品等），应设置专门的容器存放，并加以标识。

（4）建立合格消纳方名册：项目经理部负责编制建筑垃圾消纳方名册，报单位施工部门审批后发布。废弃物消纳方必须是具有准运证的合法单位，且需有建筑垃圾消纳的资质证明和经营许可证。有毒有害废弃物消纳方还应是具备相关处理能力并经由环境部门认可的机构。

（5）施工现场产生的废弃物必须由名册内的消纳方负责回收处理。

（6）各工程项目部在消纳方来现场回收废弃物时，应将废弃物的种类、数量和处置记录在《废弃物处理统计表》上，并由消纳方代表签字确认。

12.2.11 施工现场环境保护管理计划

（1）施工现场要有专人管理环保工作，要经常保持清洁卫生、保持道路畅通，运输车辆不应带泥、沙进入现场，并做好车辆过后不能有溜散、扬土在路上。

（2）现场垃圾站要及时清理，清理现场垃圾要按规定装卸，严禁乱倒乱卸。

（3）项目经理对办公室、民工宿舍、垃圾站、食堂及食品卫生要经常检查，提出改进建议，厕所要有专人做清洁工作。

（4）各种区域内有专人负责卫生，并划分责任区。

（5）生活区和工程用的废水、废气、废渣等要进行严格处理，才能清出场外。

（6）施工中容易飞扬溜散的物品，如水泥、白灰等，严禁不文明装卸。

12.2.12 地下管线及其他地上地下设施的加固计划

（1）在开挖前应先了解地下管线的布置情况，根据地下管线的布置情况制定开挖方案，开挖方案中要充分考虑地下管线的保护措施。

（2）如果开挖过程中必须要破坏地下管线，应先通知相关部门进行有效的处理后才能开挖。

（3）若工地四周有线路，必须搭设防护棚进行防护，避免损坏线路。

（4）若线路必须改道的，必须通知相关部门，经相关部门同意后方能改道。

（5）对地下管道，须用钢管搭架进行支撑加固或做砖墩进行支撑，不能让其悬空。

12.2.13 减少环境污染和降低噪声的计划

1. 减少环境污染的计划

（1）为防止大气污染，施工现场采取如下具体措施：

1）职工大灶和茶炉，采用煤气（电）方式，每月进行两次自检。

2）现场严禁焚烧杂物。

3）每月进行3次烟尘监测。

（2）为防止施工粉尘污染，现场采取如下计划：

1）工程施工现场采用砖砌围墙进行现场围挡，并保证高度在5.4m以上。

2）对类似水泥的易飞扬细颗粒散体材料，安排在临时库房存放或用彩条布遮盖；运输时采用彩条布遮盖或其他方式防止遗撒、飞扬；卸装时要小心轻放，不得抛洒，最大限度地减少扬尘。

3）对进出现场的车辆进行严格的清扫，做好防遗撒工作。在土方开挖运输期间，设专人负责清扫车轮，并压实车上的土，对松散易飞扬物采取遮盖措施。

4）对临时施工道路进行路面硬化，在干燥多风季节定时洒水。

5）结构施工中的施工垃圾须采用容器吊运至封闭垃圾站，并及时清运。

6）运输车不得超量运载，运载工程土方最高点不超过车辆槽帮上沿50cm，边缘低于车辆槽帮上沿10cm，装载建筑渣土或其他散装材料不得超过槽帮上沿。

2. 降低噪声的计划

（1）施工现场提倡文明施工，建立健全控制人为噪声的管理制度，尽量避免人为地大声喧哗，增强全体施工人员防噪声扰民的自觉意识；采取先进的联系方式，避免如吹口哨的噪声污染。

（2）定期对施工作业人员进行文明施工的宣传教育，对施工生产有关管理人员定期进行文明施工现场对噪声控制要求的考核。

（3）浇筑混凝土时尽量控制在6：00～22：00，并采取低频振捣棒，结构施工阶段昼间不超过70dB，夜间不超过55dB，并经常测试。混凝土浇筑如需连续施工，并在夜间施工时，必须做好周围居民的工作并向环保局提出书面报告，同时要尽量采取降噪措施，做到最大限度地减少扰民。

（4）对强噪声机械如电锯、电刨等，使用时必须在有封闭的工棚内，尽量选用低噪声或备有消声降噪设备的施工机械，对使用时不能封闭的机械如振捣棒等，须严格控制施工时间。

（5）建筑物四周挂降噪网。

（6）施工期间，尤其是夜间施工，尽量减少撞击声、哨声，禁止乱扔模板、拖铁器及禁止大声喧哗等人为噪声。

（7）每月进行两次噪声值监测，并在夜间22：00以后进行抽测，监测方法执行国家标准《建筑施工场界噪声排放标准》GB 12523—2011。

（8）加强噪声监测，采取专人监测、专人管理的原则，及时对施工现场超标的有关因素进行调整，达到施工噪声不扰民的目的。

（9）会同相关部门和领导及时妥善处理重大扰民问题，详细记录问题及处理结果，必要时及时上报监理和甲方。

第四部分

案例介绍

13 杭州市下沙路综合管廊
14 贵安新区管廊案例

13 杭州市下沙路综合管廊

13.1 工程概况

杭州市下沙路综合管廊起点位于下沙路聚首路口处，顺接在建艮山路综合管廊，管廊沿下沙路自西向东敷设至下沙路海达南路路口南侧。管廊起讫里程为GK0+0～GK1+760，管廊与隧道分建，采用明挖法施工。

13.1.1 建筑设计概况

综合管廊为矩形三舱室标准断面，包括水信舱（给水、通信）、高压电力舱及燃气舱。综合管廊结构外尺寸为$B \times H$=10.8m×4.5m，其中燃气舱净尺寸为$B \times H$=1.9m×3.5m，水信舱（给水、通信）净尺寸为$B \times H$=4.4m×3.5m，高压电力舱净尺寸为$B \times H$=2.9m×3.5m（图13–1）。

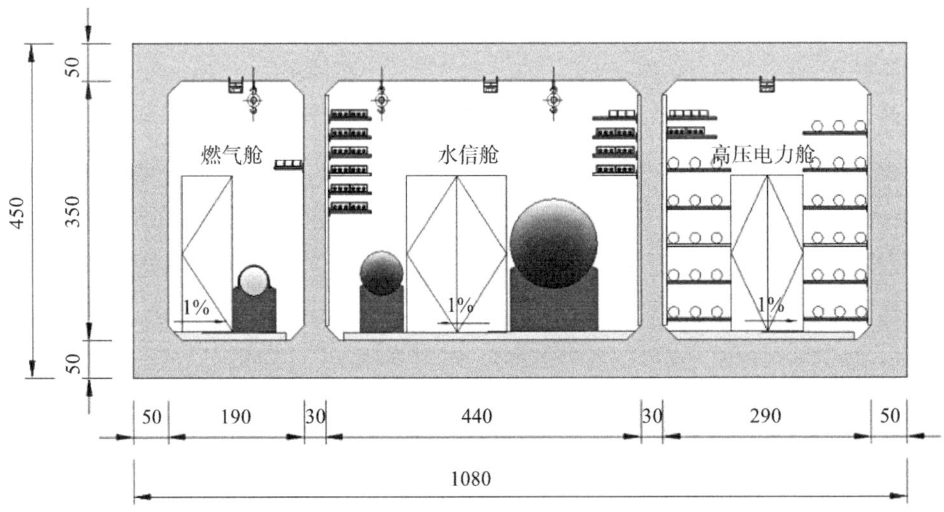

图13–1 综合管廊标准断面图（单位：cm）

13.1.2 结构设计概况

杭州市下沙路综合管廊为三仓管廊，长1760m，埋深4.54～11.37m，覆土厚0.5～4.24m，标准段宽10.8m，高度4.6m，底板厚0.6m，顶板厚0.5m，侧墙厚度

0.5m，中隔墙厚度0.3m；北侧采用SMW工法桩围护，桩长19～24m，南侧与隧道共用地下连续墙，支撑系统采用“1混凝土+2钢”（部分采用3道钢支撑）。

13.1.3 管廊及隧道主要施工方法

1. 围护结构

管廊围护结构北侧与隧道共用800mm地下连续墙，其中地下连续墙采用挖槽机挖槽、泥浆护壁、在槽内吊放钢筋笼、水下混凝土灌注的工艺。南侧围护结构采用φ850mm@600mmSMW工法桩，SMW工法桩采用三轴钻孔搅拌机钻孔成桩，而后插入H型钢的施工工艺，沿基坑竖向设置“1混凝土+2钢”支撑系统。

2. 土方开挖

土方开挖采用挖掘机开挖翻运及长臂挖机垂直运输、自卸汽车外运，开挖采用分层分段开挖方法，边开挖边支护；钢支撑采用地面组装，人工配合汽车吊、龙门吊进行安装、预压。

3. 主体结构

主体结构混凝土采用架立满堂碗扣式脚手架、组合木模板、泵送商品混凝土灌注的方式施工。

4. 防水结构

混凝土结构自防水：迎水面结构均采用防水混凝土进行结构自防水，防水混凝土的抗渗等级根据结构的埋置深度确定，主体及附属结构抗渗等级为P8。地下明挖结构的全包柔性外防水层，采用合成高分子预铺防水卷材及单组分聚氨酯涂料。防水层是工程防水的重要保障，必须做好，要点为：基面处理，材料选择，焊接工艺，铺设工艺。

13.2 项目主要施工方案及技术措施

13.2.1 施工工法

木工程地下连续墙采用国家级工法“地下连续墙液压抓斗工法”进行施工。该工法具有墙体刚度大、阻水性能好，振动小、噪声低、扰动小等特点，对周围环境影响小，适用多种土层条件等特点。

13.2.2 工艺流程

地下连续墙施工工艺流程见图13-2。

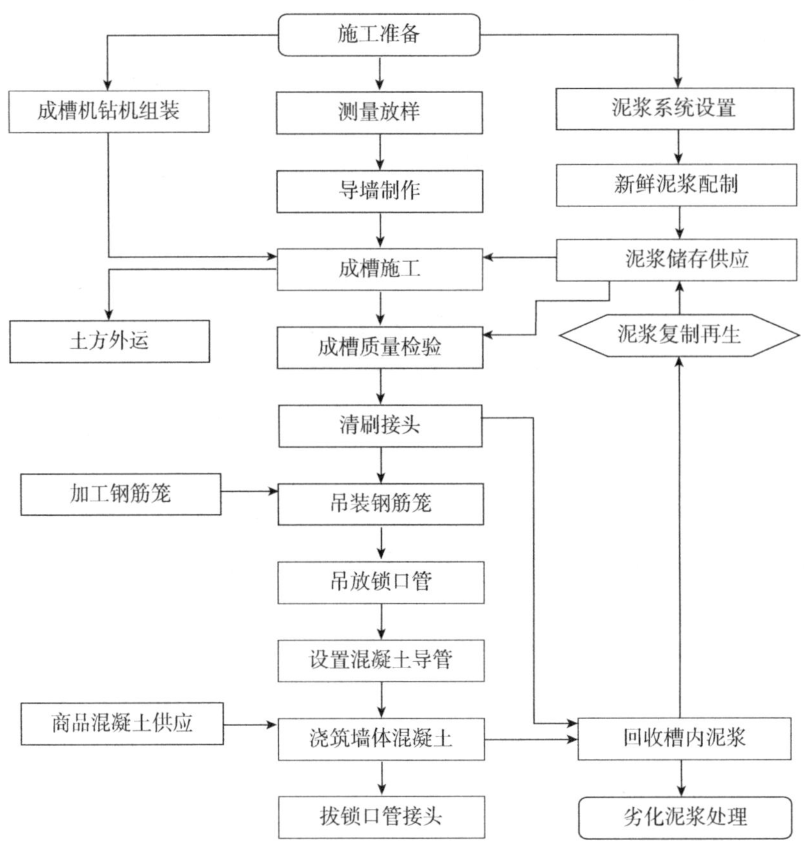

图13-2 地下连续墙施工工艺流程图

13.2.3 导墙施工

导墙采用30cm厚“┑ ┍”形C20钢筋混凝土墙，根据连续墙施工误差的要求，导墙中心轴线需外放10cm，两片导墙净间距比地下连续墙厚度大5cm。基坑外侧导墙的背面设置泥浆沟，截面500mm×600mm，沟壁砖墙采用水泥砂浆砌筑，沟底用M5砂浆抹面。且沿纵向每个槽段留两个溢浆口，尺寸为300mm×150mm。导墙沟槽土方采用挖掘机开挖，人工配合。钢筋在加工场加工，现场进行绑扎。混凝土采用商品混凝土泵送入模浇筑，分层捣固密实。模板采用组合钢模。导墙钢筋混凝土分段施工，每段长度约30m，分段施工缝与连续墙的分段接头错开0.5m以上，导墙与地下连续墙中心线应一致，导墙顶部应高出地面100～200mm，平面中心线容许偏差为+10mm，墙面不平整度小于5mm（图13-3）。

（1）导墙施工工艺流程

测量放样──→开挖沟槽──→浇筑素混凝土垫层──→绑扎钢筋──→支模──→浇筑导墙混凝土──→拆模并设置横撑──→导墙沟回填。

（2）导墙施工技术措施

1）导墙沟槽土方开挖设临时排水系统，防止槽坑积水。开挖时采用机械进行大

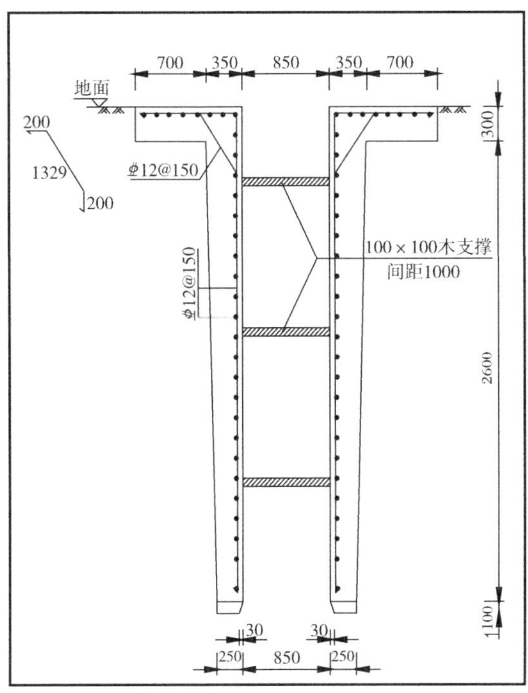

图13-3 导墙结构图（单位：mm）

开挖，人工清底，路面结构层采用液压锤破除。

2）钢筋主筋保护层为30mm，钢筋绑扎施工注意纵向钢筋的搭接长度不小于35*d*。

3）墙背回填时用黏性土分层回填夯实，夯填时两侧对称均匀回填，分层厚度不大于30cm，采用蛙式打夯机进行夯实。

4）导墙在拆模后及时沿其纵向每隔1m设上、下两道木支撑，将两片导墙支撑起来，或回填土至沟槽内，以防导墙壁位移。

5）导墙达到设计强度以前严禁重型机械在附近行走、停置或作业，以防导墙变形。

6）导墙施工质量标准见表13-1。

7）若导墙被破坏或变形，应拆除，并用优质土（或掺入适量水泥、石灰）回填

导墙施工质量标准 **表13-1**

序号	项目	单位	质量标准
1	中心轴线累计误差值	mm	±10
2	导墙顶标高误差	mm	±10
3	导墙内墙面垂直度	%	0.3
4	导墙内墙面平整度	mm	3
5	导墙顶面平整度	mm	5

坑底并夯实，重新建筑导墙。

（3）导墙施工注意事项

1）导墙不得以杂填土为基底，遇到杂填土须挖出，若挖出土方以后超深，则此处的导墙加深，遇暗浜及其他障碍物时按上述方法处理，若暗浜的面积较大，深度较深，应采取地基加固的措施。

2）导墙施工接头应与地下连续墙接头位置错开。槽壁段施工时，为确保槽壁稳定必须严格控制槽壁附近的堆载，不允许车辆在上面行驶和碰撞。

3）导墙拆模后，及时进行墙间支撑，支撑按间隔1m设上下2道的原则设置。

4）导墙后侧若需回填土时，用黏性土回填并夯实。

5）导墙施工时必须特别注意导墙的内孔尺寸，严防混凝土浇筑时胀模造成槽宽减小，进而妨碍抓斗挖槽。

13.2.4 地下连续墙成槽

地下连续墙成槽采用液压抓斗槽机三序成槽，优质膨润土泥浆护壁。

1. 成槽试验

根据本工程地质条件，选择标准幅为6m作为成槽工艺试验槽段。根据施工方案设计，地下连续墙施工前先进行试验槽段的施工，以核对地质资料，检验所选用的设备、施工工艺及技术措施的合理性，取得成槽、泥浆护壁等第一手资料。

2. 成槽施工

（1）槽段放样

根据设计图纸和业主提供的测量控制桩点布设测量控制网点，进行连续墙放样测量，在导墙上精确划出分段标记线。

（2）槽段开挖

标准槽段地层采用液压抓斗槽机抓土，三序成槽，先挖两边，再挖中间，开挖过程中要实测垂直度，并及时纠偏。液压抓斗成槽流程见图13-4。开挖出的渣土装入自卸汽车运至临时弃渣场集中堆放。

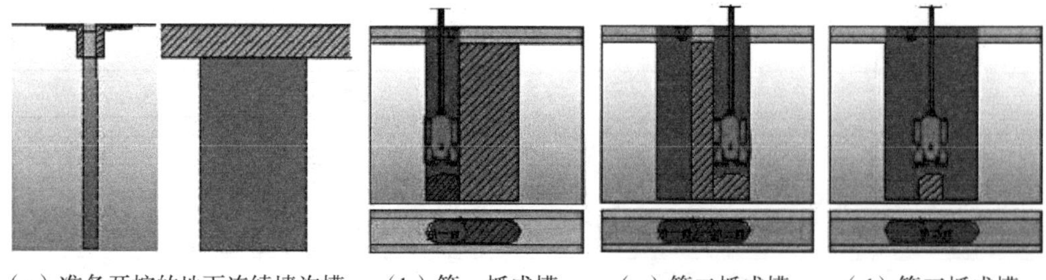

（a）准备开挖的地下连续墙沟槽　（b）第一抓成槽　（c）第二抓成槽　（d）第三抓成槽

图13-4　液压抓斗成槽流程图

（3）槽段质量检查

槽段开挖结束后，检查槽位、槽深、槽宽及槽壁垂直度，合格后可进行清槽换浆。成槽质量标准见表13-2。

成槽质量标准 **表13-2**

项目	允许偏差	检验方法
槽宽	0 ~ +50mm	超声波测井仪
垂直度	0.3%	超声波测井仪
槽深	比设计深度深100 ~ 200mm	超声波测井仪

（4）清底换浆

槽段的扫孔作业利用槽壁机液压抓斗有序地从一端向另一端进行，抓斗每次移动50cm左右，将槽底的渣土清除干净。

再用压缩空气法（空吸法）吸泥清底，如清底后浇灌混凝土间隔时间较长，可利用混凝土导管在顶部加盖，用泵压入清水稀释或压入新鲜泥浆将槽底密度和含砂量大的泥渣置换出来，以保证墙体混凝土质量。

清槽结束后，测定距槽底20cm处泥浆相对密度，泥浆相对密度宜保持在1.15左右，任何情况下泥浆相对密度不得小于1.05，槽底200mm处泥浆相对密度不得大于1.2，相对密度大于1.35的泥浆作为废浆处理。并保持槽内泥浆均匀以利于混凝土灌注；淤泥厚度应小于200mm。两槽段混凝土接头上的淤泥要认真细致地清刷干净。

（5）废浆及渣土处理

刚挖出的淤泥、淤泥质黏土及石渣采用与一定数量的生石灰相混合，让生石灰吸收大量的水分后，充分利用车流量小时，利用遮盖式普通自卸汽车弃至指定弃土场。针对废浆，宜采用全封闭罐车外运弃渣。

3. 成槽机操作要领

（1）抓斗出入导墙口时要轻放慢提，防止泥浆掀起波浪，影响导墙下面和背后的土层稳定。

（2）无论使用何种机具成槽，在成槽机具挖土时，悬吊机具的钢索不能松弛，一定要使钢索呈垂直张紧状态，这是保证成槽垂直精度必须做好的关键动作。

（3）成槽作业中，要时刻关注侧斜仪器的动向，及时纠正垂直偏差。

（4）单元槽段成槽完毕或暂停作业时，即令成槽机离开作业槽段。

4. 护壁泥浆配制和使用

地下连续墙成槽过程中，为保持开挖沟槽壁的稳定、悬浮泥浆，要不间断地向槽中供给优质泥浆。

（1）泥浆性能指标

本工程泥浆采用优质的膨润土、纯碱、CMC按一定比例配制。制备泥浆的水选用纯净的自来水。

泥浆的配合比及性能指标的确定，除通过槽壁稳定的检算外，还须在成槽过程中根据实际地质情况进行调整。制备泥浆的性能指标见表13-3。

制备泥浆的性能指标　　　　表13-3

项目		性能指标	检验方法
相对密度		1.05～1.15g/mL	泥浆比重计
黏度		20～30s	500mL/700mL漏斗法
含砂率		＜4%	含砂量计
胶体率		＞95%	量杯法
失水量		＜30mL/30min	失水量仪
泥皮厚度		1～3mm/30min	失水量仪
静切力	1min	2～3N/m^2	静切力计
	10min	5～10N/m^2	
稳定性		30g/mm^3	稳定性筒
pH		8～9	pH试纸

（2）泥浆的制备和使用

根据一次同时开挖槽段的大小、泥浆的各种损失及制备和回收处理泥浆的机械能力确定所需的泥浆数量，采用由高速回转的泥浆搅拌机和螺旋输送机等设备组成泥浆搅拌系统拌制泥浆。膨润土泥浆搅拌均匀后，在贮浆池内一般静止24h以上，加分散剂后最低不少于3h，以便膨润土颗粒充分水化、膨胀，确保泥浆质量。

使用振动筛和旋流器进行泥浆的再生处理，以便净化回收重复使用。通过振动筛强力振动除去较大土渣，余下的一定量的细小砂粒在旋流器的作用下，沉落排渣。净化后，用化学调浆法调整其性能指标，制成再生泥浆。

无法再回收使用的劣质泥浆，经过三级沉淀进行泥水分离后，水排入下水道，泥渣用作填土或按有关规定运至合理地点。

施工场地设集水井和排水沟，以防地表水流入槽内，破坏泥浆性能。

施工期间，控制槽内泥浆面在导墙下20cm，并高出地下水位0.5m以上，以防造成槽壁塌落。

在容易产生泥浆渗漏的土层中施工时，适当提高泥浆黏度（可掺入适量的羧甲基—纤维素），增加泥浆储备量，并备有堵漏材料。当发生泥浆渗漏时应及时堵漏和补浆，使槽内泥浆液面保持正常高度。

（3）清槽后的泥浆性能

在清槽过程中不断置换泥浆，清槽后，槽底以上0.2m处的泥浆相对密度不大于1.2，含砂率不大于8%，黏度不大于28s。

（4）泥浆再生处理

泥浆在槽内所处的位置不同，受污染的程度也不一样，槽段开挖施工中要注意观察泥浆质量的变化情况，取出沟槽内不同深度（一般3～5m一点）的泥浆测试相对密度、黏度、含砂率、pH等，当pH达到11时，回收至循环沉淀池，pH小于11时，可经再生处理后重复使用。泥浆再生处理工艺流程见图13-5。

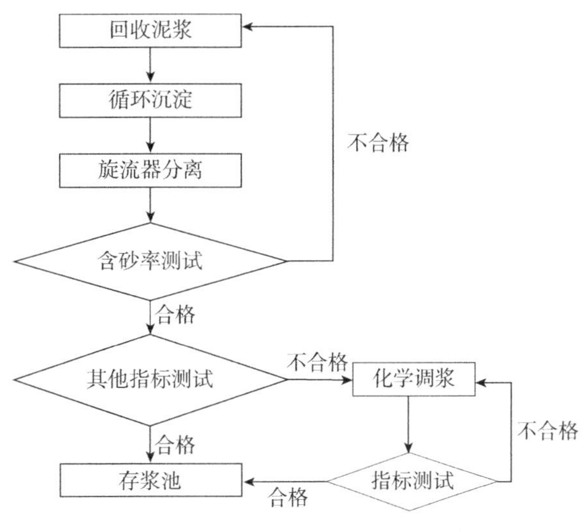

图13-5　泥浆再生处理工艺流程图

（5）泥浆工作状态（循环方式）分析

在连续墙泥浆护壁成槽过程中，根据成槽方式的不同，泥浆工作状态也不相同。本标段工程中，泥浆采用静置式工作状态，根据成槽深度及时补充泥浆。

13.2.5 钢筋笼加工

（1）钢筋笼制作

连续墙钢筋笼按设计要求加工制作，在场地内设16号槽钢拼装而成的钢筋笼加工平台。为保证钢筋笼在起吊过程中具有足够的刚度，钢筋笼上增设钢筋桁架，连续墙钢筋笼内外侧各设X形剪力拉筋三道，桁架筋斜杆焊在钢筋笼上。所有钢筋连接处均采用焊接，最后焊接钢板定位垫块。钢筋笼制作质量标准见表13-4。

（2）钢筋笼吊装

钢筋笼吊装采用两台履带式起重机，本标段800mm地下连续墙的钢筋笼吊装，主吊机采用200t履带式起重机，副吊机采用100t履带式起重机。吊装时合理布置吊点，两台起重机同时工作，使钢筋笼逐渐离开地面，并改变其角度，直到垂直，履带式起重机将钢筋笼移到槽段上，对准槽段的中部缓缓入槽（图13-6、图13-7）。

地下连续墙钢筋笼制作的允许偏差　　　　　表13-4

项目	允许误差（mm）
主筋间距	±10
箍筋间距	±20
笼厚度（槽宽方向）	0，-10
笼宽度（段长方向）	±20
笼长度（深度方向）	±50
加强桁架间距	±30

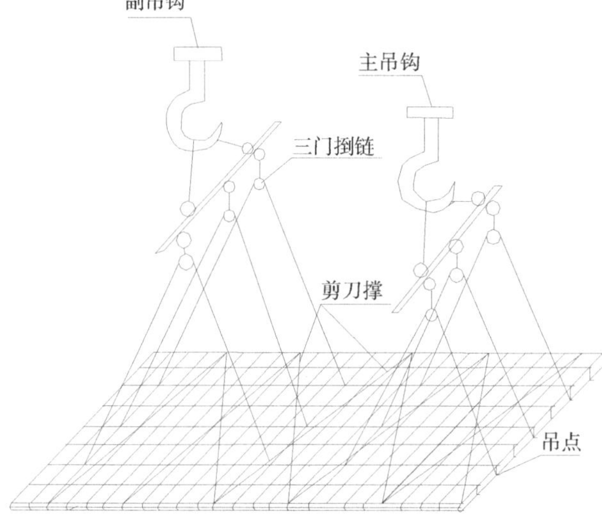

说明：

1. 钢筋笼的吊放宜用主钩加横担配合起吊，通过捯链将钢筋笼吊直，并在入槽过程中依次拆除副钩上御卡。
2. 吊点合理布置，使笼子受力均匀，平稳提升。
3. 主钩副钩收放缓慢，同时进行。

图13-6　钢筋笼吊装示意图

图13-7　钢筋笼整幅起吊

钢筋笼与用φ32钢筋加工成的吊环焊接并用16号B槽钢作为扁担置于导墙面上，控制其标高。

为保证槽壁的完好性，在清槽后3～4h内下完钢筋笼，并开始浇筑混凝土。

13.2.6 混凝土灌注

地下连续墙墙身混凝土采用导管法灌注C35防水混凝土，抗渗等级P6，根据本工程地下连续墙的分幅情况，所有墙幅均采用两根导管进行灌注混凝土。导管由灌注架或利用吊机提升，地下连续墙灌注方法见图13-8a。

地下连续墙深度较大也对混凝土导管刚度和导管接口的密水性提出了更高的要求。为此拟使用Q235钢材制作，经过耐压试验的φ270混凝土丝牙导管及其配套料斗、搁置梁等设备。导管示意图如图13-8b所示。

（1）灌注混凝土在钢筋笼入槽后的4h之内开始。

（2）混凝土下料用经过耐压试验的φ270混凝土导管，拎拔拆卸导管使用灌注架。

（3）灌注混凝土过程中，埋管深度保持在1.5～2.0m，混凝土面高差控制在0.5m以下，墙顶面混凝土面高于设计标高0.3～0.5m。

13.2.7 特殊槽段处理

在地下连续墙分幅中，连续墙有“L”形、“Z”形等异形槽段，开挖时先抓挖1，使抓斗在挖单孔时吃力均衡，可以有效地纠偏，保证成槽垂直度。当1开挖完成后，再开挖2。清槽完成后即可吊放“L”形钢筋笼，1的拐角处回填小沙袋对悬空地下连

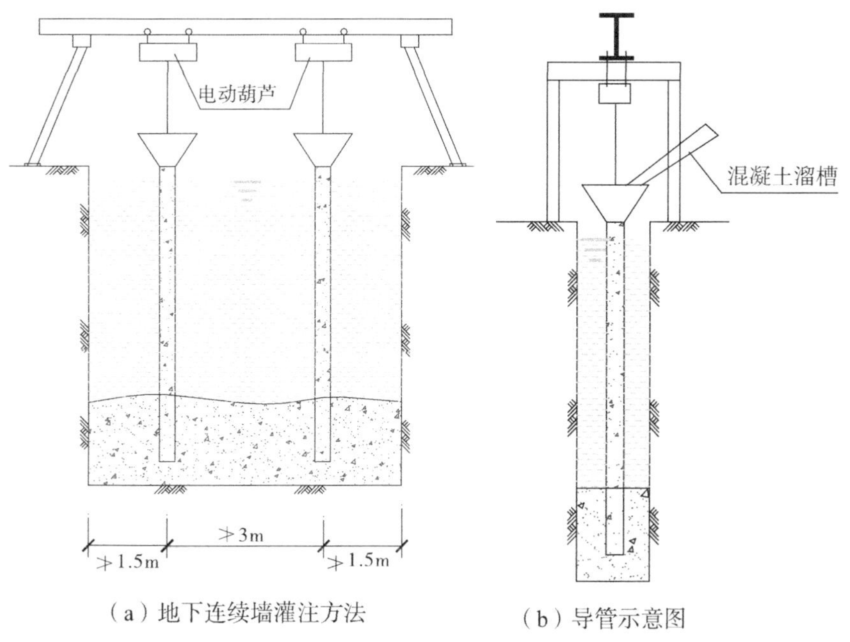

（a）地下连续墙灌注方法　（b）导管示意图

图13-8　水下混凝土灌注图

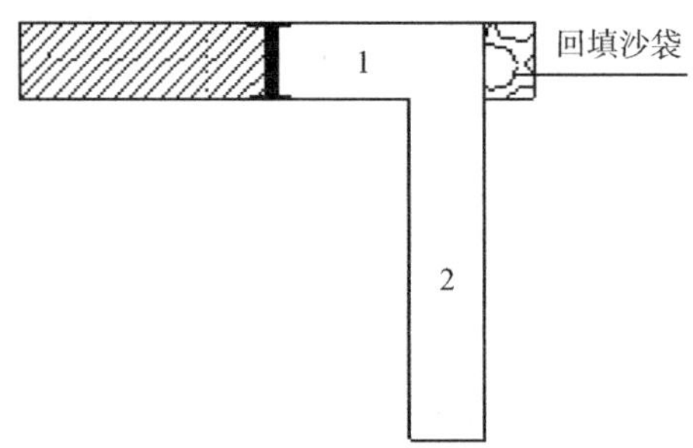

图13-9　拐角处地下连续墙示意图

续墙接头进行封闭，灌注水下混凝土。“Z”形槽段施工原理相同，施工时可以参照“L”形槽段施工方法（图13-9）。

13.2.8 施工技术措施

1. 垂直度控制及预防措施

（1）合理安排一个槽段中的挖槽顺序，用抓斗挖槽时，要使槽孔垂直，最关键的一条是要使抓斗在吃土阻力均衡的状态下挖槽，要么抓斗两边的斗齿都吃在实土中，要么抓斗两边的斗齿都落在空洞中，切忌抓斗斗齿一边吃在实土中，一边落在空洞中，根据这个原则，单元槽段的挖掘顺序为：直线幅槽段先挖两边后挖中间，转角幅槽段有长边和短边之分，必须先挖短边再挖长边，使抓斗在挖单孔时吃力均衡，可以有效地纠偏，保证成槽垂直度，使抓斗两侧的阻力均匀。

（2）成槽施工过程中，抓斗掘进应遵循一定原则，即：慢提慢放、严禁满抓。特别是在开槽时，必须做到稳、慢，严格控制好垂直度；每次下斗挖土时须通过垂直度显示仪和自动纠偏装置来控制槽壁的垂直度，直至斗体全部入槽。

（3）在挖槽过程中，成槽机操作人员可根据成槽机的垂直度显示仪显示的槽段偏差值通过成槽机上的自动纠偏装置对抓斗进行纠偏校正，以控制槽壁的垂直度。

（4）挖槽结束后，利用超声波测壁仪对槽壁垂直度进行测试，如槽壁垂直度达不到设计要求，用抓斗对槽壁进行修正，直至槽壁垂直度达到设计要求。同时对槽壁垂直度检测做好记录，并现场交底，以利于下道工序的顺利进行。

2. 防止挖槽坍方措施

（1）泥浆控制

1）选用黏度大、失水量小，形成护壁泥皮薄而韧性强的优质泥浆，是确保槽段在成槽机反复上下运动过程中土壁稳定的关键，同时应根据成槽过程中土壁的情况变化选用外加剂，调整泥浆指标，以适应其变化。在泥浆配制材料上选用失水量小、护壁效果好的复合性膨润土。

2）成槽机抓斗提出槽内时，应及时进行补浆，减少泥浆液面的落差，始终维持稳定的液位高度（导墙顶下去20cm），保证泥浆液面比地下水位高。

（2）施工工艺

成槽施工过程中，抓斗掘进应遵循一定原则，即：慢提慢放、严禁满抓。抓斗出入导墙口时要轻放慢提，防止泥浆掀起波浪，影响导墙下面、后面的土层稳定。

（3）施工措施

1）在成槽机停机定位时，需在成槽机履带下方铺设钢板（特别是转角幅槽段），以减少成槽机对槽壁竖向应力，同时尽量减少成槽机的跑动而产生的动荷载对槽壁的扰动，防止特殊槽段阳角处坍方。

2）雨天地下水位上升时应及时加大泥浆相对密度和黏度，雨量较大时暂停挖槽，并封盖槽口。

3）施工过程中严格控制地面的附加荷载，避免土壁受到施工附近荷载作用影响过大而造成土壁坍方，确保墙身的光洁度。

4）每幅槽段施工应做到紧凑、连续，把好每一道工序质量关，使整幅槽段施工速度缩短，有利于槽壁的稳定。成槽验收结束后，及时吊放钢筋笼（安放钢筋笼应做到稳、准、平，防止因钢筋笼上下移动而引起的槽壁坍方）、放置导管等工作，经检查验收合格后，立即浇筑水下混凝土，尽量缩短开挖槽壁的暴露时间。

5）成槽过程中如发现泥浆大量流失、地面下陷等异常现象时，不可盲目掘进，应立即停止挖槽，并派人看好现场，同时及时向项目总工和监理汇报，待确定处理方案后再继续施工。

（4）加强监测

成槽过程增加对周围建筑物沉降和位移以及地面的沉降监测的频次，及时将监测信息反馈回来，根据监测信息制定相应的措施。

（5）槽壁塌方处理措施

若在成槽过程中已经遇到了塌方，可采取如下处理措施：

1）坍塌的槽段部分导墙即使不断裂，也因其底部空虚而不能承重，因此在吊装钢筋笼前先架设具有足够刚度的钢梁，代替导墙搁置钢筋笼，并将钢筋笼荷载通过钢梁传递到坍塌区以外的地基上。

2）浇筑混凝土时，可用泵车在远离坍塌槽段的地方直接下料。

3. 地下连续墙渗漏水预防及处理措施

（1）地下连续墙的清底工作应彻底，将槽底泥块清除干净，防止泥块在混凝土中形成夹心现象，引起地下连续墙漏水。清除干净地下连续墙接缝处泥块，以防地墙接缝夹泥漏水。

（2）严格泥浆的管理，对相对密度、黏度、含砂率超标的泥浆应坚决废弃，防止因泥浆引起的混凝土浇筑时混凝土面高差过大而造成的夹层现象。

（3）钢筋笼露筋会成为渗、漏水的通道。控制钢筋笼露筋，钢筋笼保护块有足够的刚度、厚度、数量，钢筋笼在吊放入槽时先对中槽壁中心，以免挤压保护块。

同时钢筋笼下放不顺时，不得强行冲放，以防止露筋。

（4）防止混凝土浇筑时槽壁坍方。钢筋笼下放到位后，附近不得有大型机械行走，以免引起槽壁土体振动塌方。

（5）确保混凝土质量满足设计要求，混凝土浇筑时严格控制导管埋入混凝土中的深度，做好混凝土浇筑记录，绝对不允许发生导管拔空现象，防止混凝土导管拔出混凝土面而出现混凝土断层夹泥的现象。如万一拔空导管，应立即测量混凝土面标高，将混凝土面上的淤泥吸清，然后重新开管浇筑混凝土。开管后应将导管向下插入原混凝土面下1m左右。

（6）混凝土浇筑过程中将经常提拔导管，起到振捣混凝土的作用，使混凝土密实，防止出现蜂窝、孔洞以及大面积湿迹和渗漏现象。

（7）保证商品混凝土的供应量，工地施工技术人员必须对搅拌站提供的混凝土级配单进行审核并测试其到达施工现场后的混凝土坍落度，保证商品的质量。

（8）如开挖后发现有渗漏现象，应立即进行堵漏，可视其漏水程度不同采取相应措施，封堵方法如下：

1）在有微量漏水时，可采用双快水泥进行修补。

2）漏水较严重时，可用双快水泥进行封堵，同时用软管引流，等水泥硬化后从引流管中注入化学浆液止水堵漏，也就是进行化学灌浆。

3）对较大渗漏情况，有可能产生大量土砂漏入时，可先在地下连续墙迎土面采用钻孔注浆进行堵漏。同时在地下连续墙渗水处的内侧清理漏水孔，及时采用木楔堵住，并用水泥封堵，然后进行引流和化学灌浆处理并涂刷聚合物或水泥基渗透结晶防水涂料。

4. 地下连续墙露筋现象的预防措施

（1）钢筋笼必须在水平的钢筋平台上制作，制作时必须保证有足够的刚度，架设型钢固定，防止起吊变形。

（2）必须按设计和规范要求放置保护层垫块，严禁遗漏。

（3）钢筋笼吊放过程必须小心平稳，不得强行冲放。

5. 成槽漏浆现象的预防及处理措施

（1）产生漏浆现象最主要地方是地下管道部位。对于施工区内地下管道，在导墙施工时，应将地下管道在导墙范围内的部分破除干净，将导墙做成深导墙，导墙的底部必须超过地下人防和地下管道的底板，进入原状土层，导墙的后部用黏土回填密实，防止漏浆。

（2）对于少量漏浆现象，是由于地质原因，可在泥浆中加入0.5%～2%的锯末作为防漏剂，再继续成槽施工。

（3）对于突然出现的大量漏浆现象，是由于开挖槽壁中有孔洞出现，这时应立即停止成槽，并不断向槽内送浆，保持槽内泥浆面的高度，防止槽壁坍方。然后挖出导墙外边的土体，查找漏浆的源头以便进行封堵。待处理结束后才能继续进行后续的成槽工作。

6. 对于钢筋笼无法下放到位的预防及处理措施

（1）对于钢筋笼在下放入槽时不能准确到位的情况，不得强行冲放，严禁割短割小钢筋笼，应重新提起，待处理合格后再重新吊入。

（2）钢筋笼吊起后先测量槽深，分析原因，对于坍孔或缩孔引起的钢筋笼无法下放的情况，应用成槽机进行修槽，待修槽完成后再继续吊放钢筋笼入槽。

（3）对于大量坍方，以致无法继续进行施工时，应对该幅槽段用黏土进行回填密实后再成槽。

7. 对接驳器、预埋钢板等预埋件标高控制措施

（1）钢筋笼施工时应保证钢筋笼横平竖直，预埋件必须准确对应于钢筋笼的相应位置标高。

（2）预埋件必须牢固固定于钢筋笼上，杜绝预埋件在钢筋笼起吊和下放过程中产生松动或脱落现象。

（3）钢筋笼下放到位后，必须跟踪测量笼顶主筋的标高，超过规范和设计要求的情况，必须马上调整到设计标高。

8. 钢筋笼整幅吊装措施

该工程围护地下连续墙钢筋笼最大长度为47m，钢筋笼将采用整幅吊装。钢筋笼是一个刚度较差的结构焊接物，起吊时极易变形散架，造成安全事故，为此根据以往成功经验，采取以下技术措施：

（1）钢筋笼上设置纵、横向起吊桁架和吊点，使钢筋笼起吊时有足够的刚度防止钢筋笼产生不可复原的变形（图13-10）。

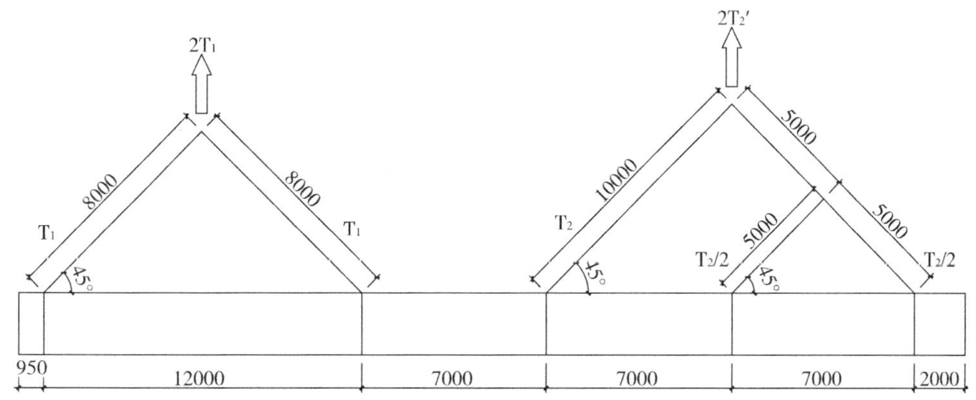

图13-10 钢筋笼纵、横向起吊桁架和吊点设置示意图（单位：mm）

（2）对于拐角幅钢筋笼除设置纵、横向起吊桁架和吊点之外，另要增设“人”字桁架和斜拉杆进行加强，以防钢筋笼在空中翻转角度时发生变形。详见图13-11。

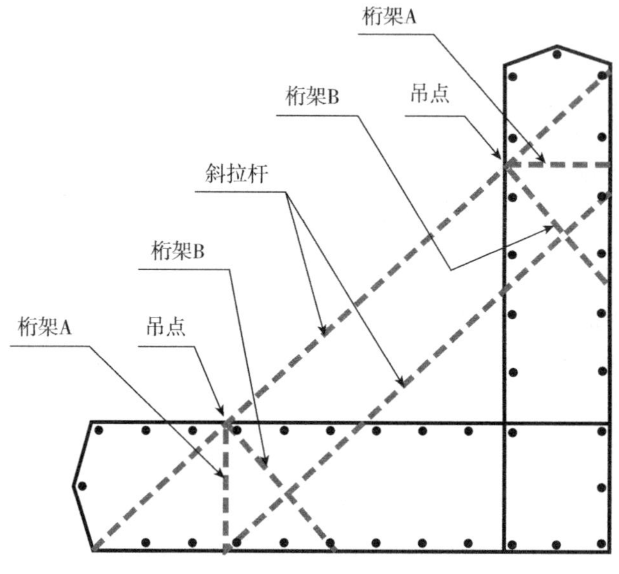

图13-11　连续墙拐角钢筋加强方法示意图

9. 地下连续墙的墙趾注浆

为确保地下连续墙稳定不沉降，设计要求对地下墙的墙趾进行注浆加固。

（1）注浆工艺流程（图13-12）。

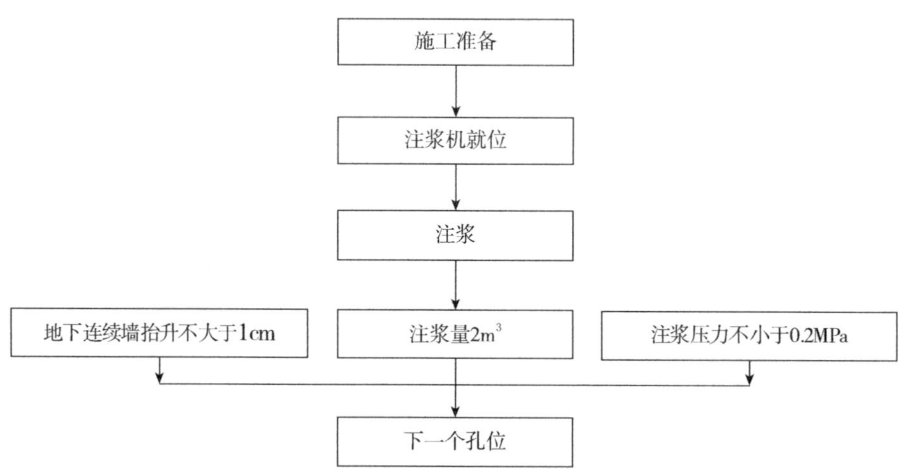

图13-12　墙趾注浆工艺流程图

（2）施工方法

地下连续墙达到设计强度后，对墙底注浆，要求每幅小于6m的幅段放两根注浆管，大于6m的地墙设置三根注浆管，墙底注浆管的埋设垂直可靠、不变形，在管顶要设单向阀，浆液配比要按照加固的目的和加固地层状态进行专门设计，并通过试验进行调整，在正式注浆前，要选择有代表性的墙段进行注浆试验，确定合适的注浆参数。在墙体混凝土初凝后（3~5d），先注少量清水疏通管路，在墙体混凝土达到70%强度后（17~20d）再开始注浆，注浆压力控制在0.2MPa，注浆量每幅墙约不少于2m^3。注浆时要严格控制注浆压力不大于0.2MPa，地下墙抬起不大于1cm，并进行周边环境的监测。

（3）针对性措施

1）地下墙施工时对预埋注浆管的保护措施

注浆管固定在钢筋笼上，上管口用木楔封堵，下管口用棉纱封堵。

下放钢筋笼时，对准槽段缓慢下放，防止碰撞注浆管，造成注浆管弯曲变形。

浇筑混凝土时，导管保持上下竖直，防止刮靠注浆管。

2）注浆管堵塞时的补救措施

为防止注浆时注浆管有堵塞，注浆前进行试压水试验，发现有堵塞注浆管，采用加大压力进行压水冲洗，对于无法疏通注浆管部位，采取在地下墙内外各补一个注浆管措施进行补强。

3）墙趾注浆施工质量控制和预防措施

水泥、粉煤灰和水玻璃等主要原材料应具有《产品质量认证书》、产品检验合格证等有关质量证明文件。

用比重计测量水泥浆相对密度，保证水泥浆相对密度不低于1.49。用测尺对配浆量进行复核，做到浆液配制准确。

用经纬仪和水准仪测量注浆孔位及地面高程，控制地墙抬起不大于1cm。

施工前先对计量仪器进行标定，检查密封圈。注浆压力不大于0.2MPa，超过设计压力及时上拔注浆管。注浆时严格控制注浆流量。

施工中必须认真记录孔位注浆情况，并及时予以统计，施工原始记录应做到全面、准确、及时。

13.3 抗拔桩、立柱桩施工方案及技术措施

13.3.1 总体概述

隧道基坑包含抗拔桩采用φ1000mm钻孔灌注桩，根据结构埋深桩长为12m、16m、20m、24m、36m。隧道格构柱兼抗拔桩采用φ900mm钻孔灌注桩，桩长15m，格构柱规格为460mm×460mm。伸入钻孔桩3m，钻孔灌注桩为C30水下混凝土，基础桩（兼立柱桩）采用C40水下混凝土，抗渗等级为P10。采用旋挖机成孔，泥浆护壁，吊机整体下放钢筋笼，水下灌注混凝土。

13.3.2 施工工艺流程

钻孔灌注桩施工工艺流程见图13-13。

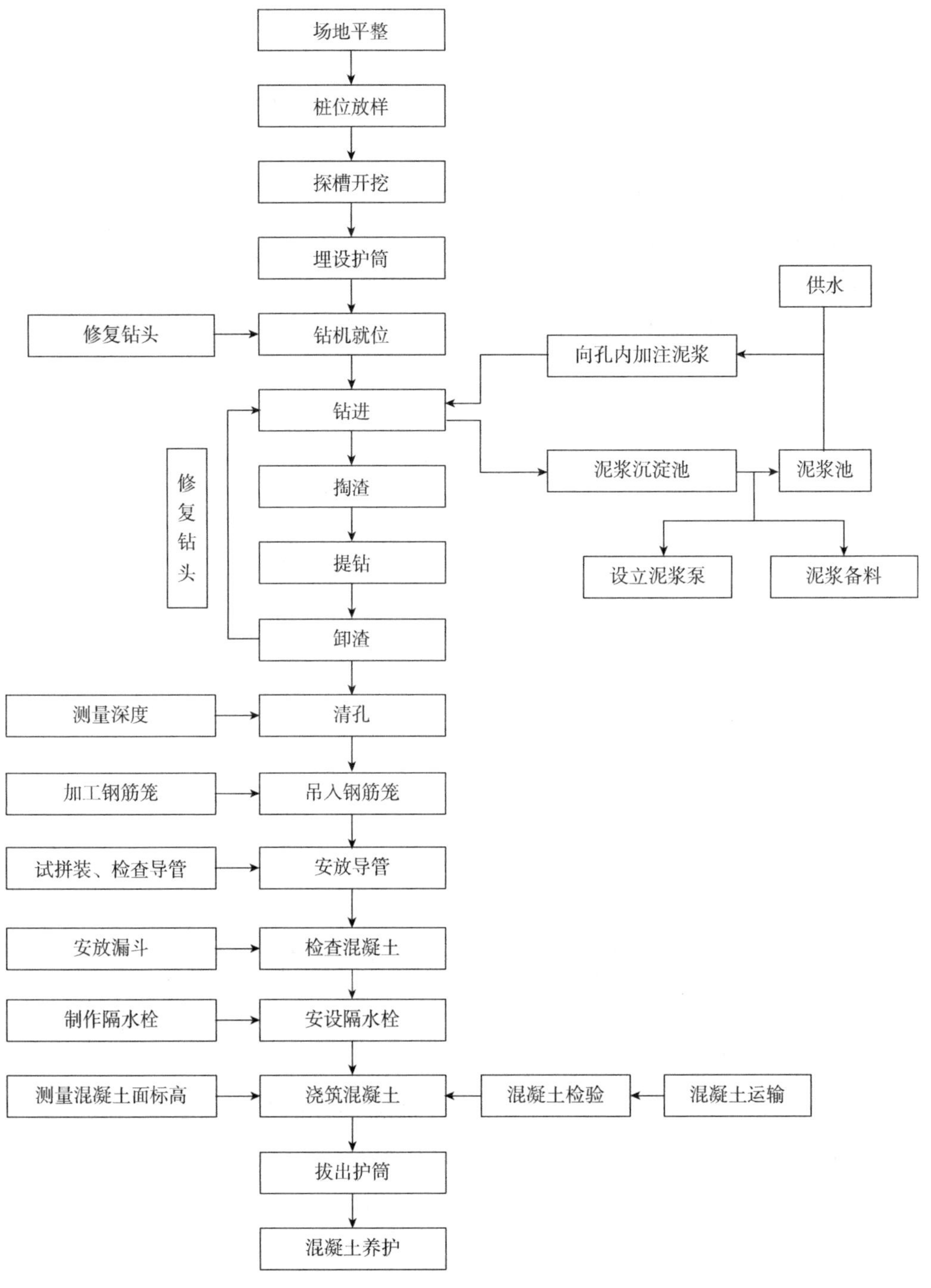

图13-13　钻孔灌注桩施工工艺流程图

13.3.3 抗拔桩施工方法

1. 桩位测量

钻孔桩施工前采用全站仪进行精确测量，测定钻孔桩位置，并埋设护桩。

2. 泥浆沉淀池

泥浆采用性能指标符合规范要求的优质黏土或膨润土制备。为保证泥浆的供应质量，施工时在基础旁适宜位置开挖一个泥浆沉淀池，以便进行泥浆沉淀，清除沉渣，循环利用。

在钻孔作业中，经常对泥浆质量进行试验测定，及时调整泥浆的相对密度和黏度，泥浆相对密度控制在1.3～1.5，黏度18～22s，含砂率4%～8%，胶体率不小于90%，确保护壁良好，钻孔顺利。

3. 探槽开挖

旋挖机钻进前，必须对桩点位置开挖探槽，探明地下管线及障碍物。探槽可单点开挖，也可开挖成整体探沟。开挖深度不小于3m或开挖到原状土。

4. 埋设护筒

护筒采用钢护筒，内径比桩径大30cm，对于1.2m直径桩而言，护筒直径为1.5m，护筒每节长2m，必要时焊接加长。护筒采用挖埋法，护筒周围用黏土回填夯实，护筒节间焊接严密，防止漏浆。护筒埋好后，检查护筒埋设平面位置及垂直度。护筒顶高出施工水位或地下水位2m，并高出地面0.3m，安装位置偏差在5cm以内，倾斜度在0.5%以内，符合规范要求。

5. 桩位复核

在桩位复核正确，护筒埋设符合要求，在护筒、地坪标高已测定的基础上，钻机才能就位；桩机定位要准确、水平、垂直、稳固，钻机导杆中心线、回旋盘中心线、护筒中心线应保持在同一直线。旋挖钻机就位后，利用自动控制系统调整其垂直度，钻机安放定位时，要机座平整，机塔垂直，转盘（钻头）中心与护筒十字线中心对正，注入稳定液后，进行钻孔。

6. 钻孔作业

制备泥浆选用$I_p>17$的黏性土或膨润土，调制的护壁泥浆及经过循环净化的泥浆相对密度应达到1.3～1.5，黏度18～22s。当钻进到卵石层时出现泥浆大量渗漏的情况时，现场采取的解决措施是快速向孔中抛填大量钻渣（粉质黏土），再加入适量的羧甲基纤维素钠，待沉浸后，使用钻具在钻孔中慢速地进行正反旋转，以将黏土及羧甲基纤维素钠挤入卵石缝隙中，这样就阻止了泥浆向卵石缝隙中的渗漏并能形成稳定孔壁。

开钻后，将钻机调平对准钻孔，把钻头吊起徐徐放入护筒内，对正桩位，启动泥浆泵和钻机，待泥浆进入孔内一定数量后，方可开始钻进。钻孔时，保持孔内泥浆顶面始终高出地下水位0.5m以上。为提高泥浆的黏度和胶体率，在泥浆中加入适量的烧碱。在钻进过程中，严格控制钻头提高不超过2m。钻进时，经常进行检孔，防止出现偏孔。钻孔作业应分班连续进行，每班二次对钻机、钻头、钢丝绳及卡具进行检查，发现问题及时解决。做好每班钻孔记录、下班交接及本班的具体事宜。当钻到岩层时分层取渣样，在渣样袋中注明标高、尺寸、桩号和日期。

7. 临时渣土堆放

旋挖桩钻进时的渣土需有专门的堆放场地，即沉渣池。根据本工程场地条件，在施工场地内规划一个长10m、宽3m的临时沉渣堆放场堆放挖出的渣土并及时外运至指定弃渣点。

8. 清孔及成孔检查

在钻至设计深度后，停止钻进，利用泥浆泵管至孔底补浆进行循环，排除沉渣，使孔底钻渣清除干净。在清孔排渣时，必须注意保持孔内水头，防止坍孔。采用检孔器对孔深、孔径、孔位、孔形和垂直度进行检查，经检查合格、经监理工程师同意并签证后，及时吊装钢筋笼。从清孔至混凝土开始浇灌，应控制在1.5～3h，一般不得超过4h，否则应重新清孔。

9. 钢筋笼制作及吊装

清孔完毕，经现场监理工程师检查、批准后，即吊装钢筋笼。

钢筋笼在钢筋加工场加工，采用有托架的机动翻斗车拉运，汽车式起重机吊放入孔。为了防止钢筋笼吊装就位时发生变形，纵向主筋和加强箍筋焊接牢固，其他箍筋适当点焊，并绑扎牢固。吊装前对钢筋笼的分节长度、直径、主筋和箍筋的型号、根数、位置，以及焊接、绑扎、声测孔绑扎等情况全面检查，确保各部位质量达到规定要求。

为保证钢筋笼保护层厚度，加工钢筋笼时，每隔2m在钢筋笼环筋上设置定位筋，每一断面共计4个，以保证钢筋笼的保护层。钻孔灌注桩主筋保护层厚度为70mm。

钢筋笼吊装完成后，在钢筋顶部主筋上对称布置2根ϕ12的钢筋作为吊筋，用以调节钢筋笼的上下位置。吊筋固定在漏斗架或特设固定架上，防止混凝土灌注时，钢筋笼上浮。钢筋笼安装后进行二次清孔，测得沉渣厚度符合规范要求，泥浆指标相对密度在1.15～1.2之间，含砂率小于2%符合规范要求后再灌注桩身混凝土。

10. 灌注水下混凝土

水下混凝土采用导管法灌注，漏斗隔水采用拔球法。在灌注前应对钢导管试拼并进行拉力、水密试验，并做好标记。安装导管时将导管放置在钻孔中心，轴线顺直，平稳沉放，防止挂钢筋笼和碰撞孔壁，就位后用卡盘固定于护筒口或漏斗架上。导管上口设漏斗和储料斗，导管下口离孔底约30cm～50cm。

灌注首批混凝土的数量进行精确计算，确保混凝土的数量能满足导管初次埋置深度不小于1m和填充导管底部的需要，且满足导管内外压力平衡要求，防止管外压力过大将泥浆压入管内，造成断桩。

为保证混凝土灌注的顺利，应确保混凝土的和易性满足施工要求，坍落度控制在18～22cm之间。水下混凝土的灌注须连续进行，确保中途不中断。

灌注时经常测量混凝土的高度和导管埋深，导管埋深一般为2～6m，导管提升、拆除时，应保持位置居中，根据导管埋置深度确定提升高度，提升后导管埋深不得小于2m。

拆除导管时，应用卡盘将第二节导管卡死，防止落入孔内。

桩身混凝土比桩顶设计标高超灌0.5～1m，确保凿除桩头后桩顶混凝土质量。

11. 桩的检测

根据规范要求，施工前应采用静载试验确定单桩竖向承载力特征值，检测数量不少于3根，且不宜少于总桩数的1%；桩基施工完成后，采用低应变动测法进行检验，抽检数不得少于总桩数的20%，且不得小于10根，检测时应请监理工程师现场见证。一般选有代表性的桩进行检测，重要工程或重要部位的桩应逐根进行检测。

13.3.4 立柱桩施工方法

1. 施工工艺流程

场地平整⟶测量放线⟶埋设钢护筒⟶钻机就位整平⟶钻孔⟶第一次检孔、清孔⟶下放钢筋笼⟶吊放格构柱⟶安装导管⟶第二次检孔、清孔⟶灌注水下混凝土⟶回填。

（1）立柱桩成孔同抗拔桩成孔，详见抗拔桩施工。

（2）格构柱在场外钢构加工厂加工制作，原材料进场首先审查质量合格证明文件并对材料的外观进行检查验收，合格后准许制作。对制作完成的格构柱依据现行《钢结构工程施工质量验收规范》GB 50205—2020及设计要求进行验收，验收合格后方允许进场进行安装。

格构柱的拼装在施工现场进行，并严格按照施工图纸拼装，格构柱间对接、焊接时接头应错开，保证同一截面的角钢接头不超过50%，相邻角钢错开位置不小于50cm。角钢接头应在焊缝位置角钢内侧采用同材料短角钢进行补强。

2. 格构柱吊装与定位

由于现场场地标高与格构柱柱顶标高不在一个平面上。格构柱安装后无法在顶端进行固定，为控制格构柱标高及保证格构柱的垂直度，格构柱安装工程质量控制工序如下：确定定位点⟶格构柱吊装就位⟶格构柱与钢筋笼焊接⟶垂直度控制⟶格构柱定位⟶垂直度复测⟶下导管。

（1）确定定位点

格构柱桩钻孔完成后，将钻孔周边泥浆、土等清理干净、测量员计算好格构柱

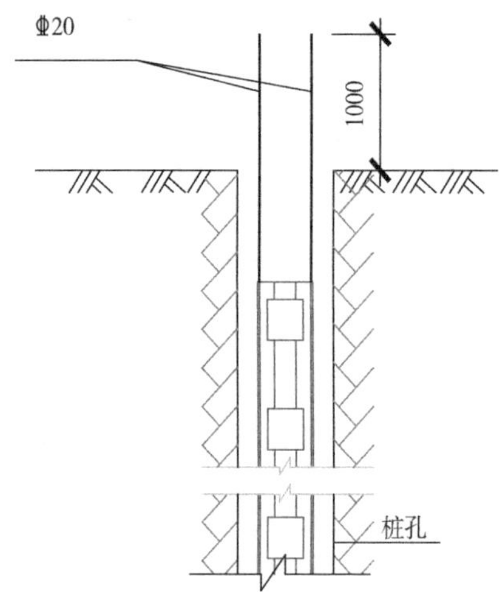

图13-14　中立柱定位示意图（单位：mm）

四边中点延长线4个坐标点，然后进行放线，定位偏差小于10mm。桩孔周边在桩成孔完成后进行平整，孔四周铺150mm×150mm枕木。钢筋笼下落至孔口位置时用型钢进行固定，将格构柱吊至钢筋笼内进行加固连接。格构柱每个角钢上焊接一根20mm螺纹钢，并超出地面1m，用于控制格构柱方位（图13-14）。

（2）格构柱吊装就位

将吊起的格构柱缓慢放入钢筋笼内，格构柱进入桩顶3m，尽量避免碰撞钢筋笼（图13-15）。

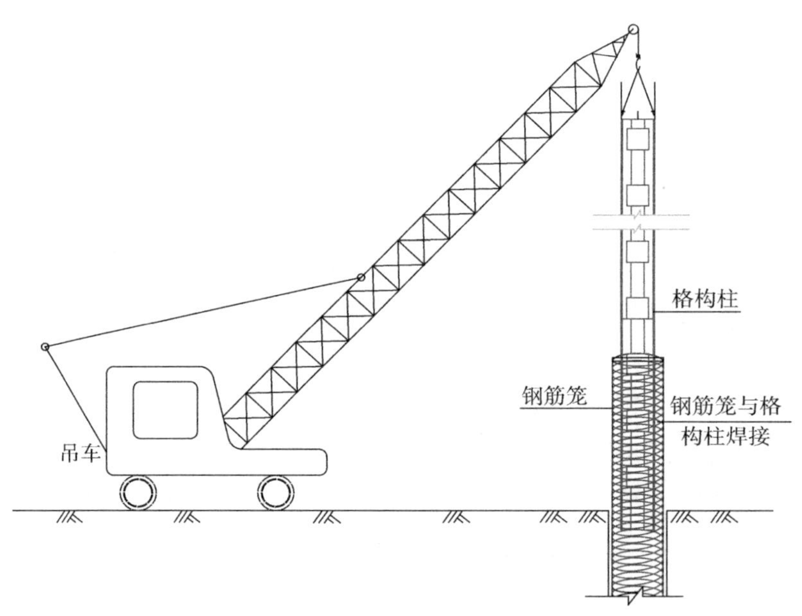

图13-15　中立柱吊装示意图

（3）格构柱与钢筋笼焊接

1）在格构柱每边的钢筋笼主筋上各焊接1根20mm螺纹钢水平钢筋，距格构柱每边有20～30mm的活动量，使格构柱位于钢筋笼中间，保证格构柱各面与钢筋笼间距均匀，以便吊装后能对格构柱位置进行微量调整，使其位置准确柱身铅垂。

2）格构柱四个面分别采用两根长1.0m、φ12mm钢筋斜向与钢筋笼主筋焊牢，焊接长度为100mm，钢筋具有一定的长度形成柔性连接，以便能使格构柱作相对微量调整。

（4）格构柱定位

1）根据施工图纸及现场导线控制点，使用全站仪测定桩位，根据地质情况直接定点或打入木桩定点，并以“交叉法”引到四周作好护桩点（图13-16）。

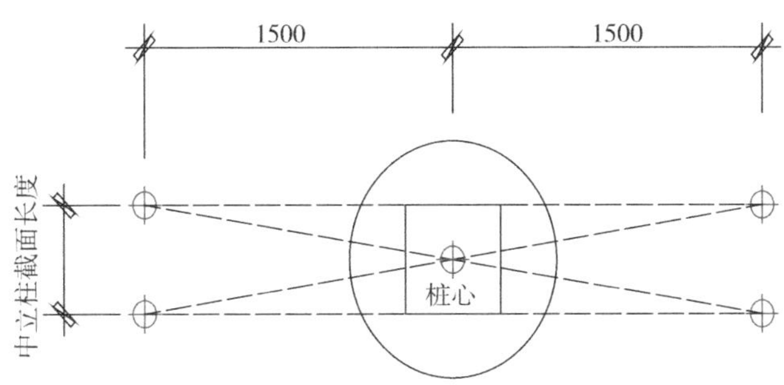

图13-16　中立柱桩位控制图（单位：mm）

2）利用已经布好的4个定位点及格构柱上焊接的20mm螺纹钢，控制好格构柱的位置。格构柱在下落过程中用靠尺进行检测，最终保证格构柱中心及方位符合设计要求，并上紧螺杆固定，防止位移，然后在格构柱内下导管浇筑混凝土。

13.4 SMW工法桩施工方案及技术措施

13.4.1 SMW工法桩施工

管廊围护结构采用φ850SMW工法桩@600，工法桩内插700mm×300mm×13mm×24mmH型钢，H型钢隔一插二或隔一插一，桩间咬合250mm。

1. SMW工法桩施工方案

SMW工法桩施工采用三轴搅拌桩机搅拌成桩，H型钢采用履带式起重机起吊，自重式插入，必要时用液压振动锤进行压入，见图13-17。

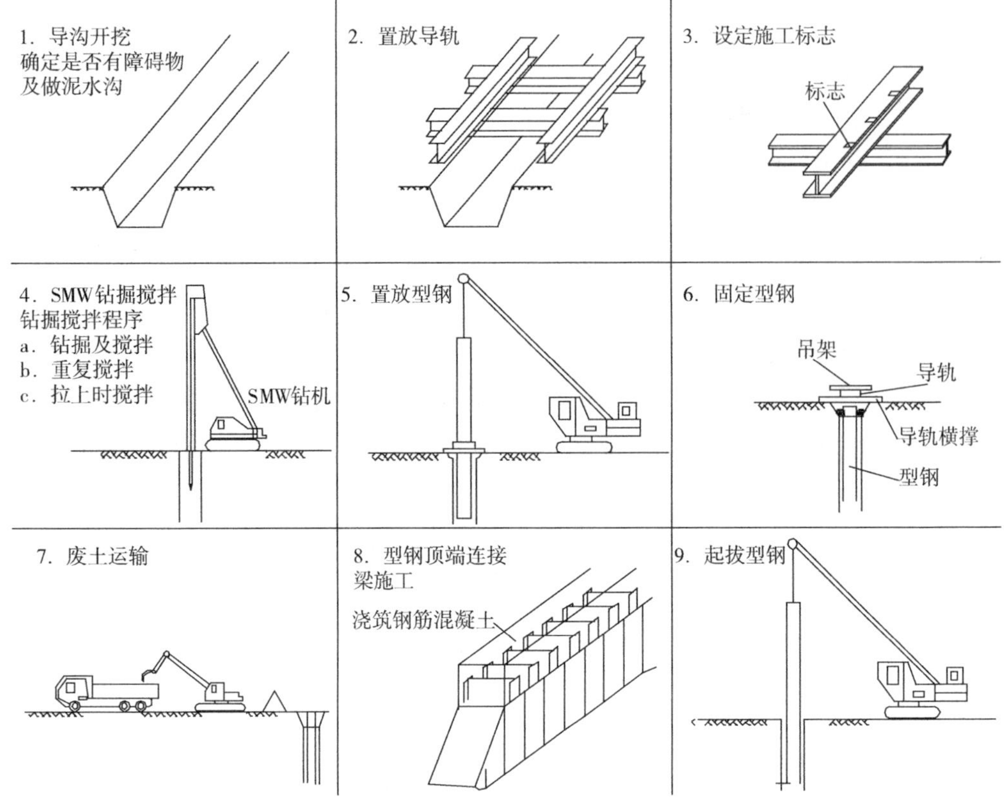

图13-17　SMW工法桩施工示意图

2. SMW工法桩施工工艺

SMW工法桩施工工艺流程如图13-18所示。

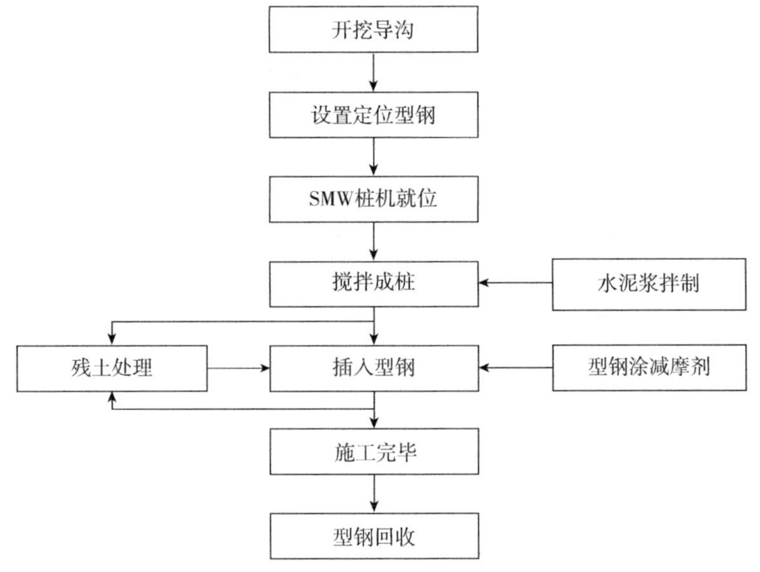

图13-18　SMW工法桩施工工艺流程图

3. SMW工法桩施工方法

SMW工法桩的水泥搅拌桩采用“两搅两喷”法施工。

（1）测量放样

按照设计施工图要求进行桩位放样，并做好临时标志。为防止由于搅拌桩向基坑内倾斜引起的施工误差偏大，造成内衬墙厚度不足，工法桩轴线外放10cm。

（2）开挖沟槽

根据基坑围护的测量放样线尺寸，在搅拌桩施工前开挖导槽，并清除地下障碍物。沟槽尺寸见图13-19。

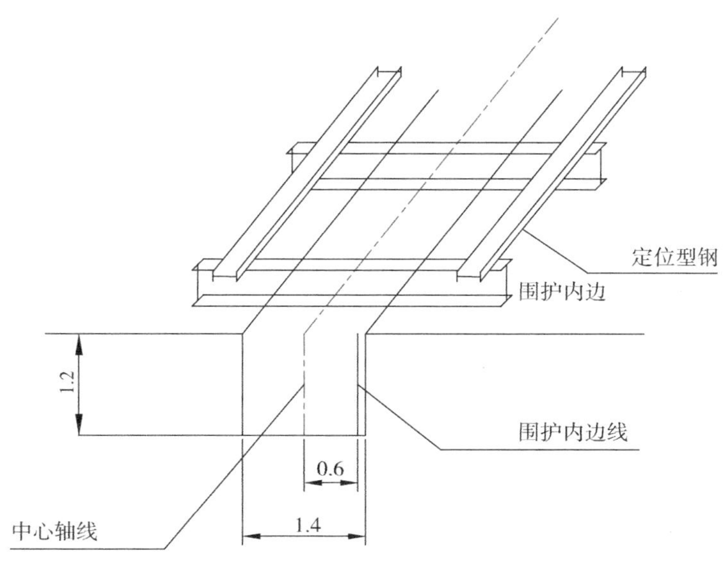

图13-19　SMW工法桩沟槽开挖示意图（单位：m）

（3）放置定位型钢

垂直沟槽方向放置两根定位型钢，规格为200mm×200mm，长约2.5m，在平行沟槽方向再放置两根定位型钢，规格300mm×320mm，长约10m，H型钢定位采用型钢定位卡。具体位置及尺寸见图13-20 SMW工法桩定位型钢示意图。

（4）三轴搅拌桩定位

三轴搅拌桩三轴中心间距φ850的为1200mm，根据这个尺寸在平行H型钢表面用红漆划线定位。

（5）SMW工法成桩施工顺序

SMW工法搅拌成桩采用跳槽双孔全套复搅式连接和单侧挤压式连接两种方式施工，详见图13-21 SMW工法桩跳槽式施工顺序和图13-22 SMW工法桩挤压式施工顺序。其中阴影部分为重复套钻，以保证墙体的连续性和接头的施工质量，达到止水的作用。

1）跳槽双孔全套复搅式连接：一般情况下采用该种方式进行施工。

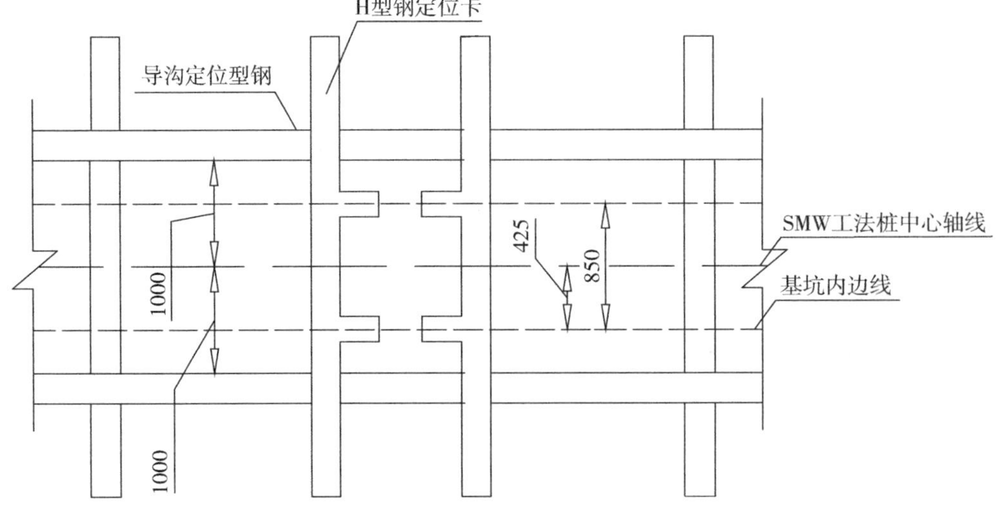

图13-20　SMW工法桩定位型钢示意图（单位：mm）

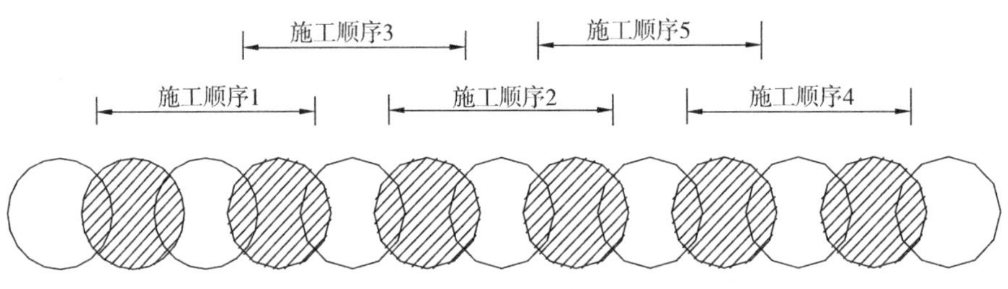

图13-21　SMW工法桩跳槽式施工顺序

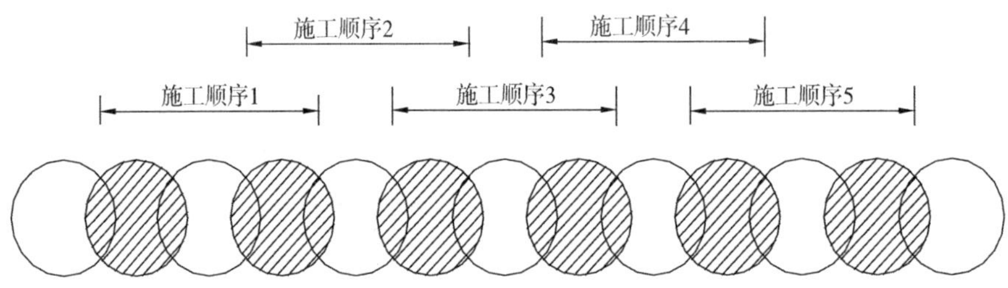

图13-22　SMW工法桩挤压式施工顺序

2）单侧挤压式连接方式：在围护墙转角处或有施工间断处采用此种连接。

（6）SMW工法桩成桩施工

1）桩机就位

①桩机就位由当班班长统一指挥，移动前掌握各方面情况，发现障碍物应及时清除，桩机移动结束后认真检查定位情况，出现偏差及时纠正。

②桩机就位应平稳、位置正确，在成桩前采用全站仪对搅拌轴的垂直度进行检查定位观测，以确保搅拌桩的垂直度符合设计和规范要求。

2）搅拌成桩施工

搅拌机成桩采用“两搅两喷”的方法施工。搅拌机冷却水循环正常后，启动搅拌机电机，搅拌机搅拌下沉。搅拌机搅拌下沉的速度控制在0.6～1.0m/min，转速为6r/min。搅拌机下沉到设计深度后，开启水泥浆泵，压力保持在1.5～2.5MPa，使水泥浆自动连续喷入搅拌土中。搅拌机边喷浆边搅拌上升，喷浆提升速度不大于0.5m/min，直到设计桩顶标高上1m。为使水泥浆与土体充分搅拌均匀，再次搅拌下沉到设计深度，然后喷浆搅拌提升，速度控制在1m/min。施工中出现意外中断注浆或提升过快现象时，立即暂停施工，重新下钻至停浆面或少浆桩段以下1m的位置，重新注浆10～20s后恢复提升，保证桩身完整，防止断桩。

3）水泥浆液制备

SMW工法桩水泥采用罐装水泥，拌浆系统采用电脑自动控制。水泥浆的水灰比为0.5～0.6，每立方搅拌水泥土水泥用量为400kg，拌浆及注浆量以每钻的加固土体方量换算，注浆压力为1.5～2.5MPa，以浆液输送能力控制。

4）减摩剂涂刷

为便于H型钢回收，型钢须涂刷减摩剂后插入水泥土搅拌桩，结构强度达到设计要求后起拔回收。

减摩剂涂刷前必须清除H型钢表面的污垢及铁锈，涂层须均匀。

基坑开挖后，设置支撑牛腿时，必须清除H型钢外露部分的涂层，方能电焊。地下结构完成拆除支撑后，必须清除牛腿，并磨平型钢表面，然后重新涂减摩剂。

灌注圈梁时，埋设在圈梁中的H型钢部分必须用泡沫板将其与混凝土隔开，否则将影响H型钢的起拔回收。

5）H型钢插入

三轴水泥搅拌桩施工完毕后，吊机应立即就位，准备吊放H型钢。SMW工法桩中型钢采用700mm×300mm×13mm×24mm H型，附属结构围护的插入方式为隔一插二或密插。

①起吊前在型钢顶端开一个中心圆孔，孔径约6cm，装好吊具和固定钩，然后用50T吊机起吊H型钢，用线锤校核垂直度，确保型钢垂直度符合设计和规范要求。

②在导沟定位型钢上安设H型钢定位卡，固定在插入型钢平面位置，型钢定位卡必须牢固、水平，然后将H型钢底部中心对正桩位中心并沿定位卡徐徐垂直插入水泥土搅拌桩体内。

③根据高程控制点，用水准仪引放到定位型钢上，根据定位型钢与H型钢顶标高的高度差，在定位型钢上搁置槽钢，焊ϕ8吊筋控制H型钢顶标高，误差控制在±5cm以内。

④待搅拌桩水泥土达到一定强度后，撤除吊筋与导沟定位型钢。

⑤若H型钢插放达不到设计标高时，采用振动锤振动打入标高。

（7）弃土处理

三轴搅拌机搅拌时将产生余土，在施工过程中及时用挖掘机挖出，堆放在指定位置，固结后及时外运。

（8）H型钢回收

待主体结构施工完成并达到设计强度后，采用专用夹具及千斤顶以圈梁为反梁，起拔回收H型钢。

（9）施工记录

施工过程中由专人负责记录，详细记录每根桩的下沉时间、提升时间、注浆量和H型钢的下插情况，记录要求详细、真实、准确。及时填写当天施工的报表记录，及时送监理工程师。

4. SMW工法桩施工质量标准

（1）质量检验方法

每台班做一组水泥土试块，每组6块，并按规定条件养护，达到龄期后及时做抗压强度试验。

搅拌桩桩体在达到龄期28d后，钻孔取心测试水泥土强度，水泥土抗压强度不应小于设计要求。检查数量为已完成桩数的2%且不少于3根。

（2）H型钢验收标准见表13-5。

H型钢验收标准表 **表13-5**

实测项目	允许偏差
长度	± 20mm
截面高度	± 4mm
截面宽度	± 3mm
腹板中心线	± 2mm
型钢对接焊缝	符合设计要求
型钢挠度	10mm

（3）SMW搅拌桩施工质量标准见表13-6。

SMW搅拌桩桩体质量控制标准 **表13-6**

项目		允许偏差
桩位偏差	平行基坑方向	± 30mm
	垂直基坑方向	± 30mm
垂直度		3‰
成桩深度		+100mm，−0mm

（4）SMW工法桩H型钢插入允许偏差见表13-7。

SMW工法桩H型钢插入允许偏差表 **表13-7**

检查项目		允许偏差
型钢垂直度		3‰
型心转角		±2°
型钢底标高		±4mm
型钢平面位置	平行基坑方向	±20mm
	垂直基坑方向	±20mm

5. SMW工法桩施工技术要求

（1）SMW工法桩排布以附属结构尺寸和标注的坐标为准。施工围护结构时应考虑施工条件、允许误差、桩体侧向位移、防水层铺设等因素，适当外放。水泥土搅拌桩施工时桩机就位应对中，平面允许偏差应为±20mm，立柱导向架的垂直度偏差不应大于1/250。

（2）SMW工法搅拌桩在基坑阴阳角处应加强，转角部位应插型钢。

（3）搅拌桩施工前必须对施工区域内地下障碍物进行探测，如有障碍物必须事前清除并回填素土。经分层压实，然后才可进行搅拌桩施工。

（4）搅拌桩须连续施工，采用套接一孔法施工。两幅间隔时间不得大于24h，并能与前一幅搅拌桩套打和水泥土的正常搅动为限。

（5）H型钢必须在搅拌桩施工完毕后30min以内插入，必要时在搅拌桩中掺入缓凝剂。

（6）施工相邻桩间隔超过8h，或因故停歇超过24h，应按冷缝处理执行。在后施工桩中增加水泥掺量（可增加20%～30%）及注浆等措施，前后排桩施工应错位成踏步式搭接形式，有利于墙体稳定及止水效果。在冷缝处搅拌桩的外侧补素搅拌桩，素桩与围护桩搭接厚度约为10cm，以防止未来基坑开挖时出现大量渗水现象。

（7）H型钢宜插入搅拌桩靠近基坑的内侧，平面误差平行于基坑边线方向不大于50mm，垂直基坑边线方向不大于10mm，垂直偏差不宜大于1/250，顶标高误差应不大于±50mm，形心转角不超过3°。

（8）搅拌桩施工前应先进行现场试桩试验，通过试桩确定实际成桩步骤、水泥浆液的水灰比、注浆泵工作流量、搅拌桩喷浆下沉或提升速度及复搅速度等。要求搅拌桩水泥土的28d龄期的无侧限抗压强度大于1.0MPa。搅拌桩施工完成后，须养护至设计强度（28d）后，方可进行基坑开挖施工。

（9）H型钢需锚入顶圈梁，并高于顶圈梁顶部不小于500mm且不宜高于自然地面。H型钢与顶圈梁的接触处的隔离材料应采用不易压缩的材料。H型钢插入工法桩前应涂刷减摩剂，处理后起拔力应满足型钢拔除施工机械的要求。

（10）H型钢接头：内插型钢宜采用整材，H型钢分段时，必须采用分段焊接，分段焊接采用坡口焊等强焊接，焊接等级不低于二级。对接焊缝的坡口形式和要求应符合现行行业标准《钢结构焊接规范》GB 50661—2011的有关规定，单根型钢中焊接接头数量不宜超过2个，焊接接头的位置应避免设在支撑位置或开挖面附近等型钢受力较大处；相邻型钢的接头竖向位置宜相互错开，错开距离不宜小于1m，且型钢接头距离基坑底面不宜小于2m。

（11）H型钢拔出后应采用6%～8%水泥浆液填充。

13.4.2 SMW工法桩针对性技术措施

1. 遇孤石的处理措施

在桩机成桩过程中如遇孤石则采用加水冲击，提高水泥掺量的方法，若孤石较大无法冲脱，则采用扩大桩径或加桩补强的施工方法。

2. 垂直度控制及纠斜措施

准确定位桩的平面位置，桩机就位严格按桩的平面位置就位；对于有偏斜的桩位，采用加桩的措施，在其后面补作加桩。

3. 意外停机时的应急措施

发生意外停机事件，将钻杆提高100cm，重新搅拌，防止出现断桩或夹层现象，若两桩咬合超过24h，则第二根桩采用增加20%浆量，或加桩处理。

4. 断桩、开叉等的补救措施

在基坑开挖中发现SMW工法有断桩、开叉情况时，在基坑内侧进行注浆，外侧旋喷桩止水，并用t=12mm钢板在断桩、开叉处封闭，钢板与工法型钢满焊。

5. SMW工法与地墙接头的防渗措施

SMW工法桩与连续墙接头处，由于地下连续墙混凝土外突等情况影响，搅拌轴与连续墙需保持一定距离，导致接头处搅拌不到位，存在隐患，易产生涌水、涌砂现象。因此，为保证施工安全，在接头处采取以下技术措施：

（1）接头处的SMW水泥搅拌桩适当增加水泥浆量，降低搅拌轴的提升和下沉速度。

（2）接头处外侧按设计要求采用高压旋喷桩加固止水；在基坑内侧采用t=12mm的钢板将SMW工法中靠近地下墙的第一根型钢与地下墙主筋焊接，焊接要求为满焊，钢板背后的空隙用快速水泥封堵。

13.5 冠梁、混凝土支撑及连系梁施工方案

本标段基坑四周设置1200mm×800mm冠梁，首道支撑采用800mm×800mm混凝土支撑，支撑之间设置600mm×800mm连系梁，在地下连续墙施工完成后施工冠梁、混凝土支撑及连系梁。

13.5.1 施工工艺流程

冠梁、混凝土支撑及连系梁施工工艺流程如图13-23所示。

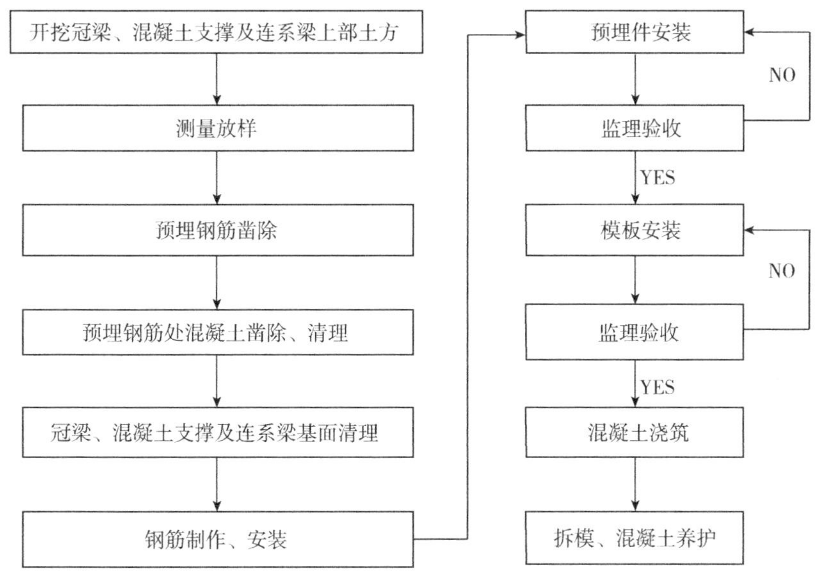

图13-23　冠梁、混凝土支撑及连系梁施工工艺流程图

13.5.2 施工方案

（1）开挖及预埋钢筋凿出

开挖至混凝土支撑标高位置，测量放线，定出预埋钢筋位置及混凝土支撑位置，根据测量放样将预埋钢筋凿出，及时清除连续墙上的覆土及凿毛。

（2）钢筋施工

预埋钢筋凿出后，连接预埋钢筋。

冠梁、钢筋混凝土支撑和栈桥板钢筋预先在钢筋加工场按设计尺寸加工成半成品，并分类、分型号堆放整齐。施工前再次对照设计图纸进行检查，检验无误后运至施工现场。

钢筋现场绑扎，主筋接长采用单面搭接焊。焊缝长度不小于10d，同一断面接头不得超过50%。每段冠梁钢筋为下段冠梁施工预留出搭接长度，并须错开不小于

1m。冠梁的施工缝与连续墙接头错开且不小于2m。

钢筋绑扎完成后，按要求埋设基坑护栏及其他预埋件。

（3）模板施工

混凝土侧模采用15mm厚木模板，两侧钢管支撑加固，之间用拉杆连接、固定，斜撑使用带伸缩撑头的ϕ48钢管。模板在安装前需涂刷脱模剂。

（4）混凝土浇筑及养护

冠梁、混凝土支撑及栈桥板混凝土采用商品混凝土，混凝土泵车浇筑混凝土，并及时进行养护。

13.6 基坑降水

13.6.1 水文地质条件

根据地下水的含水介质、赋存条件、水理性质和水力特征，勘探揭露范围内场地地下水类型主要是第四纪松散岩类孔隙潜水和孔隙承压水，分述如下：

1. 孔隙潜水

拟建场地浅层地下水属孔隙性潜水，主要赋存于1层碎石填土、2层素填土、2层砂质粉土、3层砂质粉土、4层砂质粉土、5层砂质粉土夹粉砂、6层粉砂、6夹层粉砂、7-1层层状粉砂、7-2层粉砂夹淤泥质粉质黏土、1层淤泥质粉质黏土夹粉砂中，由大气降水径流补给以及河水的侧向补给，潜水水量很大，潜水与地表水水力联系较好，且地下潜水与钱塘江相连通，地下水位随季节变化。详勘期间测得的水位一般为0.60～3.40m，相应高程为2.04～6.16m，根据区域水文地质资料，浅层地下水水位年变幅为1.0～2.0m。根据在杭州的项目经验，结合本工程场地环境，地下潜水垂直流向不明显，水平流速较小，一般小于0.40m/d。

2. 孔隙承压水

根据勘探揭露，拟建场区存在的孔隙承压水分布于深部的3层粉砂、2层中细砂、3层含砾中粗砂、4层圆砾、2层圆砾中，水量丰富，隔水层为上部的粉质黏土层，承压水存在年周期性上下波动变化。承压水主要接受古河槽侧向径流补给，侧向径流排泄，受大气降水垂直渗入等的影响较小，根据周边工程施工经验，由于承压水流速较小，承压水对钻孔灌注桩影响不大。

13.6.2 降水设计方案

基坑内降水应严格按照“适时、适量、有控制”的要求进行，基坑开挖施工前并在第一道支撑达到设计强度后开始实施降水，降水深度为开挖面以下1m，降水井采用管井为主，必要时候采用真空井，根据降水试验确定。避免过量降水，同时坑内外均应设观测井，加强观测。

本方案设计降水的目的为：

（1）疏干开挖范围内土体中的地下水，方便挖掘机和工人在坑内施工作业。

（2）降低坑内土体含水量，提高坑内土体强度。

13.6.3 降水井施工

1. 工艺流程

降水井施工工艺流程见图13-24。

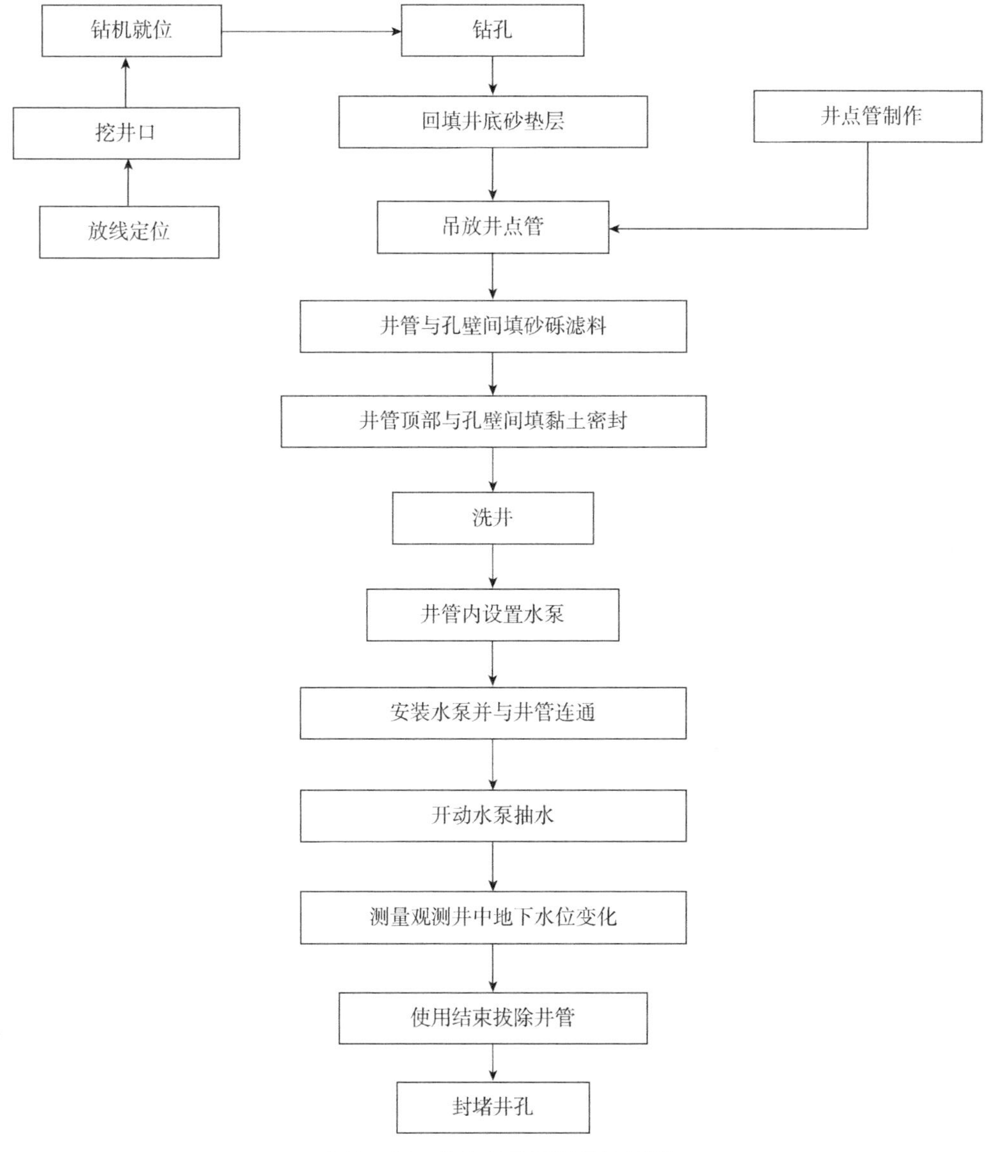

图13-24 降水井施工工艺流程图

2. 施工过程

成孔施工机械设备选用GA–50型工程钻机及其配套设备。采用正循环回转钻进泥浆护壁的成孔工艺及下井点管、滤水管，回填滤料、黏性土等成井工艺。

（1）放线定位：根据井位平面布置示意图测放井位，当布设的井点受地面障碍物或施工条件的影响时，现场可作适当调整，但调整范围一般不大于2m。

（2）挖井口、埋设护口管：护口管底口应插入原状土层中，管外应用黏性土填实封严，防止施工时管外返浆，护口管上部应高出地面0.10～0.30m。

（3）钻机就位：机台应安装稳固水平，大钩对准孔中心，大钩、转盘与孔中心三点成一垂线。

（4）钻进成孔、清孔换浆：做好钻探施工描述记录，钻进开孔时应吊紧大钩钢丝绳，轻压慢转，钻进过程中要确保钻机的水平，以保证钻孔的垂直度，成孔施工采用孔内自然造浆，钻进过程中泥浆密度控制在1.05～1.10，当提升钻具或停工时，孔内必须压满泥浆，以防止孔壁坍塌。下井管前的清孔换浆工作是保证成井质量的关键工序，为了保证孔壁不形成过厚的泥皮，当钻孔钻至底板位置时即开始加清水调浆。钻进至设计标高后，在提钻前将钻杆提至离孔底0.50m，进行冲孔，清除孔内杂物，同时将孔内的泥浆密度逐步调至1.05，孔底沉淤小于30cm，直至返出的泥浆内不含泥块为止。第一次清孔换浆是成井质量得以保证的关键，它将直接影响成井质量，因此施工时清孔换浆工作没有达到规定的要求绝不允许进入下一道工序的施工。

（5）回填井底砂垫层：清孔完成后，在井底回填砂砾垫层。

（6）下井管：井管进场后，应检查过滤器的缝隙是否符合设计要求。下管前必须测量孔深，孔深符合设计要求后，开始下井管，下管时在滤水管上下两端各设一套直径小于孔径5cm的扶正器（找正器），以保证滤水管能居中，井管连接要牢固、垂直，下到设计深度后，井口固定居中。下井管过程应连续进行，不得中途停止，如因机械故障等原因造成孔内坍塌或沉淀过厚，应将井管重新拔出，扫孔、清孔后重新下入，严禁将井管强行插入坍塌孔底。

（7）填滤料：管井反滤层采用级配石英砂，填滤料前应用测绳测量井管内外的深度，两者的差值不应超过沉淀管的长度。填滤料过程中应随填随测滤料的高度。填滤料工序也应连续进行，不得中途终止，直至滤料下入预定位置为止。最终投入滤料量不应少于计算量的95%。

（8）井口周围密封：滤料回填完成后，距地面50cm采用黏土回填，封闭井管与井壁间隙。

（9）洗井：采用“活塞洗井”法洗井，其工序如下：成井后在井管内下入活塞，上下抽拉，同时用水泵反复抽排，直至抽出的水质变清为止。洗井应在下完井管、填好滤料后立即进行，一气呵成，以免时间过长，护壁泥皮逐渐老化，难以破坏，影响渗水效果。绝不允许搁置时间过长或完成钻探后集中洗井。

13.6.4 降水运行管理

降水应根据现场情况进行，做到能及时降低基坑中的地下水位。

1. 降水施工技术

降水井抽水时，潜水泵的抽水间隔时间自短至长，每次抽水井内水抽干后，应立即停泵，对于出水量较大的井每天开泵抽水的次数相应要增多。

为了提高坑底土层的疏干效果，在抽水运行过程中采取勤抽水的方法，将井内的水位始终降至最低，尽可能地保证井管外潜水层内的地下水水位与井管内的动水位的高差达到最大，确保土层的疏干效果。

降水运行过程中，对各停抽的井及时做好水位观测工作，及时掌握井内水位的变化情况。

降水运行期间，现场实行24h值班制，值班人员应认真做好各项质量记录，做到准确齐全。

降水运行过程对降水运行的记录，应及时分析整理，绘制各种必要图表，以合理指导降水工作，提高降水运行的效果。降水运行记录每天提交一份，如有停抽的井应及时测量水位，每天1～2次。

降水施工技术措施：

（1）施工前期准备

针对本工程的特点，选择适合本工程施工条件及能满足本次降水技术要求的洗井、降水的机械设备。比如，排设排水管道与集水坑、电缆线、配电箱的排设与安装布置要合理，不影响挖土施工作业。

施工前，对全体施工人员及管理人员做好本工程施工技术交底工作，尤其是对施工的关键节点做详细交底，使全体施工人员明了本工程的技术要点，有的放矢地做好本工程各项工作。

（2）降水运行技术措施

施工现场应做好基坑内的明排水准备工作，以防基坑开挖时遇降雨能及时将基坑内的积水抽干。

降水运行开始阶段是降水工程的关键阶段，为保证在开挖时能够及时地将地下水降至开挖面以下，在洗井过程中，洗完一口井即投入一口，尽可能地提前抽水。

降水的设备（主要是潜水泵与真空泵）在施工前及时做好调试工作，确保降水设备在降水运行阶段运转正常。

工地现场要备足抽水泵，数量多于井数的3～5台。使用中的抽水泵要做好日常保养工作，发现坏泵应立即修复，无法修复的应及时更换。

降水工作应与开挖施工密切配合，根据开挖的顺序、开挖的进度等情况及时调整降水井的运行数量。

降水运行阶段，必须保证电源，如遇电网停电，能应急采用自发电供电，以确保降水的效果。

2. 降水施工管理

降水工作持续时间较长，降水管理工作的要点是：

（1）降水开始后，随时了解水位动态变化，根据水位观测情况，控制降水井排水时间和时间间隔。

（2）降水期间安排三班人员日夜值班，进行排水降水控制操作、水位观测和数据记录等相关工作。

（3）降水期间安排专人负责对抽水设备和运行状况进行定时维护、检查和保养，观测记录水泵的电源、出水等情况，保证抽水设备始终处在正常运行状态。

（4）降水期间严禁随意停抽。

（5）更换水泵时，需测量井深，掌握水泵安全深度，防止埋泵。

（6）备好备用电源，保证抽水正常、连续进行。

（7）若因地下围护结构渗漏而引起坑外水位下降超过规定值时，须控制抽水力度或停抽，并采取措施处理后再复抽。

3. 降水监测

在整个降水过程中，连续进行降水监测，降水开始前统测一次基坑的自然水位，抽水开始后，在水位未降到设计深度（基坑底板下0.5m）前，每天测3次水位，水位降到设计深度后，且趋于稳定时，每天测1次水位，水位监测精度控制为±1cm。

此外，要设专人负责监测工作，及时整理监测数据，绘制水位降深值s与时间t曲线图，分析水位下降趋势，预测达到设计降水深度所需时间。根据水位监测记录和s—t曲线图，分析查明降水过程中出现的异常情况及产生的原因，及时采取处理措施，确保降水作业能够顺利进行。

4. 防止沉降的地下水回灌措施

若通过沉降监测发现邻近建筑物沉降速率加快，发生差异沉降或不均匀沉降须高度重视，并查明具体原因。如果确认是因降水所引起时，马上采取回灌措施。在沉降区域进行回灌井的施工，回灌管井的具体设计应根据具体发生的沉降情况来定。

5. 降水维护

降水期间对抽水设备和运行状况进行维护检查，每天检查不少于3次，并观测记录水泵的工作压力、电流、电压、出水等情况，发现问题及时处理，确保抽水设备始终处在正常运行状态。

抽水设备应进行定期检查保养，如水泵出现故障，及时更换。经常检查排水管、沟，防止渗漏。备有发电设备，当发生停电时，及时更换电源，保持降水连续正常进行，确保基坑施工安全。

13.6.5 降水井封堵

降水井的封井采用在井内先填瓜子片然后再灌注混凝土的封堵方法，基本操作顺序及有关技术要求如下：

（1）当基坑开挖到设计标高以后，在基坑底开挖面以上1.0m处，割除井管。

（2）按规定留置泄水孔，并做好保护工作。

（3）抽干疏干井中的水，在浇筑垫层的同时灌浇混凝土。

（4）在征得设计、监理同意后，按上述方法封堵泄水孔。

13.6.6 降水应急措施

1. 双电源保证

施工现场备用200kW移动发电机，保证停电10分钟内能将确保降水井的电源更换，确保在基坑开挖过程中降水不得长时间中断，否则造成的后果无法估量，影响基坑的安全。

2. 电源切换流程

电源切换时电工、发电机工和降水人员要统一指挥，协调操作，各负其责。切换电源时，各位置工作人员职责如下：

（1）发电机操作工：在发电机所在位置，迅速启动发电机，待正常之后立即通知电工切换电源；

（2）电工：位于双向闸刀位置，接到发电机工的指令后，迅速切换电源；

（3）降水班人员：位于各降水井启动箱和分电箱位置，根据启动箱指示灯状态或电表状态随时合上开关并启动指定按钮。

以上工作人员必须在断电后及时各就各位，以确保降水井在较短时间内恢复运行。

3. 其他注意事项

（1）切换电源会造成所有水泵停止工作，切换电源时降水人员必须在启动箱旁随时准备启动水泵；

（2）若采用发电机，则先发电后切换电源，且必须在发电机工作稳定后方可切换；一旦恢复供电，先切换电源，再关闭发电机，且必须是在供电工作稳定后方可切换。

（3）降水井在实际运行中，由于各种原因，可能出现机械损坏的情况，而造成降水工程的中断。为了避免出现这种情况，在进行物资配备时，应适当考虑配备降水备用物资，在现使用物资出现异常时，及时更换备用物资，确保降水运行的顺利进行。

13.6.7 基坑明排水

基坑周围设400mm×400mm排水沟，上置盖板，间隔20m设1000mm×500mm×500mm的沉淀池，水沟与外围市政雨污水井连接。井点出水管接入周围水沟。

基坑临时排水沟设置于基坑内四周坡角处，其边缘距离基坑围护结构内壁不小于0.5m，沟底宽度不小于0.3m，纵向坡度不小于0.5%，沟底应比开挖底低约0.5m；在基坑底的四周及基坑边每隔20m左右设一集水井，集水井应比排水沟底低约1m，集水井井壁用滤水管等透水材料。基坑开挖时采用基坑内设临时排水沟将水汇集至临时集水井，通过潜水泵抽排至地面排水沟，通过排水沟排至沉淀池，经三级沉淀达到排放要求后排入市政管网。

施工时应特别注意及时抽水，并安排专人负责，以免积水软化土层影响开挖及基坑安全，同时地面排水沟、泥浆沟、沉淀池也需及时安排人员清理池底泥浆。

工艺流程：测量放样──→施工准备──→开挖沟槽──→修筑排水沟、集水槽──→抽排水。

13.7 基坑开挖

13.7.1 开挖原则

针对本工程地质软弱土的特点，结合我单位在类似工程中的施工经验，根据“时空效应”理论，对基坑围护和开挖过程中的时空效应，进行了认真地分析，明确了以严格控制基坑变形、保持稳定为首要目的，以严格控制土体开挖卸载后无支撑暴露时间为主要施工参数，采用加固地基、适当降水提高土体抗剪强度和注意做好基坑排水等综合措施，达到控制基坑周边地层位移、保护环境、安全施工的目的。

根据本工程基坑几何尺寸、围护墙体、支撑结构体系的布置，以及地基加固和施工条件，采用分层、分块、对称、平衡、留土护坡和阶梯流水的方法按顺序开挖和支撑，按照“时空效应”理论，确定施工参数，以保证：

（1）减少开挖过程中的土体扰动范围，最大限度地减少坑周土体位移量和差异位移量。

（2）在每一步开挖及支撑的工况下，基坑中已施加的部分支撑围护体系及开挖纵向坡度得以保持稳定，并控制坑周土体位移量和差异位移量。

（3）在“时空效应”理论指导下，有计划地进行现场工程监测，将监测数据与预测值相比较，以判断施工工艺和施工参数是否符合预期要求，从而确定和优化下一步的施工参数。

13.7.2 开挖前准备工作

本工程根据线路长度及工程量共分三个工区进行施工，每个工区分别进行分段流水施工。

（1）根据现场实际情况，合理布置施工场地，每个工区落实一个可供5辆土方车停车的待车场地，用以车辆进入施工现场的调配。

（2）施工前要求施工人员人人做到了解周边环境，并成立以项目副经理为组长的对外协调小组负责对外协调工作。

（3）通过超前井点降水，加固土体。

（4）利用反铲挖机（带镐头）按基坑开挖先后顺序，逐幅拆除老路路面结构，土渣归堆集中外运。

（5）选择适合本工程使用的机械设备。对所有进入现场的设备做一次检修，保证施工期间机械正常运转。

（6）备齐合格支撑设备，严防安装支撑时，因缺少支撑构配件而延误支撑时间，同时准备一定数量的支撑备用。

（7）备足排除基坑积水的排水设备。为保证基坑开挖而不浸水，必须事先备好设备以防开挖土坡被暗藏积水冲坍，乃至冲断基坑横向支撑，从而造成地下连续墙大幅度变形和地面大量沉陷的严重后果。

（8）落实好出土、运输道路和弃土场地，办理有关渣土外运证件。保证基坑开挖中连续高效率出土，加快开挖速度，减少地层扰动，确保水平位移量在规定指标内。

（9）根据文明施工管理办法，成立保洁班，做好场内外文明施工。

（10）组织全体员工参观、学习、讨论类似工程的施工经验，广开思路、取其精华，完善施工工艺，并使管理人员统一思想，发挥集体优势。

（11）各阶段挖土前均做好思想统一、交底清楚、目标明确，严格遵循“阶梯式”开挖施工顺序，遵循“从上到下，分层、分块，留土护坡，阶梯流水开挖，垫层及时浇筑”的总原则。

（12）各挖土阶段均设置备用机械，由专人检查用电和后勤工作。

（13）做好地下管线的监控和保护。

13.7.3 开挖施工工序

详见图13-25。

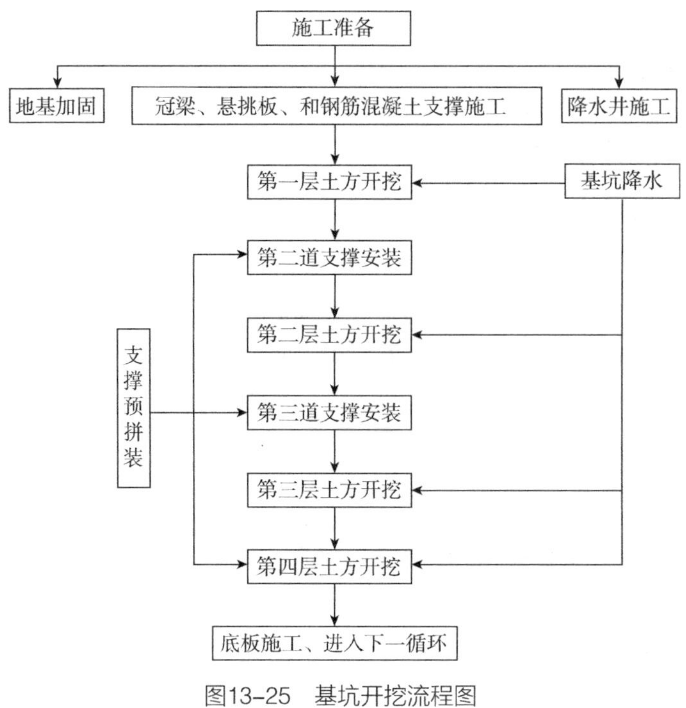

图13-25　基坑开挖流程图

13.7.4 开挖方法

（1）在围护结构和地基加固达到设计强度、基坑降水效果达到设计要求后，方可进行基坑开挖。基坑开挖采用纵向分段、竖向分层、接力法施工等方式。

（2）基坑开挖采用短臂挖掘机水平挖土，长臂挖掘机垂直挖土相结合的方法，及时架设支撑，提高挖土的施工效率。在开挖过程中应做好场地规划，合理调配运输车辆。

开挖时先挖中间土体，后挖两侧土体，预留两侧反压土体，有效控制围护结构侧向位移。竖向分层厚度与钢管支撑标高结合，每层土方开挖至支撑以下0.5m后，及时施作钢管支撑体系并预加轴力。基坑挖到基底设计标高以上20～30cm时，采用人工开挖，超挖处采用石砾、砂填至设计标高。

（3）土方开挖2个作业面示意详见图13-26～图13-28。

（4）基坑开挖时严禁超挖，分层开挖的每一层开挖面标高不低于该层设计标高。

（5）基坑纵向放坡开挖，随挖随刷坡，严格控制纵坡的稳定性，分层开挖刷坡坡度在1：2.5以内，放坡的总高度不得大于3m。在坡顶外设置截水沟，防止地表水冲刷坡面和基坑外排水再回流渗入坑内。

（6）基底挖出后立即施做垫层，挖出一块儿做一块儿，防止基底风化。

（7）土方开挖时，弃土堆放须远离基坑坡顶边线30m以外。

（8）连续墙接头处出现的渗漏水应及时封堵，必要时注浆加固。

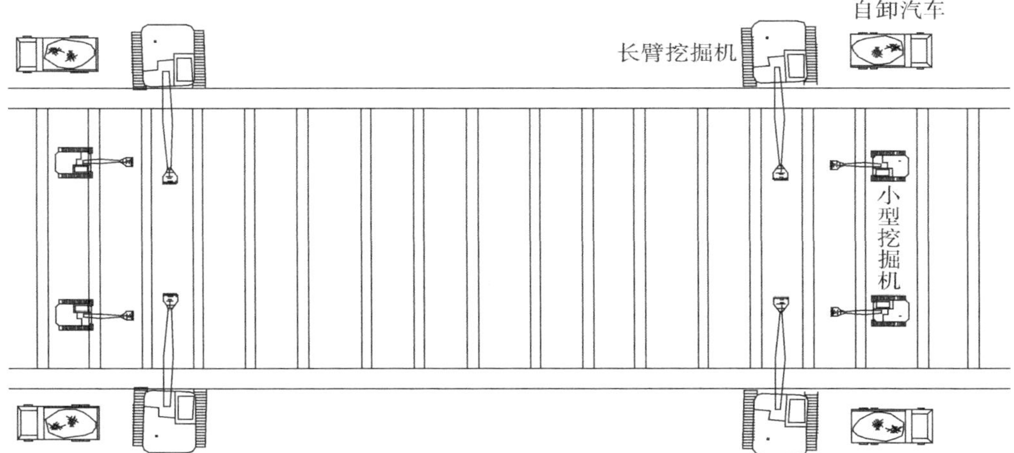

图13-26　基坑开挖平面示意图

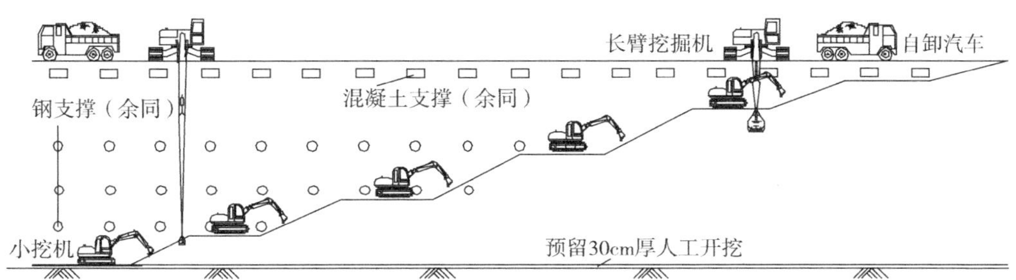

图13-27　基坑开挖剖面示意图（一）

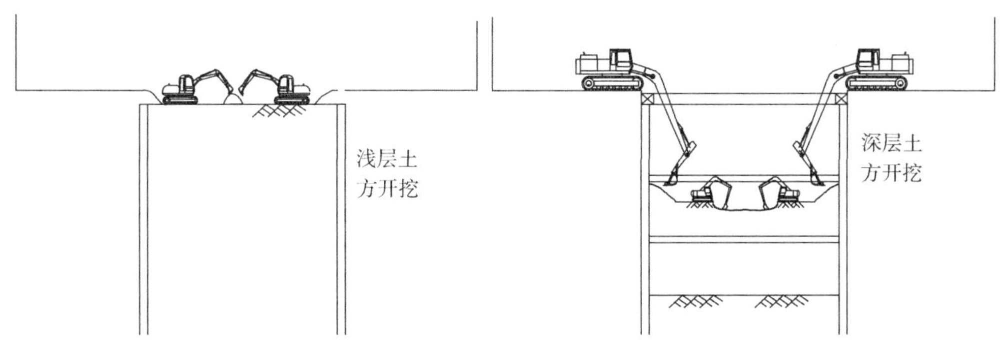

图13-28　基坑开挖剖面示意图（二）

（9）开挖过程中设专人及时绘制地质素描图，当基底土层与设计不符时，及时通知设计、监理处理。在开挖过程中有文物出现时，应立即停止开挖，并保护好现场，及时通知监理及相关部门处理。

（10）开挖过程中，按既定的监测方案对基坑及周围环境进行监测，以反馈信息指导施工。

（11）基坑开挖必须在围护结构、地基加固和降水达到设计要求后，并且开挖的人员、材料、机具及设备都已进场，开挖条件通过质检站组织业主、设计、监理和施工等单位参加的四方验收合格后方可进行。

13.7.5 控制参数

（1）基坑开挖时，基坑周边2m范围内不得放置任何材料和物资，以防地面荷载对基坑侧压过大，引起基坑围护结构变形及基底隆起。

（2）开挖前准备好应急抢险物资，开挖中如发现围护结构渗水，立即组织人员进行注浆，并设专门技术人员现场值班。注浆液为双液浆或聚氨酯进行注浆堵漏，具体配合比根据施工情况确定。

（3）土方开挖过程中挖机不得碰撞钢支撑，基坑周边土方由人工配合挖掘机开挖施工。

（4）在基坑土方开挖过程中保护好降水井，避免损坏降水设备，确保降水井的正常运行，保证地下水位在基底面以下不小于1m。

（5）在基坑开挖前应先探明基坑内有无地下管线，方能进行开挖。在基坑开挖过程中如发现地下管线，应立即停止开挖，同时上报有关部门，处理后再开挖。

（6）充分做好基坑排水措施，在基坑外侧设置排水沟，防止基坑外排水回流渗入坑内，开挖要分层分段，必须时设置排水沟和集水井，以防止基坑内积水。

（7）在基坑土方开挖过程中，按分段分层进行开挖。开挖过程中，须严格执行“分层开挖，严禁超挖”的原则，由于每段土体开挖及支撑施工时间过长时，须充分考虑基坑开挖的时空效应，必要时可考虑采用抽槽开挖方法，即先挖除支撑位置土方，支撑位置土方施工完毕后再开挖该段其他土体。

13.7.6 确保基坑稳定的强制性措施

（1）根据工序的特殊性，需规范施工操作规程，严格按施工操作规程及专项方案要求施工。

根据施工场地周围建筑物和地下管线、现行技术标准、地质资料做好深基坑施工组织设计和施工操作规程，通过技术交底，使全体施工人员认识到：基坑开挖支撑施工是整个施工中的关键工序；基坑开挖应严格按照“时空效应”理论，采用分层、分段挖土，并遵循“分层开挖、严禁超挖”的原则，在第一、二道支撑的土层开挖中，每小段纵向开挖宽度为6m，小段土方要在8h内完成，随即在以后8h内完成该小段的支撑架设并施加预应力；在第三道支撑以下的土层开挖中，每小段纵向开挖宽度为3m，小段土方要在8h内完成，随即在以后8h完成支撑架设并施加预应力。

（2）支撑平面位置高程要准确，支撑要顺直无弯曲；钢围檩与支撑要有可靠焊接。端头井斜撑平面位置和高程要准确，其支托钢构件必须按设计要求制作；混凝土角撑要等混凝土强度达到80%再拆模后进行土方开挖。开挖段的土坡，要根据土质特性，经边坡稳定性分析计算，确定出安全开挖坡度。根据以往施工经验，开挖纵坡时保持1：3放坡。在基坑土方开挖中严格按开挖坡度施工，严禁在土方开挖中出垂直土壁。

（3）基坑开挖前15d进行基坑内降水，以提高土体的抗剪强度，基坑开挖时，确保地下水位在开挖面1m以下；降水开始后，定期对基坑内外的水位、观测孔的水位进行观测，以检查水位降落情况；当降落值较大时，考虑用回灌法式隔水法以防止对周围环境的影响。

（4）充分做好基坑排水措施。为保证基坑开挖面不浸水，在坑基内及时设置排水沟和集水井，防止基坑内积水；在基坑开挖前，在基坑外侧设置排泄水沟，排除地面明水，防止地面明水流入基坑内。

（5）钻孔桩监测，基坑开挖过程中，要紧跟支撑的进展，对钻孔桩变形和地层移动进行监测，根据监测资料及钻孔桩变形警标，及时采取措施，控制变形，确保围护结构及基坑的稳定。

（6）严格控制基坑土方超挖方量：在土方挖至设计坑底时，严格控制其超挖量，局部超挖部分用砂填实，不许用基坑土回填，并及时施工混凝土垫层，封闭坑底。

（7）在本标段增设1台500kW柴油发电机，以便在基坑开挖过程中出现断电导致降水中断或照明设备熄灭的现象时可以备用，保证基坑开挖安全。备用电源的电缆线已可靠连接，保证停电时第一时间与用电设备连通。

13.8 基坑支护

13.8.1 支撑架设施工方案

隧道基坑第二、三、四道内支撑采用φ800×16mm钢管支撑，管廊基坑第二、第三道内支撑采用φ609×16mm钢管支撑。隧道基坑的每道支撑在基坑中部附近，均采用双拼[40c槽钢纵向联系梁进行纵向连接，并且在临时立柱桩间每隔两根设置一道剪刀撑加强连接。

基坑开挖时，每个开挖面钢支撑架设均采用1台50t的履带式起重机、挖掘机和人工配合施工。

钢支撑安装完成后及时施加预应力，然后及时与纵向联系梁连接牢固。拟配4台100t（备用一台100t）液压千斤顶在钢管支撑活动端分级预加轴力并锁定。

13.8.2 钢支撑的施工工序

工艺流程详见图13-29。

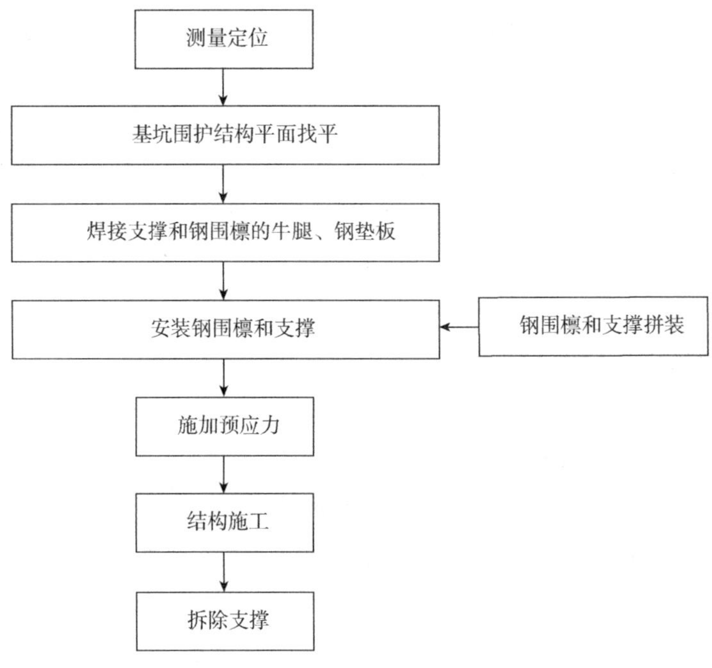

图13-29　钢支撑的施工工艺流程图

13.8.3 安装方法

（1）支撑测量定位

每次土方开挖结束前1h，支撑安装放样员应及时到现场，采用钢尺重锤法或水准测量法，放样出钢围檩底标高，用红漆准确喷上标记，并给领工员及操作工人交底。操作工人安装三脚架之前，必须挂线，以使安装的三角托架上表面平顺，且必须保证托架安装稳固。

（2）钢围檩施工

将钢围檩安放在固定好的三角托架上，两段钢围檩相邻处用钢板焊接连接，使钢围檩连接成整体，增加稳定性。在钢围檩上放样出钢支撑中心线，并做标记，且安装钢支撑托盘，托盘中点应对准钢支撑中心线。

（3）钢管支撑加工

钢管支撑分节制作，同时配备部分长度不同的短节钢管，以适应基坑断面的变化，管节间采用法兰盘、高强螺栓连接，同时每根横撑两端分别配活动端和固定端，活动端设预加轴力装置。

（4）支撑安装

在地面将支撑拼装成两段，然后吊入基坑内，利用门吊及挖掘机将钢支撑摆放到安装位置正下方，然后拼装成整体，再用门吊吊住支撑终点，人工配合，将支撑放入托盘内，摆放到位。钢支撑活动端在明挖一侧，固定端在盖挖顶板下，方便给支撑施加预应力。

（5）预应力施加

将4台100t液压千斤顶放入活络头子顶压位置，为方便施工并保证千斤顶顶伸力一致，千斤顶采用专用托架固定成一整体，将其骑放在活络头子上，接通油管后即可开泵施加预应力，预应力施加到位后，在活络头子中锲紧垫块，并烧焊牢固，然后回油松开千斤顶，解开起吊钢丝绳。千斤顶施加预应力时，对预应力值做好记录备查。预应力施加按设计要求分级进行加载。

（6）预应力复加

支撑应力复加以监测数据检查为主，以人工检查为辅。监测数据检查的目的是控制支撑每一单位控制范围内的支撑轴力。监测单位按规范和方案要求，以支撑道数分层布置轴力器作为监控点。每天提供当天架设支撑的轴力初始值、暴露时间过长的支撑轴力、大量超出允许值范围的支撑轴力给施工管理单位，使施工管理单位及时根据监测数据复加预应力。

人工检查：人工检查的目的是控制支撑每一单位控制范围内单根松动的支撑轴力，以榔头敲击无控制点的支撑活络头塞铁，视其松动与否决定是否复加，其复加位置主要针对正在施加预应力的支撑之上的一道支撑及暴露时间过长的支撑。

监测数据显示支撑轴力低于预加应力值的支撑应复加预应力。复加应力的值控制在预加应力值的110%之内。

13.8.4 支撑拆除

支撑体系拆除的过程其实就是支撑的“倒换”过程，即把由钢管横撑所承受的侧土压力转至永久支护结构或其他临时支护结构。支撑体系的拆除施工应特别注意以下两点：

拆除时应分级释放轴力，避免瞬间预加应力释放过大而导致结构局部变形、开裂，同时对围护桩的桩顶位移、桩心侧压力进行监测。

利用主体结构换撑时，主体结构的混凝土强度应达到设计要求的强度值。

用50t汽车起重机或25t龙门起重机吊住钢支撑，释放支撑应力，松开活络端进行分段吊出基坑。

13.8.5 技术要点

（1）钢管支撑的安装时间必须严格按设计要求的工况条件进行，土方开挖时需分段分层，严格控制安装支撑所需的基坑开挖深度。

（2）组合千斤顶预加轴力必须对称同步，并分级加载，为确保对称加载，可通过同一个液压泵站外接T形阀门，分别接至组合千斤顶。

（3）预加轴力完成后，应将伸缩腿与支撑头后座之间的空隙采用钢板楔块垫塞紧密，锁定钢支撑预加轴力后，再拆除千斤顶。钢支撑与纵向联系梁须连接牢固。

（4）支撑应对称间隔拆除，避免瞬间预加应力释放过大而导致结构局部变形、开裂。

（5）基坑开挖过程中要防止挖土机械碰撞支撑体系，以防支撑失稳，造成事故。

（6）施工过程中加强监测，若因侧压力造成钢管支撑轴力过大，造成支撑挠曲变形，并接近允许值时，必须及时采取措施，防止支撑挠曲变形过大，要保证钢支撑受力稳定，以确保基坑安全。

（7）基坑竖向平面内需分层开挖，并遵循先支撑、后开挖的原则，支撑的安装应与土方施工紧密结合，在土方挖到设计标高的区段内，及时安装并发挥支撑作用。

（8）端头斜撑处钢围檩及支撑头，必须严格按设计尺寸和角度加工焊接、安装，保证支撑为轴心受力且焊接牢固。

（9）派专人检查钢管支撑隼子，如发现有松动现象，应及时进行重新加载。专人检查钢管支撑时，需系安全带或安全绳。

（10）注意基坑周边道路车辆、起重机械行走安全。

13.8.6 钢管支撑施工的技术控制标准

钢支撑安装允许偏差见表13-8。

钢管支撑安装允许偏差表 **表13-8**

项目	钢支撑轴线竖向偏差	支撑曲线水平向偏差	支撑两端的标高差和水平面偏差	支撑挠曲度	横撑与立柱的偏差
允许值	±30mm	±30mm	≤20mm、≤1/600L	不大于1/1000L	≤30mm

13.8.7 支撑系统技术要求

（1）钢管支撑需施加预应力，施加预应力的大小按照设计要求。

（2）钢支撑系统安装必须平直，每根支撑在全长范围内的弯曲不得超过15mm。接头的水平和竖直偏差应小于20mm。钢支撑必须采用整体接头连接，钢支撑形成后应具有良好的整体性。

（3）钢支撑安装完毕后，应及时检查各节点的连接状况，经确认符合要求后方可施加预压力，预压力的施加应在支撑的两端同步对称进行；预压力应分级施加重复进行，加至设计值时，应再次检查各连接节点的情况，必要时对节点进行加固，待额定压力稳定后再锁定。

（4）在施工钢支撑之前应先将防掉撑构件焊接牢固，钢支撑防掉撑构件应严格按照围护施工图施工。

（5）钢支撑架设好后应测定钢支撑各节点标高，并认真记录，如标高偏差大于

20mm，钢支撑施工单位应立即整改，直到各节点标高达到设计要求后方可施工预应力。

（6）混凝土支撑系统采用现浇钢筋混凝土结构，且长度超长、体量较大，在混凝土浇筑时应采取有效措施，加强养护，控制混凝土的早期收缩。

（7）支撑的中心标高偏差不大于30mm，水平支撑系统两端的高差不大于20mm，支撑水平轴线偏差不大于30mm。

13.9 主体结构施工

13.9.1 预埋件和预留孔洞的施工

在所有结构施工前，均必须详细核对相应的结构预埋件图，建施图和设备等有关专业设计图是否有预埋件、预留孔，如有遗漏或结构图有矛盾时，必须立即通知设计单位，现场进行处理。因中板、顶板预留孔洞位置可能有变动，施工时应严格按照设计要求进行预留孔洞的设置。预留孔、预埋件施作流程见图13-30。

预留孔、预埋件施工技术措施：

（1）施工前反复核实设计图纸，制订详尽的施工方案，报送监理及设计审批无误后方可施工，严格按技术交底施作，采取多级复查制度保证预埋件、预留孔洞施工质量。

（2）预埋件、预留孔洞位置以中心线及实测标高严格控制，中心线严格按双检制度执行，未经复核的中心线不准使用。预埋件测量精确定位，预留孔洞的中心位置、外轮廓线精度符合相应要求。

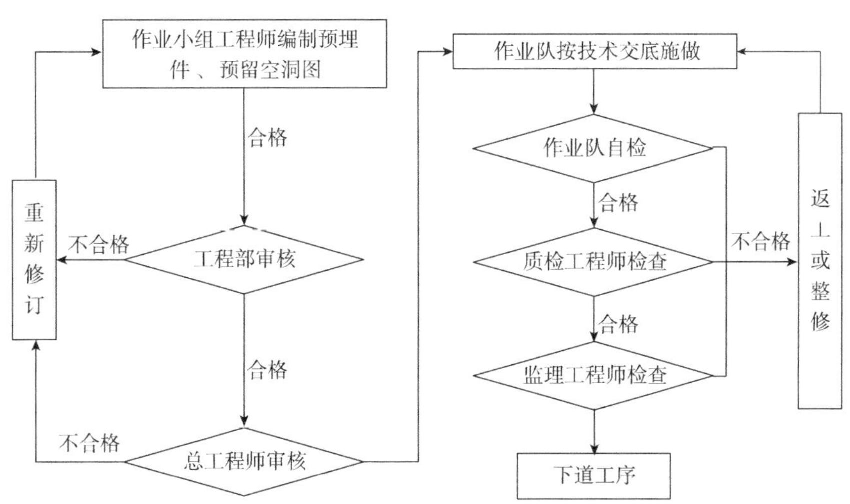

图13-30　预留孔、预埋件施作流程图

（3）预留孔模型加工尺寸误差必须符合设计、规范要求，预埋件选用合格材料精心加工，作业小组严格依照综合预埋、预留图进行施作，确保不错埋、不漏埋、不错留、不漏留，并对预埋件、预留孔洞采取妥善的固定保护措施，确保其不松动，不变形，穿墙螺栓及穿墙管要设止水环与之满焊（不得靠模板固定）。

（4）在浇筑混凝土前对预埋孔位置再次进行检查，并对必要的预留孔设置变形量测点，班组自检合格后由质检工程师进行检查，合格后由总工会同监理、设计检查签认合格后方可进入下道工序，在混凝土浇筑振捣时，不得碰撞预埋件及预留孔洞，并采取措施保证孔壁混凝土密实。如发现变形量测点出现问题，应立即停止混凝土灌注，进行模型加固并检查无误后才可继续灌注。

（5）拆模时，不准使用撬杠沿孔边硬撬的办法脱模。脱模后及时对预留孔、预埋件进行检查，对孔口尺寸、预防孔壁垂直误差超出规范要求的要尽早修复，之后做好防护措施。

13.9.2 垫层施工

（1）垫层浇筑前及结构施工期间，将地下水位控制到垫层底以下1.0m。

（2）灌注前认真检查、核对接地网线。采用商品混凝土泵送入模，振捣密实，分段对称连续浇筑。

（3）因为底板直接在已做好的垫层上施工，所以为给底板施工创造条件，在垫层施工时须注意以下几点：

1）机械开挖尽量一次成型，避免二次开挖扰动原状地基，增加回填数量和施工难度。

2）垫层向底板施工分段外延伸2.0m以上。

3）根据预先埋设的标高控制桩控制垫层施工厚度满足设计要求，并及时收面、养生，确保垫层面无蜂窝、麻面、裂缝等问题，垫层施工允许偏差按表13-9执行。

垫层允许偏差 **表13-9**

序号	项目	允许偏差（mm）	检查频率		检查方法
			范围	点数	
1	厚度	+30，-20	每施工段	≥4	尺量
2	高程	+5，-10	10m	≥4	水准仪量

13.9.3 结构分段

1. 纵向区段划分及施工顺序

为合理利用人力、物力，科学地安排施工顺序，减少各工序之间的干扰，保证工程施工顺利进行，有效地防止混凝土的冷缩开裂，主体结构混凝土按照“从两端到中间、竖向分层、水平分段、逐层由下往上平行顺作”的原则进行施工。主体结构分段按照以下原则：

（1）施工缝避开主体结构与附属结构的连接预留洞口处。

（2）施工缝避开主体结构中板重要次梁、孔洞位置。

（3）施工缝设在纵向柱跨的1/4～1/3处（即结构受力较小处）。

2. 竖向区段划分及施工顺序

竖向采用自下而上顺做法施工。设置4道水平施工缝，分5次进行浇筑。

第一次浇筑底纵梁、底板至底板腋脚上30cm；第二次浇筑中立柱、侧墙、中隔墙至顶板腋脚下30cm；第三次浇筑顶板、顶纵梁完成（图13-31）。

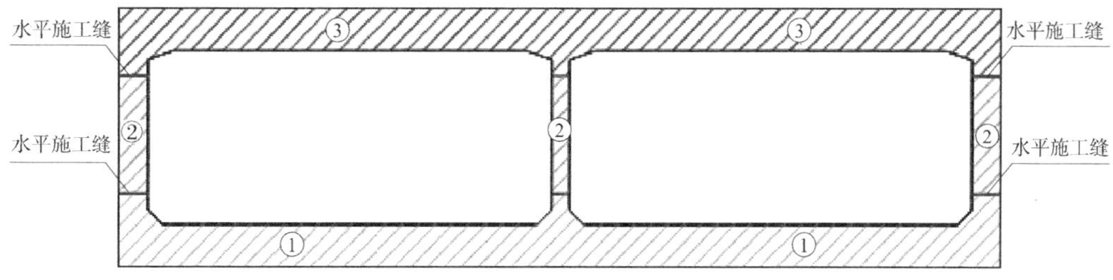

图13-31　主体结构施工分步及施工顺序图

13.9.4 底板（底梁）施工

（1）结构底板、部分边墙紧随垫层、底板防水层之后施工。

（2）结构底板、部分边墙钢筋及混凝土施工。

钢筋在地面加工制作好后，吊入基坑内绑扎，焊接质量和搭接长度满足规范及设计要求；制作安装好的钢筋经监理工程师检查合格后安装堵头模板、各种预埋件、预留孔；并经检查、核对无误后浇筑底板混凝土。采用商品混凝土泵送入模，插入式振捣棒振捣，分层、分段对称连续浇筑。

13.9.5 侧墙、中隔墙及中柱施工

1. 侧墙、端墙及隔墙施工方法

（1）找平层施工。先对围护结构渗漏进行认真堵漏或引排处理，同时施作侧墙防水层，满足要求后方可施工。本工程设计为全包防水，为保护防水板，在围护结构内表面施作砂浆找平层。

（2）下段侧墙防水层完成后浇筑侧墙混凝土。

（3）待结构侧墙混凝土强度达到设计强度时，拆除第二道钢支撑，并施工浇筑顶板。

（4）侧墙、端墙及隔墙模板与支架系统。侧墙、端墙及隔墙采用大钢模组合，

钢模板支撑系统采用背后工字钢支架支撑。模板与支架系统进行受力检算，确保支撑系统强度、刚度、稳定性满足施工要求。为了保证结构不侵限，在侧墙、端墙立模的时候将立模线外放3~5cm。

（5）钢筋在地面加工，在基坑内绑扎，钢筋安装完之后安装模板。

（6）泵送混凝土入模，分层分段对称浇筑至设计标高。采用插入式振捣棒为主，附着式振捣器为辅，保证墙体混凝土密实。

2. 结构立柱施工方法

（1）在结构底板施工完后进行结构立柱施工。

（2）立柱模板与支架系统。立柱模板采用18mm厚竹胶板组合，局部采用木模配套，模板支撑系统采用柱箍及钢管斜支撑。模板与支架系统进行受力检算，确保支撑系统强度、刚度、稳定性满足施工要求。

（3）钢筋在地面加工，在基坑内绑扎，钢筋安装完之后安装模板。

（4）泵送混凝土入模，分层分段对称浇筑至设计标高。采用插入式振捣棒为主，附着式振捣器为辅，保证混凝土密实。

13.9.6 顶板、板梁模板与支架系统

板梁模板采用在方木上铺塑封压缩竹胶板，利用满堂红钢管支架支撑，模板与支架系统进行受力检算，确保支撑系统强度、刚度、稳定性满足施工要求。为了保证结构净空高度，在板、梁立模时将立模标高提高2cm作为板预留沉降量，并沿纵向和横向设置4cm的预留上拱度。

模型按设计预留上拱度，支架在顶板达到设计强度后拆除，避免板体产生下垂、开裂。施工中，须对支撑系统所用的钢管、木材、脚手架质量进行检查，有质量隐患的要及时修补或淘汰。

钢筋在地面加工，在基坑内绑扎，钢筋安装完之后安装模板。

采用泵送混凝土，分层分段对称浇筑。顶板混凝土终凝之前做好压实、提浆、抹面等工作。

13.9.7 钢筋工程施工

1. 钢筋工程施工工艺

钢筋采用现场加工制作、安装。纵向钢筋接头应采用焊接接头或机械连接，受力钢筋直径$d \geqslant 25$mm时，应采用机械连接。钢筋下料前应根据构件的实际尺寸调整钢筋长度，以保证钢筋搭接和锚固所必需的长度。框架柱梁板钢筋接头位置：顶、中板梁上部钢筋在跨中，下部钢筋在支座处；底板梁则刚好相反。柱纵向钢筋接头采用机械连接或焊接接头。钢筋保护层厚度采用预制砂浆垫块控制，也可用细石混凝土制作，垫块强度应高于构件本体混凝土（图13-32）。

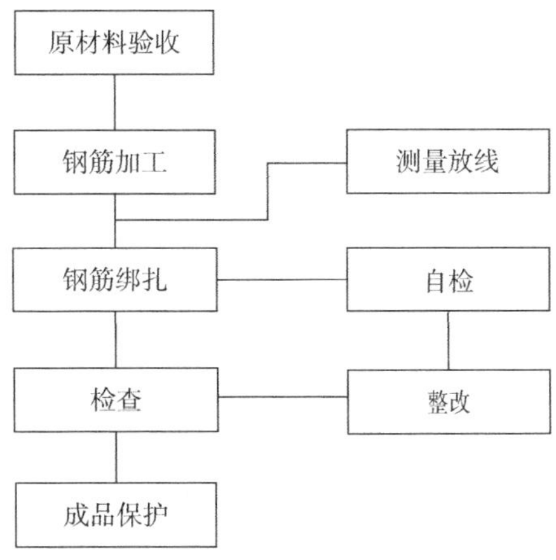

图13-32 钢筋加工制作及安装工艺流程

2. 钢筋的配制与绑扎

本工程所用钢筋均按设计施工图纸及现行规范和施工规程的要求进行现场下料和加工。加工好的钢筋应按类别和尺寸堆放并挂牌标示，以免错用。

钢筋进场必须根据施工进度计划，做到分期、分批进场和分类别堆放并做好钢筋的标示和维护工作，避免锈蚀或油污，确保钢筋表面洁净。钢筋原材料出厂合格证、原材料试验报告单及焊接试验报告单等质保资料有关数据，必须符合设计及规范要求。

钢筋加工表经复核无误后，方可施工。

钢筋加工要先制作标样，然后加工成品，成品挂牌堆放并标注钢筋编号、规格、根数、加工尺寸、使用部位等，成品经检验合格后，方准使用。

板梁钢筋的绑扎在底模工程完成后进行。边墙钢筋的绑扎在土方开挖后连续墙表面清理干净后进行，零星结构的钢筋绑扎在主体钢筋完成后进行。

铺设梁钢筋时，设钢筋定位架；铺设板钢筋时，设架立钢筋。梁主筋遇中间立柱时，按设计要求进行节点处理，处理原则是按图施工，保证结构受力要求，同时又要满足混凝土浇筑的施工要求；边墙钢筋绑扎顺序为先连接连续墙侧钢筋，再连接远离连续墙侧钢筋，钢筋绑扎完毕验收合格后再进入下道工序施工。

各层板梁的钢筋绑扎顺序为：先绑梁，再绑中间板、两边板，并做好梁板钢筋骨架的交错穿插布置工作，同时预留好边墙插筋。其他零星结构如集水坑、楼梯的钢筋绑扎顺序等都要按常规进行。

3. 预埋件及预留孔洞的处理

钢筋绑扎过程中，根据设计图纸布设各种预埋管路、预埋铁件及预留孔洞，并对其位置进行复测，以确保定位准确性，而后采取有效措施（焊接、支撑、加固等）将其牢固定位，以防止其在混凝土浇筑过程中变形移位。在混凝土浇筑前，需对图复查，以防遗漏。

梁、柱交叉点钢筋绑扎应注意摆放顺序，避免钢筋顶挤移位。

4. 钢筋绑扎质量要求

（1）钢筋的规格和质量必须符合设计、规范要求和有关技术标准的规定。

（2）钢筋的尺寸规格、加工形状、数量、间距、锚固长度和接头位置必须符合设计和规范要求。

（3）钢筋绑扎允许偏差值见表13-10，且合格率应达到90%以上。

钢筋绑扎允许偏差表 **表13-10**

分项名称		允许偏差值（mm）
受力筋	间距	±10
	排距	±10
箍筋、构造筋间距		±20
受力筋保护层厚度		±5

5. 钢筋自检验收

钢筋成品与半成品及原材料进场必须有出厂合格证及相关物理试验报告，进场后按规定进行复试检验，合格后方可使用。钢筋验收重点控制钢筋的品种、规格、数量、绑扎牢固、搭接长度等，并认真填写隐蔽工程验收单交监理工程师验收。

6. 钢筋运输

加工成型的半成品钢筋主要用塔吊吊运至基坑之内作业面，部分小型钢筋构件辅以人力运输。

7. 钢筋施工注意事项

（1）所有钢筋在使用前必须进行质检并满足规范要求。

（2）在底板、底梁上支撑墙、柱范围内需要预留钢筋，具体详见设计图。顶板有后浇封闭孔洞时需要在孔边预留钢筋接驳器。

（3）钢筋接头位置应相互错开，在同一截面上受拉钢筋接头面积不得超过钢筋总面积的50%，钢筋接头不得设在弯矩较大处。钢筋的锚固应满足规范要求。

13.9.8 模板施工方法

进场的模板应先组织相关部门进行验收，合格后方能使用。模板安装前应在清除内部杂物且控制混凝土截面和保护层定位件后预埋，并进行隐蔽工程验收。

1. 底板模板施工

（1）底板在做好的素混凝土垫层上做防水层后作为底模，绑扎底板钢筋浇筑底板混凝土，底板上的侧墙及倒角与底板一起浇筑。

（2）在施工接缝处设挡头模板，防止施工缝漏浆及变形。并在拆模后立即对其表面进行凿毛处理（镀锌钢板止水带尽量安装在新旧混凝土接触面中间）。

2. 侧墙模板安装

（1）侧模安装施工顺序：钢筋绑扎（监理工程师验收，首先通知质监站验收）⟶清理施工缝⟶施工缝防水处理⟶侧墙模板拼装⟶安装侧模横、竖背楞⟶模板调整⟶加固⟶浇筑侧墙混凝土⟶拆除部分侧墙模板⟶混凝土养护。

（2）侧墙钢筋绑扎完成后应彻底对施工缝进行清理，先用人工将其表面的杂物清理干净，然后用高压风吹走其表面尘土。并在浇筑混凝土前再用清水进行冲洗。

（3）侧墙模板安装前，应先测量定位出模板控制线并做明显标记（弹墨线）。

（4）按方案要求进行模板及支架的安装与搭设。同时在安装前施工安装横带和竖带，以及搭设脚手架并紧固。防止竖带外移，同时在连接钢筋上铺木板作为混凝土浇筑时的施工平台。

（5）为防止模板上浮，可采取以下措施：①在底板或中板上预埋φ20（间距为3.0m）的钢筋并用拉杆将其拉紧防止模板上浮；②应注意混凝土浇筑的速度及顺序，混凝土不宜浇筑过快，从两侧对称浇筑。

（6）模板支立完成以后进行校模，调整垂直度偏差至规范允许范围之内，按一定的间距对脚手架支撑系统进行水平面内和铅垂面内剪刀撑加固，确保模板及支架系统的稳定性。

3. 梁模板安装

（1）工艺流程：

弹出梁轴线及水平标高控制线并复核⟶钉柱头模板⟶搭设梁底模支撑⟶安装梁底模板⟶绑扎钢筋⟶安装梁侧模⟶安装对拉螺杆⟶复核梁模尺寸、位置⟶与邻模板连固。

（2）在柱子上弹出轴线、梁位置线和水平标高控制线，并复核。

（3）根据柱截面尺寸，钉好柱头模板。

（4）梁底模采用15mm厚竹胶板，并预先加工成型，根据设计标高调整水平担杆高度，然后安装梁底模板并拉通线找平。

（5）在底模上绑扎钢筋，经验收合格、清除杂物后，安装梁侧模板，然后拉线找直。

（6）梁侧模采用方木做背肋、钢管固定支撑体系，当梁大于500mm时，梁侧模用对拉螺杆固定，梁侧模竖向安装两排或多排螺杆，水平间隔600mm布置一道，垂直方向600mm布置一道。梁下采用碗扣式钢管支撑架，钢管纵距900mm，横距300mm。

（7）加固完成后，复核检查梁模尺寸、位置及标高，并与相邻梁柱模板连接固定。

4. 顶板模板安装

（1）工艺流程：搭设支架⟶安装横纵木楞⟶调整板下皮标高并起拱⟶铺设模板⟶检查模板上皮标高、平整度

（2）支架采用ϕ48×3.5mm碗扣式满堂钢管架做支架，纵横向间距900mm×600mm，步距1200mm，起步时，离板底不大于350mm设一层水平杆，满堂架四边及中间沿纵、横向全高全长从两端开始，每隔五跨立杆设置一道剪刀撑，每道剪刀撑宽度为4.5m，斜杆与地面倾角应在45°~60°，剪刀撑斜杆与立杆或水平杆的每个相交点均采用旋转扣件固定。

（3）支架搭设完毕后，开始搭设模板，模板次楞采用100mm×100mm方木（横向）、主楞为10#槽钢（纵向）。

（4）铺设模板，先由梁边铺起，向中间靠拢，对于不够整模板数的梁边处，采用方木嵌补，单拼缝应严密。

（5）模板铺设完毕后，用靠尺、塞尺和水平仪检查平整度与楼板底标高，并进行校正。

（6）当中板有预留孔洞时，顶板支架直接从中板支架上延续向上搭设，并在中板孔洞位置增设剪刀撑，保持上下支架为一个整体，确保支架稳定性。根据结构净高不同，采用方木支垫的方式进行调整，以保证支架施工时，支架自由端不超过500mm。

（7）梁堵头模板：采用15mm厚竹胶板，在模板上按钢筋间距切割方槽，方槽大小根据分部钢筋规格确定，深度与保护层相同，最后方槽采用小模板封闭；纵向内楞采用50mm×100mm方木；端头横向支撑采用100mm×100mm方木，竖向间距600mm，横向支撑用ϕ12mm水平拉杆，ϕ12mm水平拉杆焊接于梁的水平钢筋上。

5. 端墙模板安装

（1）端墙、隔墙模板安装方法与侧墙模板基本相同。

（2）端模立模时应根据钢管斜支撑的位置事先在底板或楼板处预埋钢筋，确保钢管支撑位置准确。

6. 竹胶板施工要求

（1）竹胶板应整张直接使用，尽量减少随意锯割。

（2）每块竹胶板与木楞相叠处至少要钉2个钉子。

（3）使用的钉子长度应为竹胶板厚度的1.5~2.5倍。

（4）用于支撑模板的木楞不得选用已受潮、变形以及脆性的木材。

13.9.9 混凝土工程

1. 混凝土施工准备

混凝土浇筑前，按设计规范要求对模板、钢筋、预埋件、预留孔洞、防水层、止水带等进行检查修整，特别要注意模板，尤其是挡头板不能出现跑模现象。

2. 混凝土浇筑

结构混凝土浇筑采用泵送混凝土入仓，部分结构转角处采用人工添送混凝土入仓。结构板混凝土采用分层、分块连续浇筑；侧墙采用分层对称浇筑，每次入仓高度不得超过1.5m。混凝土捣固采用插入式捣固棒人工捣固，结构板以平板振动板捣固为辅。

3. 混凝土的养护

混凝土浇筑完毕，待终凝后及时养护。结构养生期不少于14d，以防止硬化期间产生干缩裂缝。在混凝土结构适当位置设置测温孔，确保养护期间混凝土内外温差低于20℃，并采取有效温控措施，以防止水化热过高，使混凝土内外温差过大而产生温度裂缝。

养护方法为使用混凝土养护剂养护。梁板结构采用草袋或塑料布覆盖，喷洒混凝土养护剂养护；墙体采用草袋或设置淋水装置，间隔洒水，保持混凝土表面润湿。

4. 混凝土施工技术措施

混凝土配比及原材料，应在正式施工前，对商品混凝土进行试配工作，通过混凝土强度和耐久性指标的测定，并通过抗裂性能的对比试验后确定。

在混凝土浇筑施工前应用水先对钢筋、模板以及与老混凝土接触面进行清洗，确保要浇筑的施工区清洁无杂物。

混凝土浇筑前先检查到场混凝土的随车证明资料是否与设计要求相符，核对工程名称、混凝土强度、浇筑部位，并现场取样做坍落度试验，合格后方可使用。

浇筑框架柱混凝土时，尽量将混凝土泵车的输送管伸至柱子的模板内，使混凝土输送管出料口距浇筑面的垂直高度不大于2m。

每个施工段的框架柱的浇筑顺序是从两端向中间推进，防止模板吸水膨胀产生横向推力累积到最后一根，导致弯曲变形或轴线位移。

混凝土捣固采用插入式振捣方法，振捣时间不宜过长，以免混凝土产生离析。

每次混凝土浇筑按照规范的要求取试样作抗压试块，送标养室养护到龄期后送试验室作抗压强度试验。

暴露于大气中的新浇混凝土表面应及时浇水或覆盖湿麻袋、湿棉毡等进行养护。根据现浇混凝土使用的胶凝材料的类型、水胶比及气象条件等确定养护时间。

混凝土的入模温度应视气温而调整，在炎热气候下不宜高于28℃，负温下不宜低于5℃。对于构件最小断面尺寸在300mm以上的低水胶比混凝土结构，混凝土的入模温度宜控制在25℃以下。混凝土入模后的内部最高温度一般不高于70℃，构件任一截面在任一时间内的内部最高温度与表层温度之差一般不高于20℃，混凝土的降温速率最大不宜超过2℃/d。

大体积混凝土及冬期、雨期混凝土施工技术需要认真参考施工设计图纸及规范要求。

5. 混凝土质量标准及质量通病预防措施

（1）混凝土试件的取样、制作、养护和试验要符合施工规范的有关规定；振捣密实，不得有蜂窝、孔洞、露筋、缝隙、夹渣等质量缺陷。

（2）在梁、柱交接处，由于钢筋密集，要加强振捣，以保证混凝土密实，必要时使用同强度等级的细石混凝土浇筑，采用片式振捣器或辅助人工振捣，避免出现孔洞或蜂窝等缺陷。

（3）加强板梁相交部位及中间立柱节点的混凝土振捣控制。梁部位可从其侧面插入振捣，对钢筋密集的节点可使用φ3.5cm的细振捣棒振捣，在梁与板结合部位还要采取二次振捣措施，防止由于截面变化和混凝土收缩引起裂缝。使用振捣棒振捣时要快插慢拔，每处振捣时间不少于30s，振捣点呈梅花状布置，每点的振捣范围为50cm。特别注意两条浇筑带接茬部位必须振捣，不能遗漏。振捣中严禁触碰底模结构及各种预埋管路。

混凝土表面的压光处理。表面成活后先用木抹子抹平，赶走多余水分，待混凝土终凝后，人能够踩上去不陷脚时再用铁抹子抹平压光。在人工抹面成活时要在混凝土上铺木板，人踩在木板上工作，其他人员不要在混凝土面上走动，以防止踩出脚印。

在混凝土浇筑过程中，应派专人负责检查模板，对存在的漏浆、跑模等问题要及时修整。

13.10 防水施工

13.10.1 防水标准

本工程防水设计防水等级为二级；现浇混凝土应满足自防水要求。结构采用防水混凝土，抗渗标号P8。结构明挖段外侧铺设柔性全包防水层。

遵循“以防为主、防排结合、刚柔相济、多道防线、因地制宜、综合治理”的防水施工原则，采取以结构自防水为主，外防水（附加防水）为辅，关键处理好施工缝、变形缝、穿墙管、后浇带等薄弱环节的防水，可参考图13–33。

13.10.2 防水体系

结构防水体系可参考图13–34。

13.10.3 围护结构防水

（1）确定合适的混凝土配合比，严格按照水下混凝土浇筑工艺施工，确保钻孔桩混凝土均匀、密实。

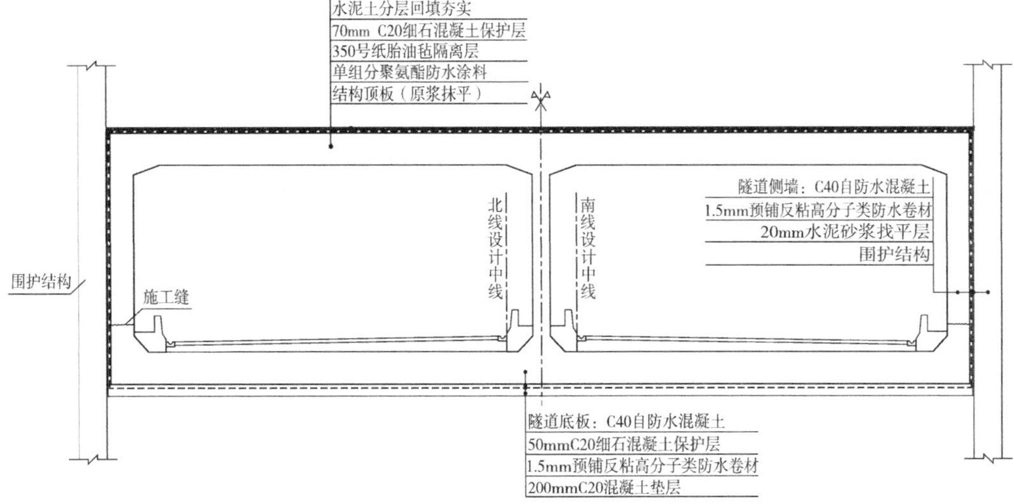

图13-33　主体结构防水设计

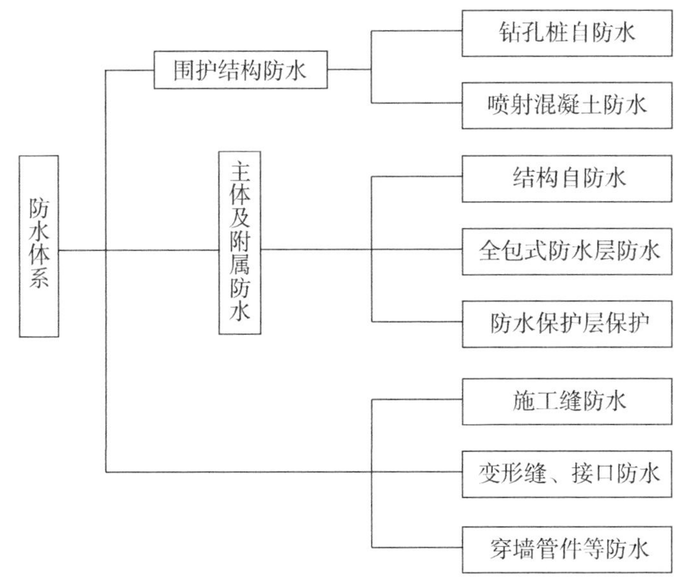

图13-34　结构防水体系

（2）开挖后，清理桩间开挖面，挂设钢筋网，喷射混凝土，确保喷射混凝土质量，采用两侧向交替喷射确保钢筋网后喷密实。

（3）处理喷射面，冲洗干净，用防水砂浆找平表面。

13.10.4 主体各部分防水

1. 顶板防水层施工

结构顶板均采用单组分聚氨酯防水涂料+350号纸胎油毡隔离层+70mm C20细石混凝土保护层+水泥土分层回填夯实，涂料成膜厚度不小于2.5mm。

防水涂料遵循“先远后近，先高后低，先局部后大面，先立面后平面”的原则，分区分片后分层进行涂刷，用棕刷、橡胶刮板涂刷在基层面上。

（1）工艺流程

基层处理⟶涂刷加强层⟶粘贴增强层⟶分层涂刷聚氨酯防水涂料⟶铺设隔离层⟶施工防水层保护层⟶回填土方，具体参考图13-35。

（2）施工要求

1）基层表面必须平整干净、无浮浆、无水珠、不渗水；基层表面如有气孔、凹凸不平、蜂窝、缝隙、起砂等问题时，应及时修补处理。所有阴角部位均应采用5cm×5cm的1：2.5水泥砂浆进行倒角处理，阳角做成$r \geq 10$mm的圆角。

2）基层处理完毕并经过验收合格后，先在阴、阳角和施工缝等特殊部位涂刷防水涂膜加强层，加强层厚1mm，加强层涂刷完毕后，应立即粘贴玻纤布或30～40g/m^2的聚酯布增强层，严禁加强层表干后再粘贴增强层材料。

3）加强层干后，开始涂刷大面防水层，防水层采用多道（一般3～5道）涂刷，上下两道涂层涂刷方向应互相垂直。当涂膜表面完全固化（不粘手）后，才可进行下道涂膜施工。

4）聚氨酯涂膜防水层施工完毕并经过验收合格后，应及时施做防水层的保护

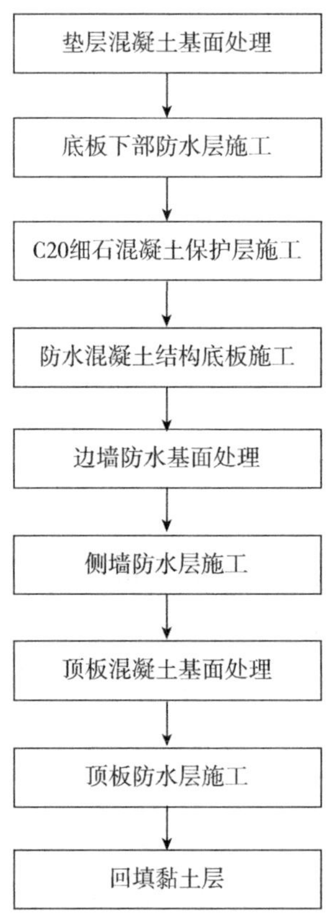

图13-35　结构防水施工顺序图

层，平面保护层采用70mm的细石混凝土，在浇筑细石混凝土前，需在防水层上覆盖一层350号的纸胎油毡隔离层。立面防水层（如反梁的立面）采用厚度不小于6mm的聚乙烯泡沫塑料进行保护（发泡倍率不大于25倍）。

5）顶板宜采用灰土、黏土或亚黏土进行回填，厚度不小于50cm，回填土中不得含石块、碎石、灰渣及有机物。人工夯实每层不大于25cm，机械夯实每层不大于30cm。夯实时应防止损伤防水层。只有在回填厚度超过50cm时，才允许采用机械回填碾压。

6）涂膜防水层不得有露底、开裂、孔洞等缺陷以及脱皮、鼓泡、露胎体和皱皮现象。涂膜防水层与基层之间应粘结牢固，不得有空鼓、砂眼、脱层等现象。

（3）防水层的保护

防水层铺设完毕，并经验收合格后，要特别注意严加保护，发现层面有损坏时及时修补。

2. 侧墙和底板防水层施工

侧墙和底板防水层采用聚酯胎体高聚物改性沥青预铺式冷自粘防水卷材，为双面自粘型，厚度不小于4mm。防水层宜采用先贴法施工。

（1）施工工艺流程

预铺式冷自粘防水卷材型防水层的施工工艺流程见图13-36侧墙和底板防水层施工工艺流程。

（2）施工要求

1）基层表面应平整牢固、清洁干燥。对凹凸起伏部位应凿除、填平，并用1：2.5的水泥砂浆进行找平；基面不得有疏松、起砂、起皮现象。

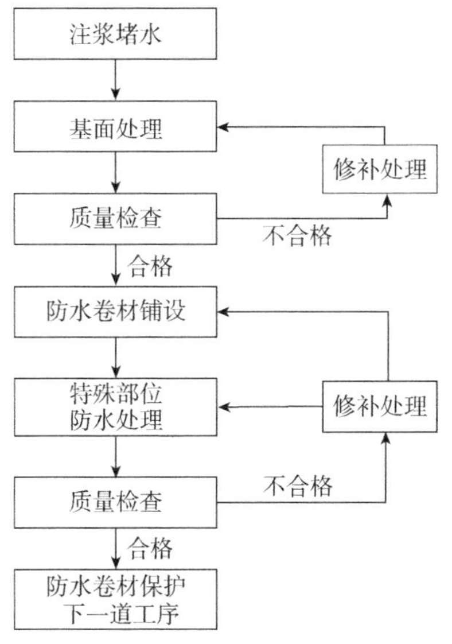

图13-36　侧墙和底板防水层施工工艺流程

2）基层表面可潮湿，但不得有明水流，否则应进行堵水处理或临时引排。

3）所有阴角均采用1：2.5水泥砂浆做成5×5cm的钝角，阳角做成20×20mm的钝角。

4）底板防水层铺设完毕，除掉卷材的隔离膜，并立即浇筑50mm厚C20细石混凝土保护层。

5）进行侧墙防水层铺贴时，采用粘贴腻子防水卷材，腻子间距为1m，以防止卷材下滑和避免防水层受到破坏。

6）相邻两幅卷材的搭接宽度不小于100mm，相邻两幅卷材的接缝应错开1/3～1/2幅宽。在平面和立面的转角处，外防水层的接缝应留在平面上，距立面不应小于1000mm。

7）需要注意的是防水层与现浇混凝土结构外表面密贴面的隔离膜，在浇筑混凝土前要撕掉，且防水卷材的自粘面必须面向现浇混凝土结构。

8）防水层破损部位应采用同材质材料进行修补，补丁满粘在破损部位，补丁四周距破损边缘的最小距离不小于100mm。

3. 防水层的保护

铺设好的防水层应特别注意加以保护，并注意钢筋运输、绑扎可能对防水板造成的破损，发现防水层损坏时应及时进行修补。防水层施作完后及时施工保护层。

13.10.5 施工缝、变形缝和诱导缝处理

1. 施工缝

环向施工缝位于顶板、底板和侧墙主体结构三部分。顶板、底板不设纵向水平施工缝，侧墙设置水平施工缝。环向、水平施工缝防水材料及构造措施为：在施工缝表面采用遇水膨胀止水胶并预埋全断面多次性注浆管加强防水。中楼板施工缝采用遇水膨胀止水胶加强防水。一级设防要求的环向施工缝，均采用30cm宽的中埋式镀锌钢板并在施工缝表面预埋可多次重复注浆的注浆管的方法加强防水。一级设防要求的水平纵向施工缝，均采用施工缝表面涂刷水泥基渗透结晶型防水涂料并预埋可重复注浆的注浆管的方法加强防水。管廊结构与既有结构连接处的施工，宜采用单道遇水膨胀止水胶并预埋多次性注浆管加强防水。

施工缝施工要求见图13–37。

施工缝施工注意事项：

（1）结构板、墙有防水层的在施工缝处增设加强防水层。

（2）横向施工缝位置及间距宜在柱跨的1/4～1/3范围内且不大于二跨纵向柱距。

（3）施工缝尽量避开地下水和裂隙水较多的区段。

（4）施工缝浇筑混凝土前，应将其表面浮浆和杂物清除，涂刷混凝土介面剂，并及时浇筑混凝土。

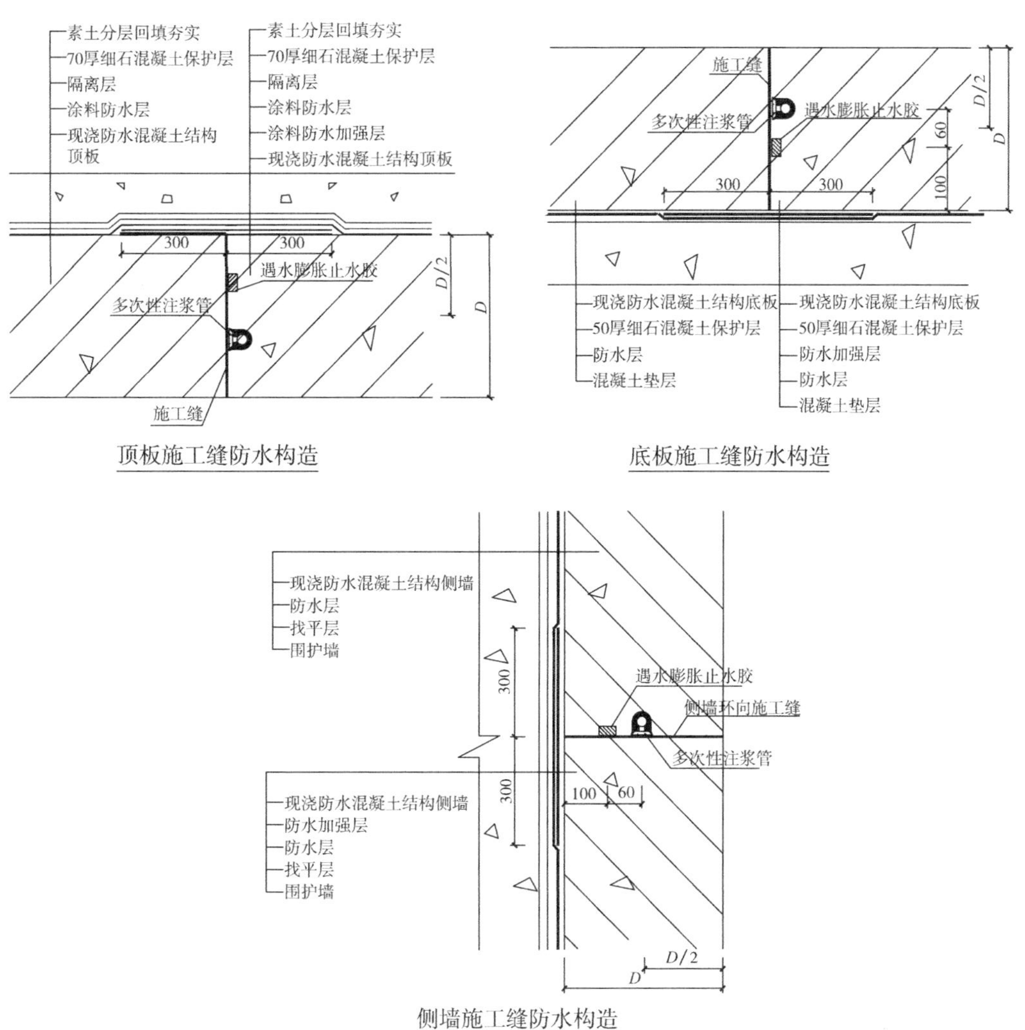

图13-37　施工缝防水构造图（单位：mm）

2. 变形缝

变形缝处除全外包防水层与加强层外，还应设置止水措施：在侧墙、底板处，设置宽度不小于35cm外贴式止水带，结构顶板采用结构外侧变形缝内嵌缝密封的方法与侧墙外贴式止水带进行过渡连接形成封闭防水；在变形缝中部设置35cm宽中孔型中埋式钢边橡胶止水带，形成一道封闭的防水线；在变形缝内侧设置1.2mm厚不锈钢接水槽，将少量渗水有组织地引入排水系统，缝内侧嵌填密封胶。变形缝防水构造见图13-38。

（1）变形缝施工技术要求：

1）顶板变形缝部位的卷材防水加强层在变形缝两侧各20cm范围的防水层隔离膜不撕掉，避免与基层粘贴，外侧各30cm宽度范围必须与基层满粘，不得空鼓。卷材防水加强层上表面的隔离膜撕掉后，立即涂刷1mm后防水涂料，然后立即粘贴增

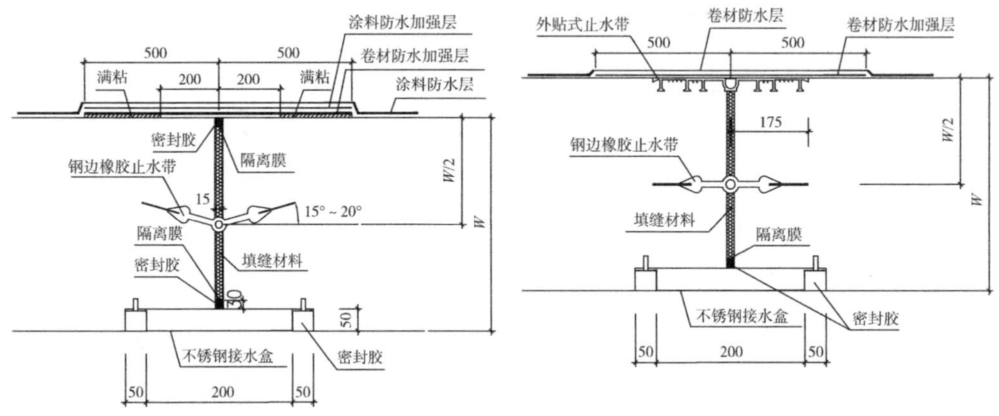

（a）顶板变形缝防水构造　　（b）侧墙变形缝防水构造

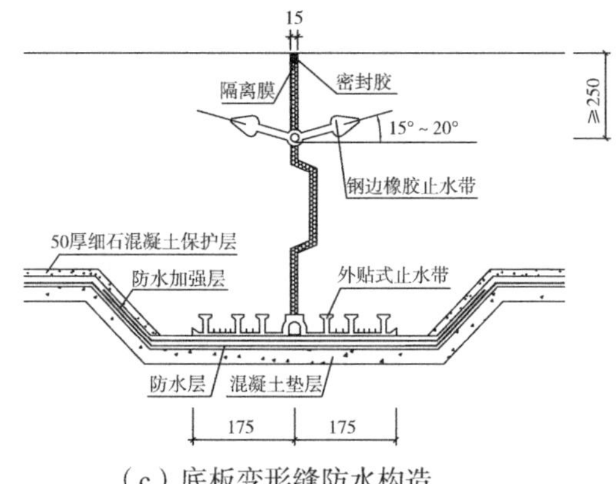

（c）底板变形缝防水构造

图13-38　变形缝防水构造图（单位：mm）

强层，并涂刷涂料防水层。

2）变形缝密封胶采用双组分聚硫密封胶，胶宽15mm，厚30mm。

3）隔离膜为PE薄膜，厚度0.2～0.3mm。

4）填缝材料可用聚氨酯发泡板或聚苯伴。

5）不锈钢接水槽固定采用M8不锈钢膨胀螺栓，间距不大于500mm。

（2）变形缝施工工艺及注意事项：

1）变形缝止水带必须准确就位，在一个断面内应平顺连续，缝宽准确，中心气孔必须放置在变形缝中间。

2）变形缝止水带必须密封成环，其中间空心圆环与变形缝中心线重合，止水带应有优良的强度弹性，且不得使用再生橡胶或废塑料制造止水带，止水带与止水带之间，接缝连结牢固、可靠。

3）缝间衬垫材料按设计要求施工，不允许在变形缝之间填刚性材料，防止注浆材料渗透到槽内，且不得将变形缝做成刚性缝。

4）在浇筑变形缝一侧的混凝土时，为防止另一侧止水带受到破坏，模板的挡头板应做成箱型，同时止水带部位的混凝土应振捣密实，以保证变形缝部位的防水效果。

5）边墙及顶板内侧必须留凹槽，待结构施工完毕后，安装不锈钢接水槽。

6）在混凝土浇筑前应检查止水带有无破损，如破损应进行修补。要求槽体内干净、干燥、牢固、无钢筋侵入槽体内。

7）止水带的接头部位不得留在转角部位，止水带在转角部位的转角半径不得小于100mm。

8）底板与顶板的止水带采用盆式安装方法，以利于振捣混凝土时产生的气体顺利排除，振捣时严禁振捣棒接触止水带。

3. 诱导缝

诱导缝防水构造见图13-39。

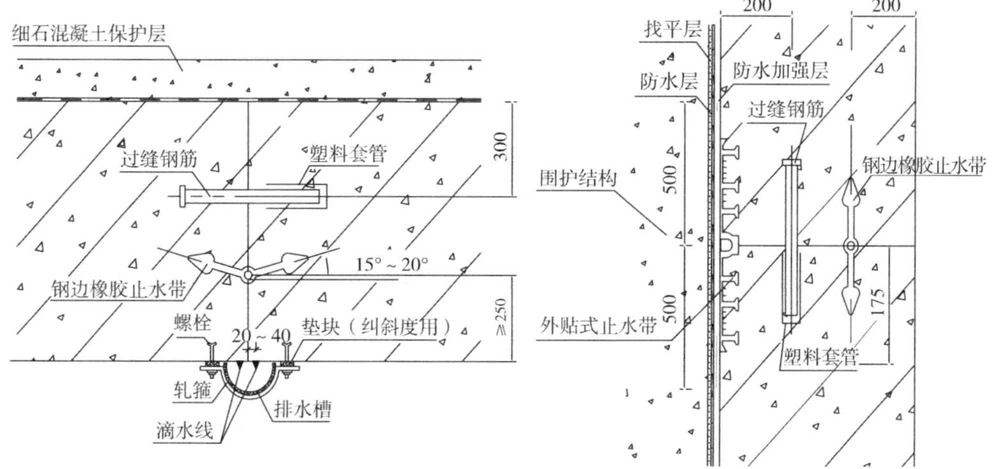

（a）顶板诱导缝及其排水槽防水构造

（b）侧墙诱导缝防水构造

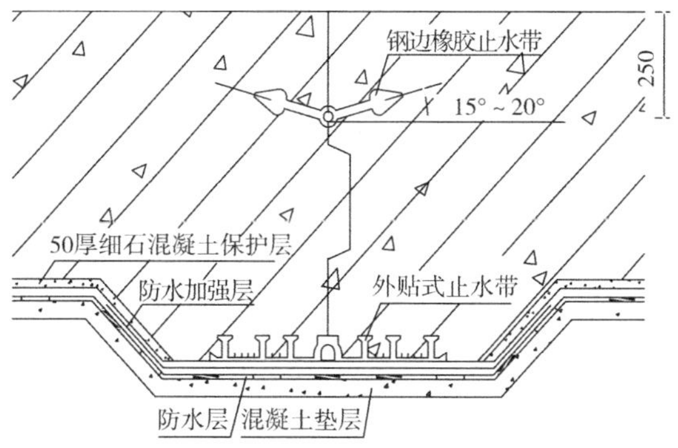

（c）侧墙诱导缝防水构造

图13-39 诱导缝防水构造图（单位：mm）

诱导缝是由于考虑结构不均匀受力和混凝土结构胀缩而设置的允许变形的结构缝隙，它是防水处理的难点，也是结构自防水中的关键环节。

诱导缝防水要求：诱导缝处防水做法参照变形缝防水做法，设填料和接水盒，界面处理参照施工缝做法；顶板诱导缝背水面距缝两侧20～40mm设置一道滴水线，把渗漏水汇集后滴放凹槽中；楼板诱导缝采用遇水膨胀止水胶加强防水。

（1）施工缝的处理

结构分段分部的施工不可避免留有施工缝，纵向施工缝和环向施工缝是结构自防水的薄弱环节，处理得好坏将直接影响到结构防水的质量。在结构分段时将环向施工缝与诱导缝结合在一起。纵向施工缝采用镀锌止水钢片防水。

施工缝处理的注意事项：

1）保证施工缝粘贴止水条处混凝土面光滑、平整、干净，施工缝凿毛时不被破坏。在立面上使用缓膨型遇水膨胀橡胶条时，在结构表面预留30mm×10mm凹槽，将膨胀橡胶条固定在凹槽内，防止浇筑混凝土时移位影响防水效果。

2）止水条的安装确保“密贴、牢固、混凝土浇筑前没膨胀失效”。

3）止水带的安装确保“居中、平顺、牢固、无裂口脱胶”，并在浇筑混凝土的过程中注意随时检查，防止止水带移位、卷曲。

4）各种贯通的施工缝、变形缝的止水条、止水带的安装确保形成全封闭的防水网。

5）灌注混凝土前，先将混凝土基面充分凿毛、清洗干净，要用钢刷刷净；混凝土浇筑时，为确保新老混凝土结合良好，应在混凝土界面上涂一层界面剂。

（2）诱导缝的处理

在诱导缝外侧（侧墙和底板）部位采用外贴式止水带，下二层板采用双组分聚硫橡胶密封胶进行嵌缝防水处理；在诱导缝中部采用中埋式钢边橡胶止水带进行处理。

13.10.6 特殊部位防水处理

1. 穿墙管防水处理

在穿墙管中部焊接一块止水法兰，同时在法兰与穿墙管连接处设置止水胶；在防水层与穿墙管连接阴角处，设置一道密封胶，外加一道防水加强层，防水加强层采用金属箍绑扎牢固。各类管线穿过混凝土结构必须有防水措施，做到不渗不漏。

穿墙管防水构造见图13-40。

穿墙管施工注意事项：

（1）穿墙管是在浇筑混凝土前预埋。

（2）穿墙管与内墙角、凹凸部位的距离应不大于250mm。

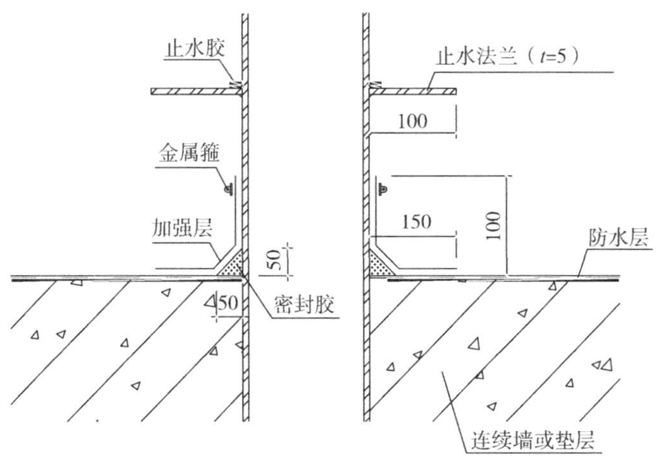

图13-40　穿墙管防水构造图（单位：mm）

（3）金属止水法兰与主管满焊密实，并做防腐处理。

（4）穿墙管线较多时，宜相对集中，可采用穿墙盒方法。

2．临时中立柱穿底板防水处理

临时中立柱贯穿结构底板，形成一渗水通道，为防止渗漏，在底板处两钢套箍间粘贴两道遇水膨胀橡胶止水条，如图13-41所示。

3．立柱桩桩头防水处理

先对桩头进行清理，凿除桩顶浮渣，垫层在桩头周边适当加深，在桩顶及加深范围内涂上用量为2kg/m^{2}的水泥基渗透结晶型防水材料，然后铺设10mm厚聚合物水泥防水砂浆，桩头钢筋围设止水胶，最后铺设底自粘卷材（在阴角处采用密封胶围贴），以防止基坑底地下水沿桩身渗入底板。立柱桩桩头防水构造见图13-42。

4．降水井封堵防水处理

降水井封堵质量直接影响结构底板是否渗漏水，施工过程中须严格按要求施工。降水井封堵防水构造见图13-43。

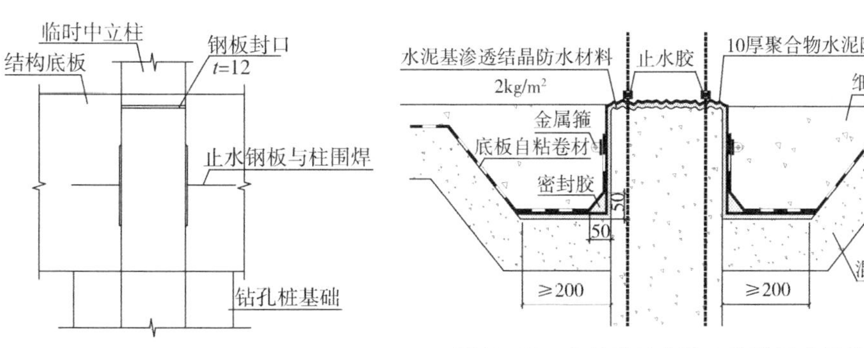

图13-41　临时中立柱穿底板防水层处理

图13-42　立柱桩桩头防水构造图（单位：mm）

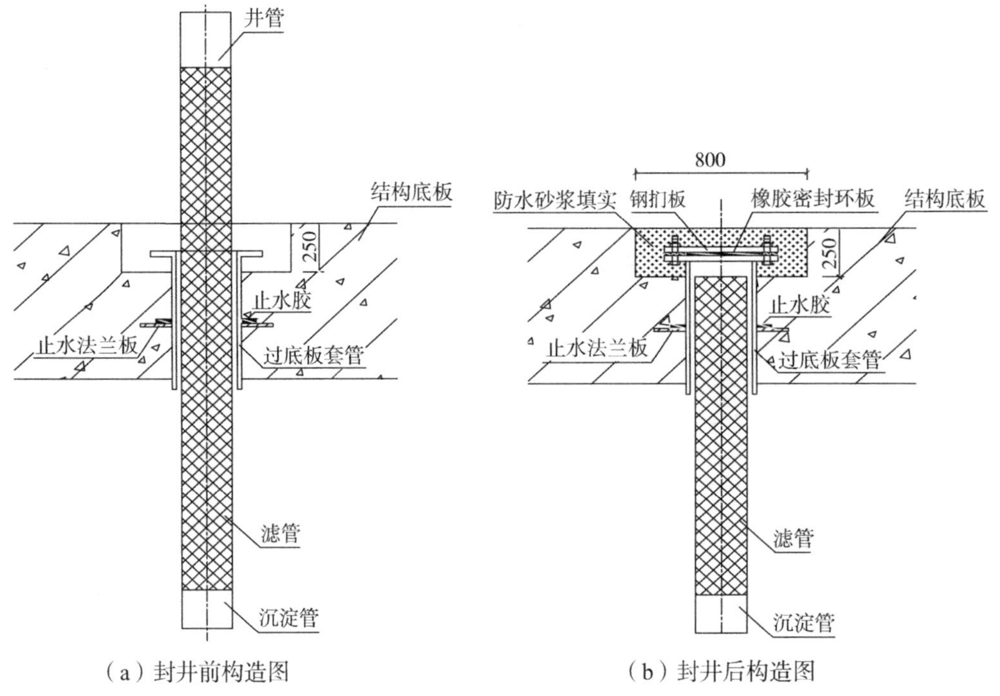

图13-43　降水井封堵防水构造图（单位：mm）

13.10.7 防水混凝土施工

1. 主体及附属结构以补偿收缩性防水混凝土进行结构刚性自防水，结构自防水是整个工程防水成败的关键。采取有效技术措施，提高防水混凝土的防水抗裂性能。

2. 主要采取如下技术措施

（1）采用高性能补偿收缩防水混凝土，对各种粗细骨料、拌合水及外加剂进行严格的质量与计量控制，保证混凝土质量，保证混凝土抗渗等级。严格按设计的结构尺寸施工，保证防水结构的厚度。

（2）精心进行配合比设计，通过试验反复比选，确定用于不同浇筑方法不同施工环境的最佳配比。

（3）采用掺加高效减水剂UEA及粉煤灰“双掺”技术，减少水泥用量，降低水化热，减少收缩裂缝的产生。

（4）对商品混凝土的计量、拌合、运输等环节进行全过程监控，每罐混凝土现场测试合格后才使用，严禁在现场加水，按规定取足试件。

（5）结构施工缝留置在结构受剪力或弯矩最小处。

（6）采取措施使防水混凝土结构内部设置的各种钢筋或绑扎铁丝不接触模板。固定模板不设穿过混凝土结构件的对拉螺栓。

（7）迎水面钢筋保护层厚度不小于50mm，结构裂缝宽度不大于0.2mm，并且不出现贯通裂缝。

（8）分层浇筑，控制好浇筑时间，尽量不留施工缝。加强振捣，确保混凝土密实。

防水混凝土施工控制环节见图13-44。

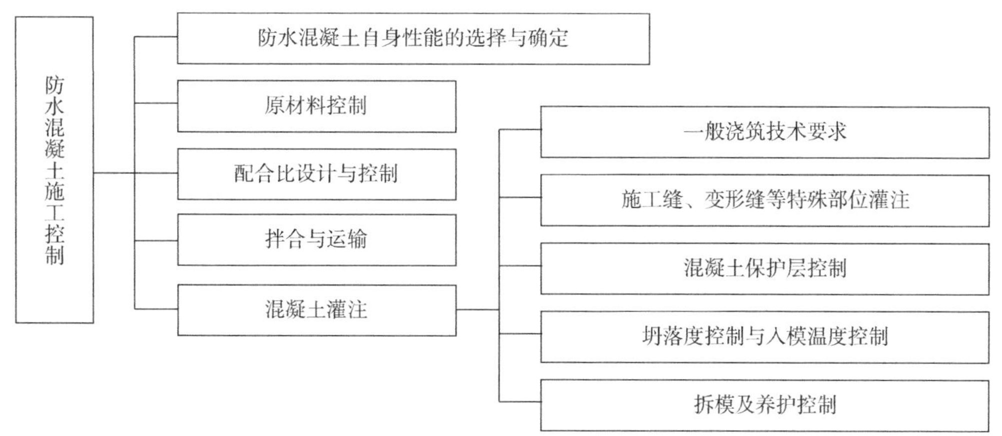

图13-44 防水混凝土施工控制环节

13.11 基坑回填

基坑土方回填施工程序为结构顶板达到设计强度，顶板外防水施工完成后，进行基坑回填，分段施工，采用推土机推土，人工配合压路机分层对称夯实。道路红线内的土方回填密实度不小于0.98。

基坑回填工艺流程为：清理场地——→填料——→压实——→密实度试验——→下一个工作循环。

13.11.1 施工方法

基坑回填填料要求：

（1）顶板以上1m内回填土材料应采用黏性土，顶板以上1m至路面以下1.3m区域采用塘渣回填。黏性土填土中不得含有草、垃圾等有机质，塘渣颗粒级配和粒径大小应满足要求。

（2）现场挖出的淤泥、粉砂、杂填土及有机质含量大于5%的腐殖土不能作为回填土。

（3）回填前应对备用的回填土进行试验，确定最佳含水量，并做压实试验。

（4）顶板施工完毕，混凝土达到设计强度后，应及时铺设防水层、回填覆土。回填时应注意避免结构不均匀受力。回填土应分层夯实，顶板以上和距离边墙结构外皮1.5m范围内回填土碾压密实度≥95%，其余基坑回填土碾压密实度≥94%。当位于其他市政工程范围内时，按市政的要求进行碾压。

（5）顶板回填紧随防水施作，切勿长期暴晒引发结构温差裂缝。

（6）回填区域为市政道路时，基坑回填还应满足市政工程设计规范的相应要求。

（7）回填前应对备用的回填土进行试验，确定最佳含水量，并做击实试验。

（8）回填土时隧道两侧应同时回填，以免结构受到不对称荷载的损害。

（9）当有地下管线复位等工程时，土方回填需要与管线施工密切配合，协商进行。

13.11.2 基坑回填施工技术要点

（1）在顶板防水保护层强度达到设计要求后，开始回填基坑。结构顶板以上不少于1m厚度内必须采用黏土回填，不得含有石块、砖块等，在顶板上回填前两层时，采用人工夯实，以免机械压坏防水层及防水层保护层。

（2）回填应分层摊平夯实，回填高度不一致时，应从低处逐层填压；基坑分段回填接茬必须挖台阶，且台阶宽度不小于1.0m，高度不大于0.3m。

（3）回填时机械或机具不得碰撞防水保护层，结构顶板上50cm回填厚度内及管线周围应用人工使用小型机具夯填，夯实重叠区不小于1/3夯底宽度。

（4）基坑填土每层按100～500m^2取样一组检查密实度，且必须符合相应密实度标准与要求，否则必须重新碾压直至达到要求为止。

13.11.3 基坑回填施工质量控制标准

（1）基坑回填密实度标准见表13-11。

（2）分段回填时，每层接缝处应做成斜坡形，碾迹重叠0.5～1.0m，上下层错缝不应小于1m。

（3）碾压应在中央进行，碾压外缘距填土边坡外沿500mm的填筑部位应辅以小型机具夯实。

（4）同一填筑层土质不得混填。

基坑回填密实度标准 **表13-11**

路面高程以下范围（cm）	密实度要求（%）
0～50	95～98
50～120	93～95
>120	87～93

14 贵安新区管廊案例

14.1 项目概况

14.1.1 贵安新区管廊规划

1. 贵安新区管廊整体规划

贵安新区综合管廊以构建“网络畅达、干支结合、疏密有致”的综合管廊系统为目标，实现贵安新区市政管线建设高端化、绿色化、集约化、职能化，达到消除“马路拉链”和“城市蜘蛛网”的目的，树立国家级新区综合管廊建设典范。新区管廊规划结合新区功能区域板块划分，构建了中心区及马场科技新城“两横一纵四环多节点”综合管廊系统，以及大学城“三横两纵两环多分支”综合管廊系统。管廊规划主要有干线管廊、支线管廊、缆线综合管廊三大类，规划综合管廊共计112km，其中规划期内建设综合管廊93.7km，远景管廊18.3km。

根据管廊区域情况共计设计管廊主控制中心3个（总控制中心“贵安新区管廊运营管理中心”位于中心大道），分控制中心8个。

规划入廊管线主要为电力管线、通信电缆、直饮水管、给水管、中水管、燃气管、热力管、雨水、污水、真空垃圾管等10大类。

2. 贵安新区管廊断面规划

根据纳入管线种类及数量，综合管廊规划的断面类型主要分为的四舱型、三舱型、双舱型及单舱型。根据各管廊承担的功能不同又分为干线型综合管廊、支线型综合管廊、缆线型综合管廊。

（1）干线型综合管廊

干线型综合管廊位于贵安新区重要道路下方，为连接各个重要设施及介质输送的主要通道，兼顾服务周边地块功能，以三舱断面为主，部分路段为四舱，容纳有220kV高压电力电缆、110kV高压电力电缆、10kV中压电力电缆、通信电缆、给水管线、再生水管线、燃气管线，并考虑了一定的预留管位（直饮水管线，部分管廊预留了真空垃圾输送管线、热力管线等），内部留有人行检修空间，如图14-1、图14-2所示。

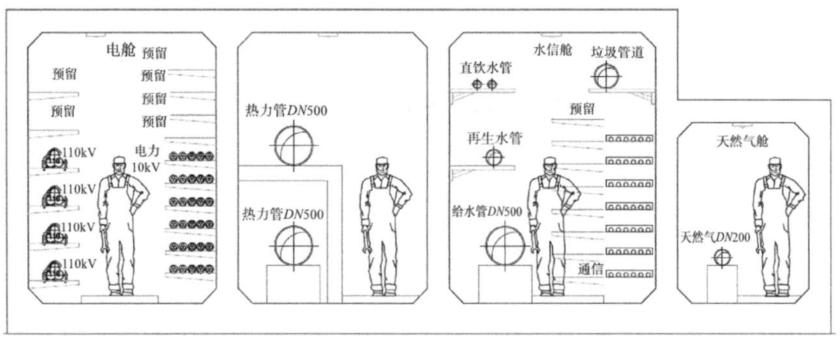

图14-1　干线管廊典型断面图（含热力、燃气等）

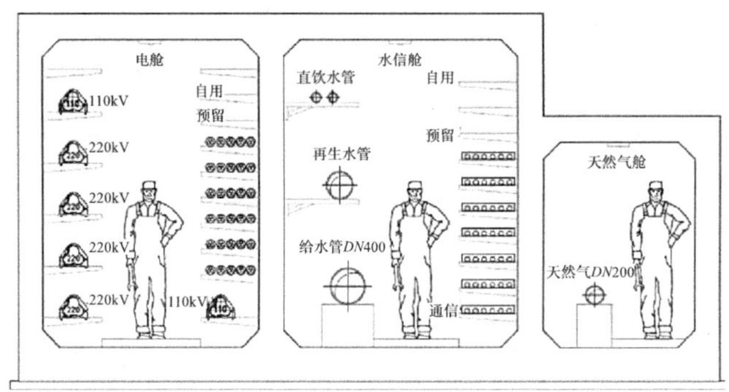

图14-2　干线管廊典型断面图（含燃气）

（2）支线型综合管廊

支线型综合管廊位于贵安新区开发强度较高的地段以及重要道路下方，以服务周边用地为主，不作为连接各个变电站的主要电力通道，主要为双舱或单舱断面，容纳有10kV中压电力电缆（个别管廊内容纳了110kV和220kV高压电力电缆）、通信电缆、给水管线、再生水管线，并考虑了一定的预留管位，内部留有人行检修空间（图14-3、图14-4）。

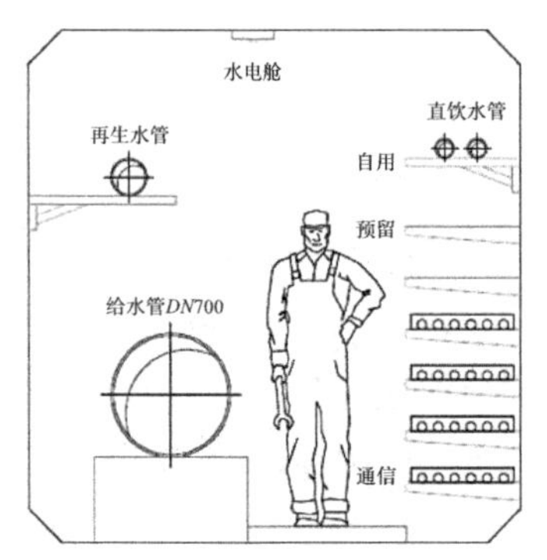

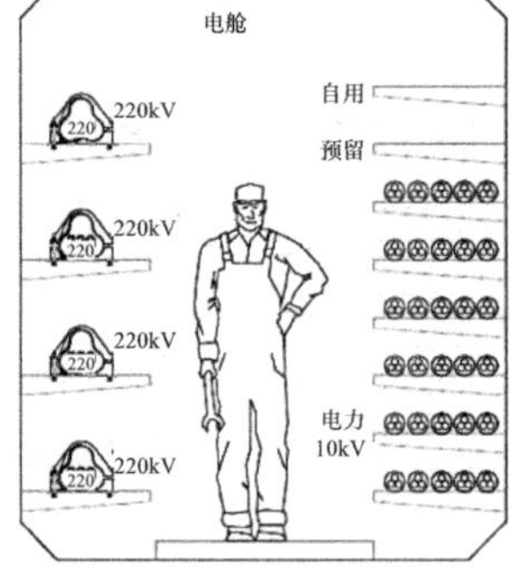

图14-3　支线管廊典型断面图（双舱）

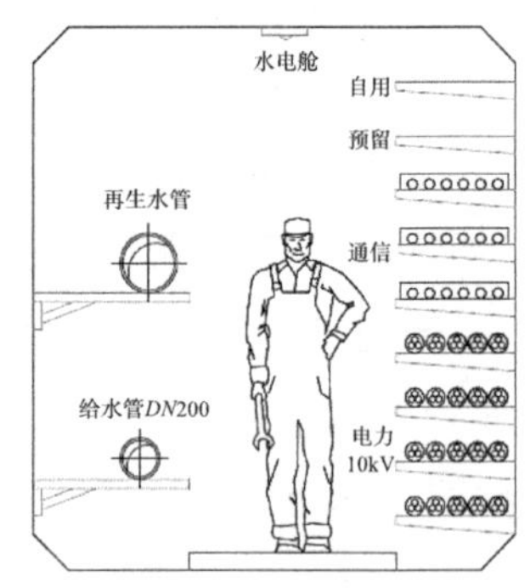

图14-4　支线管廊典型断面图（单舱）

14.1.2 中心大道管廊项目情况

1. 项目概况

中心大道主线综合管廊长度2050m，采用三仓断面（燃气仓、综合仓、电力仓），起点为K2+780与站前路平交路口，终点为K4+680与蓝湖路平交路口，支线过街管廊长度455m（两仓断面），管廊主要纳入燃气、直饮水、给中水、通信、电力等6大类十余种管线，工程总造价1.72亿元。

管廊敷设于线路左侧人行道、非机动车道及绿化带下方。主线管廊采用三仓管廊断面，过街支线管廊采用两仓管廊断面结构，特殊结构主要有投料口、通风口、端头井、管线引出端、支线交叉口、人员进出口等。综合管廊附属工程主要指电气照明系统、通风系统、排水系统、消防系统、监控监测系统、标志系统等内容。

2. 地质地貌

管廊施工区域道路高程1233.69～1243.05m，场区地貌单元为溶蚀残丘～洼地地貌；管廊沿线土层自上而下分为：淤泥质土、硬塑状红黏土、可塑状红黏土、软塑状红黏土、强风化白云岩、中风化白云岩、强分化泥质白云岩、中分化泥质白云岩等。

地下水位按设计地面以下0.5～22m不等，地下水及地基土对混凝土结构及其中钢筋具有腐蚀性作用。施工区域路基段部分有溶洞，但规模较小不影响管廊结构施工，局部区域基底有淤泥质土等软土分布，可采用旋喷桩加固或换填处理。

3. 施工环境

管廊施工采用在成型路基面反开挖施工，利用既有路基作为施工便道使用，基坑弃渣利用道路项目既有弃土场弃置；区域内电力资源丰富，通过与当地电力部门协商安装变压器接入施工现场，能满足施工用电需求，现场配置发电机作为备用电源；管廊施工在K3+780-K3+880里程段下穿既有市政道路百马路，施工时采用半幅封闭交替施工通过。

4. 中心大道管廊建设特点

（1）管廊土建及安装工程特点

1）管廊在既有已实施完成土建路基面基础上，采用明挖（反开挖路基）现浇工艺进行管廊施工，结合现场地质情况采用垂直支护的方式进场基坑开挖，最大限度地减少对既有工程的破坏。

2）在跨河地段，引入廊桥合建理念，有效解决了管廊跨河建设难题，以人文化理念进行管廊各特殊节点设计，使各接口与周边环境协调。

3）管廊规划建设与人行地道、地铁、其他地下空间项目统筹考虑，建立一站化解决方案。

4）率先实现真正意义上的燃气入廊施工。

5）引入新型玻璃钢支架系统，解决了支架系统安装、检修不易、耐腐蚀性差等问题。

（2）以智慧化理念建设智慧化管廊

改变传统管廊建设模式，依托计算机系统平台，运用BIM+3S、互联网、传感器、音视频、云计算、大数据、在线仿真、人工智能控制等技术手段，建立可视化统一管理信息平台，整合管廊通风系统、消防系统、排水系统、电气系统、监控与报警系统，通过网络化分布监控设施监测等模块构建的以大数据互联互通为基础，建设高度灵活、信息化、网络化、集约化的智慧管廊。

14.2 总体施工部署

根据工程特点，以保证工期、质量、合理配置资源、均衡组织施工、降低生产成本为原则，施工上考虑突出重点、兼顾一般、实现均衡生产；以方便管理为原则，合理划分施工段落和组建施工管理组织机构，上足施工队伍、配足机械设备、提前储备物资资源，以保证总工期的实现；以穿越百马路管廊施工为重难点，做好内外部协调工作，确保各项工作顺利开展；以管廊基坑开挖为关键线路，做好基坑支护及基坑开挖施工进度控制，确保主体结构及后续施工工序按时开展。

14.2.1 工期目标

整体工期目标：计划开工时间2015年8月15日，计划完工时间2016年2月15日，总工期180d，见表14-1。

中心大道管廊工期 **表14-1**

序号	施工工序	施工数量	2015年					2016年		备注
			8月	9月	10月	11月	12月	1月	2月	
1	基坑支护	2050延米	——	——						
2	基坑开挖	2050延米		——	——	——				
3	主体结构	2050延米		——	——	——	——			
4	外防水	2050延米			——	——	——	——		
5	台背回填	2050延米				——	——	——	——	
6	支架及管道安装	2050延米			——	——	——	——		
7	各系统安装	2050延米				——	——	——	——	
8	监控中心施工	1座					——	——		
9	运营管理系统研发	1套			——	——	——	——	——	

14.2.2 施工班组安排

根据工程项目特点及总体工期目标要求，共配置10个施工班组开展管廊施工建设。各班组根据管廊每200m左右为一个防火区间的特点，根据现场情况配置施工工作面表14-2。

施工班组安排及任务划分表　　表14-2

序号	队伍名称	任务划分	备注
1	基坑开挖一工班	负责K2+780-K3+780里程段综合管廊基坑开挖及台背回填工作，并负责监控中心场坪工程施工	2个工作面
2	基坑开挖二工班	负责K3+780-K4+680里程段综合管廊基坑开挖及台背回填工作	2个工作面
3	防护一工班	负责K2+780-K3+780里程段综合管廊基坑围护桩及喷锚施工	2个工作面
4	防护二工班	负责K3+780-K4+680里程段综合管廊基坑围护桩及喷锚施工	2个工作面
5	结构一工班	负责K2+780-K3+780里程段综合管廊主体结构及防水工程施工	2个工作面
6	结构二工班	负责K3+780-K4+680里程段综合管廊主体结构及防水工程施工	2个工作面
7	结构三工班	负责监控中心房建主体工程、装修工程及其配套附属设施施工	
8	安装一工班	负责K2+780-K4+680里程段综合管廊内部装修、支架系统安装、管道安装、人员出入口等梯道附属设施施工	2个工作面
9	安装二工班	负责K2+780-K4+680里程段综合管廊照明系统、通风系统、排水系统、消防系统、监控（监测）系统安装施工	2个工作面
10	安装三工班	负责智慧管廊运营管理系统研发，与设计方进行对接，对设计方案中各系统进行二次深化设计，构建智慧化运营管理系统平台，确保智慧管廊建设的正常推进，以及智慧化管廊系统的正常运转	

14.3 明挖现浇管廊施工

中心大道管廊在既有已实施至路基设计标高面的路基左侧人行道及非机动车道区域采用明挖现浇法施工工艺进行施工，由于距离左侧路基防护挡墙以及道路左幅雨污水管道距离较近，开挖时采用钢管桩垂直支护和放坡开挖两种方式进行基坑开挖施工。

14.3.1 施工工艺流程图

施工工艺流程图如图14-5所示。

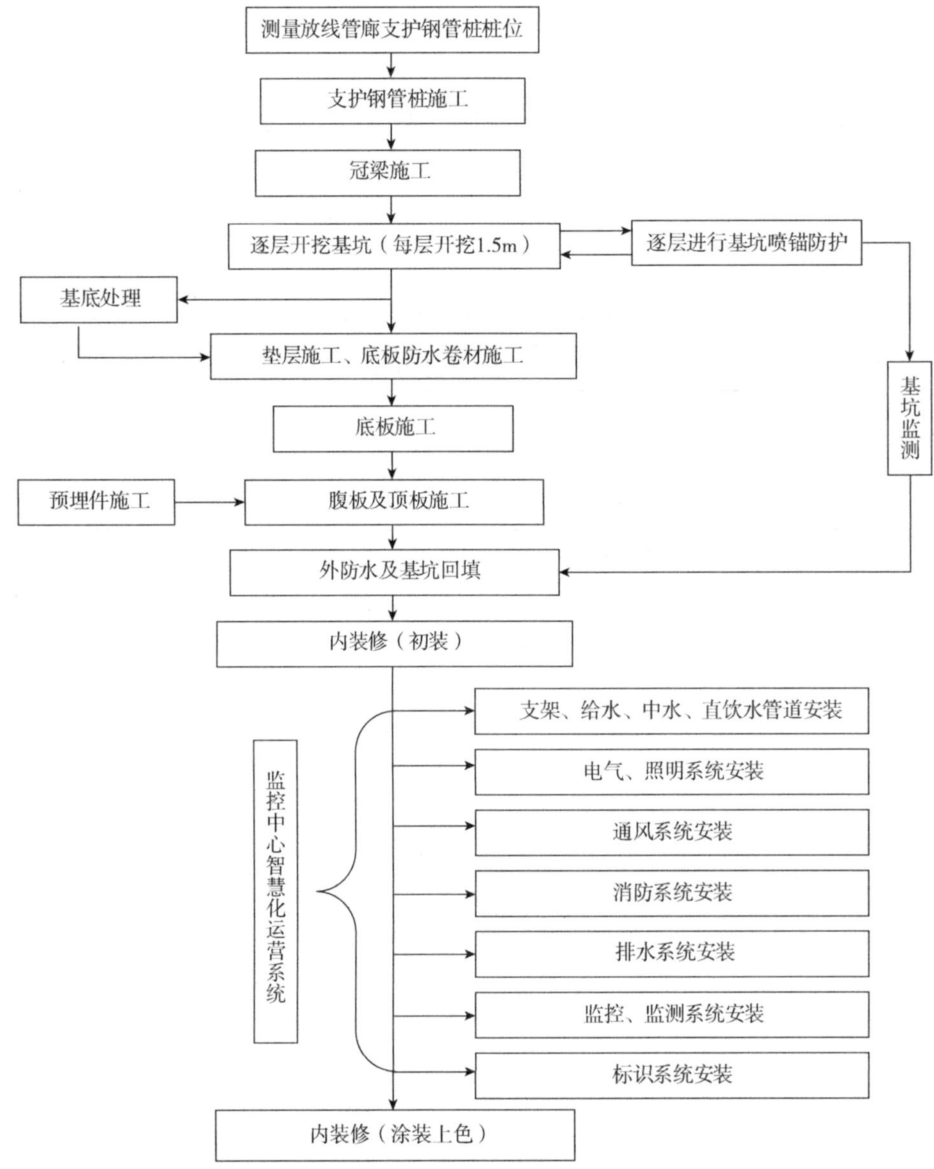

图14-5　施工工艺流程图

14.3.2 支护钢管桩施工

基坑设计安全等级三级，采用单侧双排钢管桩防护，钢管桩单排纵向间距为1m，两排间垂直距离为1m，两排钢管桩呈梅花状布置，钢管桩成孔采用潜孔钻施工工艺；钢管采用壁厚4mmϕ133无缝钢管，施工长度在9～12m，钢管底部超过管廊基底3～4m；钢管内配4根ϕ32螺纹钢筋束（钢筋与ϕ48注浆钢花管组成整体一束），钢管内部及外部空隙通过注1：1水泥浆形成钢管桩；钢管桩顶部设置1.2m×0.5m钢筋混凝土冠梁，增强钢管桩整体受力；在浇筑冠梁混凝土时以靠近基坑开挖面一侧冠梁边回量30cm竖向预埋30cm深ϕ50Pvc管，用于后续设置基坑围挡防护栏，防护栏外侧冠梁作为人行通道使用（图14-6～图14-9）。

工序施工关键卡控点：

钢管桩孔位及成孔垂直度：施工前应逐桩对钢管桩桩位进行放样，确保钢管桩桩间距，钻孔采用跳打方式间隔施工，减小因熔岩地区造成的窜孔现象，单桩成孔垂直度控制在1%以内，以防止钢管桩侵入基坑净空断面内。

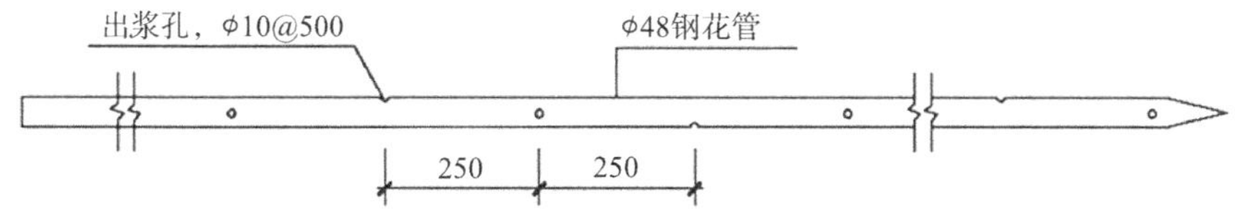

图14-6　注浆花管大样（单位：mm）

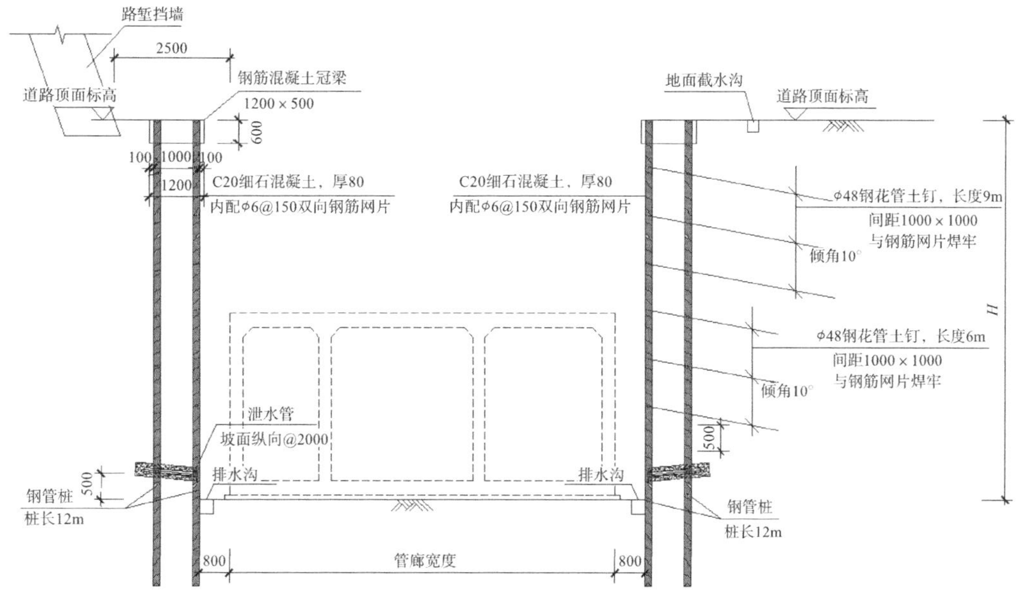

图14-7　钢管桩施工图（单位：mm）

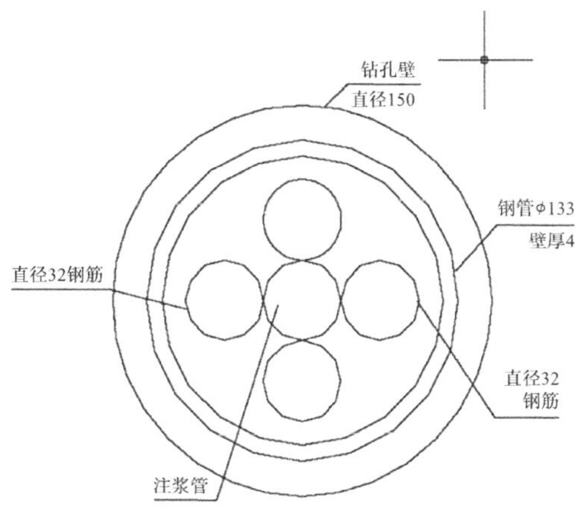

图14-8　钢管桩平面布置示意图（单位：mm）

图14-9　支护注浆现场施工

注浆饱满度：成孔后及时跟进施工钢管桩，避免因塌孔堵塞影响钢管的放入，钢筋与注浆管应整体加固成束后吊装入钢管内，注浆管顶部应高出钢管约20cm，注浆时采用定制的带胶圈的堵头（带排气口）对钢管口进行封堵，注浆浆液采用现场机械拌制，并严格控制配合比，注浆压力1MPa，以确保浆液由底部逐步向上，填充满钢管内外部空隙，保证成桩质量。

冠梁施工质量控制：在进行钢管桩施工前，针对管廊埋入路基设计标高面下50cm这一要求，提前将冠梁外边界以内基坑土方整体降低50cm，减小钢管桩成桩后，冠梁施工基坑开挖难度以及管廊基坑开挖对钢管桩的扰动，缩短钢管桩施工后的冠梁施工时间间隔；冠梁钢筋在施工时应与钢管桩伸入冠梁部分进行有效焊接，确保整体受力结构；冠梁顶面根据监控量测方案要求布设监测点。

14.3.3 基坑开挖及防护

钢管桩逐段整体施工完毕后，顶部冠梁施工混凝土强度达到7d以上，钢管桩注浆强度达到70%后，即可开始开挖基坑第一层土石方，基坑开挖深度控制在每层1.5～2m以内（严禁随意加大开挖深度），基坑开挖施工前，应提前在冠梁外侧设置排水沟，用于疏导路基顶面雨天汇水。

管廊基坑开挖采用逐层垂直开挖方式进行，开挖外露基坑临空面采用φ48钢花管土钉挂网喷射8cm厚C20喷射细石混凝土护面防护，自上往下每挖一层防护一层，每一层临空面防护完成后方可进行下道基坑开挖施工。第一层基坑土方开挖相对简单，可直接由挖机挖除，运输车弃渣；第二层往下开挖，此时需要挖机进入基坑内进行作业，土方由基坑内施工便道进行外运。在基坑内地质较差施工段，需要将第二层及以下土方利用挖机倒至靠主线路基一侧基坑顶外侧临时存放，之后进行二次装车运输弃置。

整个开挖至管廊回填施工期间均需持续对管廊冠梁、边坡土方、路基下挡墙等基坑周边构造物进行监测，如图14-10所示。

图14-10 基坑开挖现场

工序施工关键卡控点：

（1）基坑开挖：基坑开挖应严格控制分段、分层开挖，机械开挖后临空面应以人工修正边坡，防止机械修边扰动钢管桩；在需要在基坑顶靠路基主线一侧基坑顶存放及倒运土方的，需严格控制堆土高度（堆土荷载不得大于20kN/m^2），或者采用两台挖机配合，就倒就运，减少基坑顶土方对基坑的侧压力，以保基坑稳定；在挖除最后一层基坑土方时，应严格控制标高，不能扰动基底土，不允许超挖，当接近设计标高时，宜保留一铲土，待浇筑垫层前挖除，基底高程控制在±20mm以内，基底挖除时配以人工整形。

（2）降水措施：基坑土方开挖前应提前完善地表排水沟，避免路基表面径流汇入基坑内；基坑开挖过程中在基坑内部提前挖设积水坑，控制基坑内降水曲线在开挖基底面以下0.5～1m，积水坑内积水采用水泵强排至基坑外侧就近雨水管道，确保基坑底面干燥。

（3）基坑喷锚防护：基坑喷锚防护应紧跟开挖工作面，逐层喷锚防护；钢花管打入射角垂直于边坡面，土钉按水平1m×1m间距梅花形布置，钢花管注浆浆液采用现场拌制，并严格水泥砂浆配合比，注浆压力控制在0.5～0.8MPa；挂设钢筋网片前应对基面进行初喷，在挂网喷射混凝土施工前，应采用短钢筋设置喷射混凝土厚度控制标识，确保喷射混凝土厚度；钢筋网采用φ6间距15cm×15cm钢筋网片，网片钢筋应与注浆花管进行有效固接，使之形成整体，网片与网片接头搭接采用绑扎，接头长度应≥300mm。

（4）基底处理：基坑挖至设计标高后，应组织各方进行验槽，符合要求后方可开展下道工序施工；对于需进行地基处理加固的，根据设计要求采用旋喷桩加固或基底换填处理，无论采用何种方式进行基底处理，均应保证实施质量，以最大限度地消除管廊结构工后沉降，减小管廊因不均匀沉降导致的结构开裂及沉降缝位移过大，造成的渗漏水。

（5）施工监测：整个基坑施工过程中，均应对管廊自身支护结构以及周边保护范围内的构筑物进行监控量测，主要监控内容为沉降及水平位移，以保证基坑施工安全，监测指标应符合表14-3的要求。

基坑监测数值表 **表14-3**

监测项目	测点布置	预警值
边坡顶部（竖向）位移	≤20m，每边不少于3点	大于50mm，连续3d大于5mm/d
周边建（构）筑物水平（竖向）位移	≤15m，四角布置、施工缝两边	大于20mm，连续3d大于2mm/d
周边管线变形	≤20m，2倍坑沉深范围管线	大于30mm，连续3d大于3mm/d

注：监测频率：开挖期间至回填1次/d，其他时间2～3d/次。

14.3.4 管廊底板施工

管廊基底验收合格后，即可以每一个沉降缝施工段落为单位，施工底板垫层混凝土及铺设底板防水卷材，并施工底板钢筋及腹板墙身钢筋，施工时注意控制好钢筋间距及保护层厚度，还应注意对铺底防水卷材的保护（图14-11、图14-12）。安装底板模板，并进行加固，将外贴式防水带、中埋式钢边止水带、施工缝处止水钢

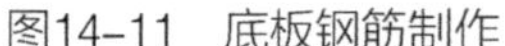

图14-11　底板钢筋制作

图14-12　腹板钢筋制作

板准确安装到位，检验合格后方可进行底板混凝土（混凝土强度等级C30，抗渗等级P8）浇筑施工。

14.3.5 腹板及顶板施工

腹板及隔墙模板安装前，应将墙身内的预留、预埋件按设计要求安装到位，确保后续安装工程顺利开展。预埋件安装完毕后，再安装腹板模板、搭设碗口式支架，最后铺设顶板底模，进行顶板钢筋施工。钢筋、模板安装工序验收合格后方可进行腹板及顶板混凝土浇筑施工。

管廊主体结构施工见图14-13。

图14-13　管廊主体结构施工

14.3.6 管廊特殊结构二层部分施工

管廊工程特殊节点构造物投料口、通风口、人员出入口、管线引出端口等结构由主线管廊主体结构上方延伸至地面，该部分结构施工需在主线管廊施工时预留连接钢筋，并设置施工缝止水钢板，待管廊主体结构施工完成后，另行搭设支架进行钢筋、模板、混凝土浇筑施工。

管廊主体结构工序施工关键卡控点：

（1）钢筋施工：钢筋应在钢筋加工场集中按设计图纸要求进行加工，采用运输车辆转运至现场进行安装施工，钢筋焊接接头应满足双面焊焊接接头长度≥5*d*，做到焊缝饱满，焊渣清理干净；钢筋安装应严格按图纸要求控制安装间距，并购置专用垫块施作控制钢筋保护层厚度。

（2）模板及支架施工：本项目模板采用1.5cm厚桥梁专用竹胶板作为施工模板（采用木模便于非标准断面管廊及特殊节点工程结构施工），采用10cm×10cm方木及ϕ48钢管作为竖向及横向模板加固件；竖向加固方木横向间距为30cm，横向加固对拉钢管竖向间距为60cm，模板加固对拉锚杆迎水面管廊外墙采用止水拉杆，确保混凝土抗渗效果；顶板竖向支撑采用碗扣式支架，支架步间距60cm×60cm，顶部设置可调顶托，调节管廊顶板底标高；混凝土浇筑前应对加固对拉锚杆及支架系统进行逐一检查，确保加固到位，浇筑过程中应安排专人随时进行检查；中水管道支架预埋件、吊钩预埋件、引出端口防水套管、沉降缝止水带等预埋件应以模板安装同步完成，并确保预埋件位置准确且与模板面密贴。

模板及支架的拆除时，非承重模板待混凝土初凝后，强度达到2.5MPa以后，方可进行拆除，承重模板及支架应待结构混凝土强度达到设计强度的75%后方可进行拆除。

（3）混凝土浇筑施工：混凝土应由拌合站集中严格按施工配合比进行拌合，混凝土罐车运输至现场，用天泵输送入模进行浇筑，现场应对混凝土坍落度、混凝土和易性等指标进行检测，合格后方可进行使用；浇筑过程中严格控制分层浇筑厚度及振捣质量，确保混凝土表面光泽，无松散及蜂窝麻面，混凝土浇筑应连续进行杜绝施工冷缝；混凝土浇筑完成后应进行洒水养护，养护时间不得少于14d。

14.3.7 管廊外防水及基坑回填

管廊主体结构施工完成，混凝土强度达到设计强度要求后即可施作管廊外防水卷材及卷材保护层，并实施管廊基坑回填。施工防水卷材前应将管廊混凝土外露面清扫干净，铺设时按设计要求做好卷材接缝处的搭接处理，防止渗漏。卷材铺设完成后侧墙采用聚合板施作卷材保护层，顶板采用细石混凝土卷材防护层对防水卷材做外防护。卷材防护层施工完成、细石混凝土强度达到设计要求后，方可采用级配碎石对基坑按要求进行分层填筑施工（图14-14～图14-17）。

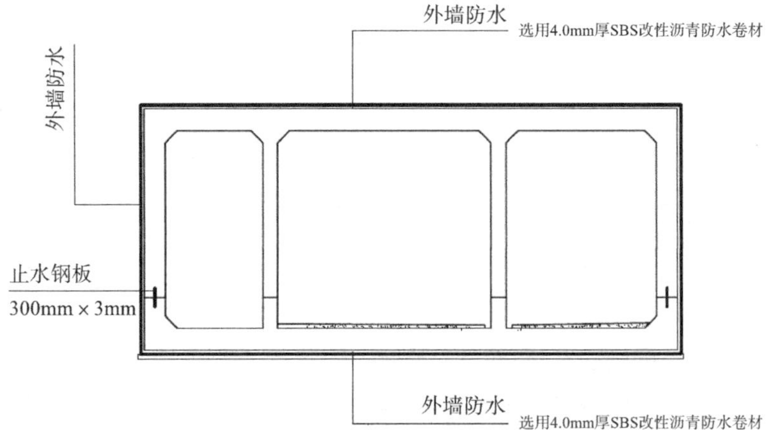

图14-14 管廊主体结构外防水

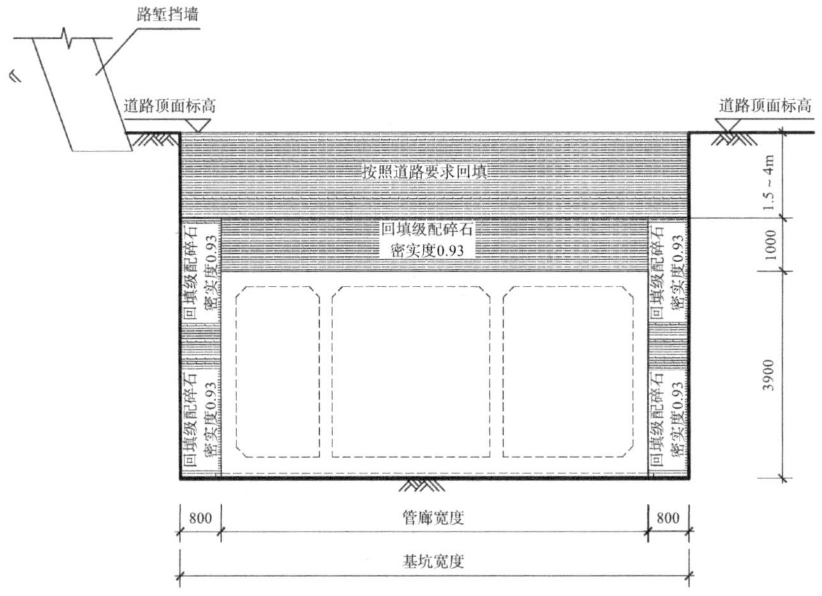

图14-15 管廊基坑回填（单位：mm）

图14-16 管廊主体结构外防水施工图

图14-17　管廊基坑回填施工图

工序施工关键卡控点：

（1）沉降缝防水：沉降缝是管廊结构防水的重点区域，在混凝土浇筑施工前，应确保沉降缝处中埋钢边止水带、外贴橡胶止水带按设计要求准确安装到位，严防移动，止水带环向接头应采用热胶接头进行处理；浇筑混凝土时应加强该部位的振捣质量控制，确保混凝土密实。

（2）外防水：管廊外防水SBS改性沥青改性沥青防水卷材，使用前应进行试验检测，确保卷材厚度及其他性能指标满足设计要求；卷材铺设时严格按搭建宽度要求进行施工，确保实施后的卷材形成整体的外防水体系；侧墙卷材保护层应采用粘贴方式进行施工，严禁使用水泥钉进行固定安装。

（3）台背回填：台背回填应严格按设计要求控制回填材料，对具备回填条件的管廊段应及时安排进行回填施工，回填应均匀、对称、分层进行，并逐层进行夯实；管廊顶1m范围以内回填应采用轻型压（夯）机压实，机械重量不得大于2t。

14.3.8 管廊内装修及安装工程

1. 管廊内装修

管廊仓室内墙面装修采用素水泥浆一道甩毛（内掺建筑胶）⟶9mm厚10.5：2.5水泥砂浆打底刮出纹道⟶2mm厚面层耐水腻子分遍抹平⟶无机防潮防霉涂料饰面（乳白色），如图14-18所示。

管廊综合舱、电力舱地面采用水泥浆一道（内掺建筑胶）⟶50～80mm厚C25细石混凝土找平层⟶5mm厚水泥基自流平面层。

管廊燃气舱地面采用水泥浆一道（内掺建筑胶）⟶20mm厚1：2.5不发火水泥砂浆抹平。

2. 管廊安装工程

管廊内安装工程主要有电力、通信等线缆支架安装，包括给水中水管道、直饮水管道、燃气管道安装，以及通风、消防、排水、电气、监控与报警、标识系统工程安装。

电力、通信管线支架系统采用玻璃钢支架系统，立杆采用锚固方式进行施工（锚固点由厂家二次深化设计确定），拖壁采用插销与立杆拴接，通信线缆入廊时布设于玻璃钢桥架内，电力电缆直接敷设于玻璃钢拖壁上。消防管道、中水管道布设采用传统镀锌角钢托架与结构物内预埋钢板焊接后形成支架体系；给水管道、燃气管道铺设于混凝土支墩上（图14-18、图14-19）。

管廊内通风、消防、排水、监控与报警等配套附属设施工程结合智慧管廊运营管理系统深化设计后进行安装及调试。

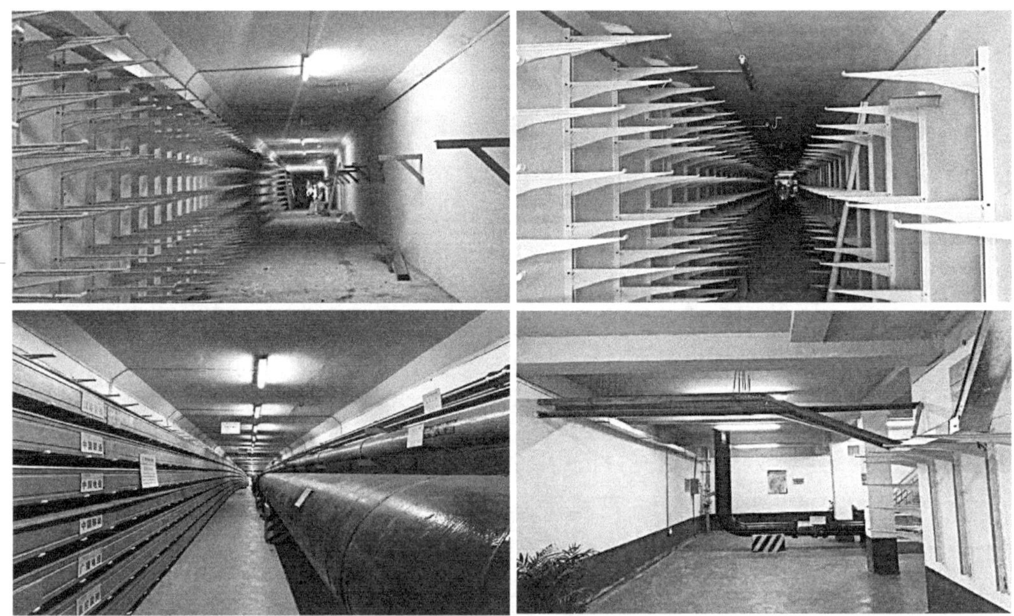

图14-18　管廊内安装工程

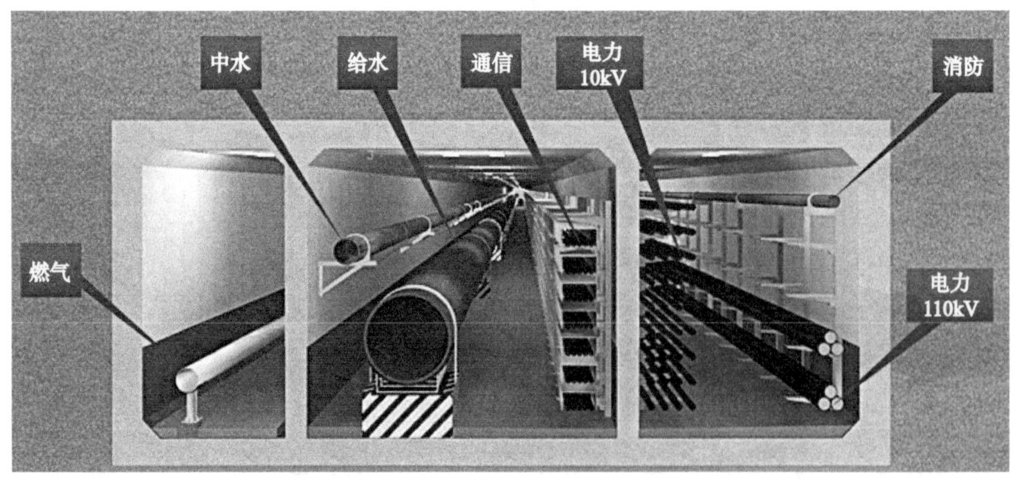

图14-19　管廊内横断面效果图

14.4 智慧管廊建设

贵安新区中心大道管廊，通过自主研发智慧管廊运营管理系统，整合管廊各附属设施管理系统，通过获取、收集管廊内环境类参数（温湿度、氧含量、有毒气体、可燃气体浓度等）、介质类参数（水流量、用气量、用电量、水压、气压、电缆接头温度、积水坑液位等）等基础监测信息，加以智能化分析预控，实现对管廊、廊内附属设施（元件）、入廊管线高效精确的信息化管理、监控、监测、应急处置和防灾减灾功能，从而实现管廊资产的高效管理和入廊管线运营的安全管理，构建不一样的智慧管廊。

14.4.1 消防系统

贵安新区中心大道先期段管廊消防系统采用高压细水雾开式灭火系统，主要布设于电力舱，综合舱及燃气舱采用移动式灭火装置。每个防火分区约200m，全线共设置11个防火分区。

高压细水雾开式灭火系统由高压泵组、补水增压装置、水箱、开式分区控制阀、细水雾开式喷头、泵组控制柜、供水系统、不锈钢管道和阀门等组成。灭火系统用水由设置于监控中心的高压泵组系统集中加压供水，泵站储水箱外接市政供水管网获取水源。整个灭火系统由泵组控制柜统一协作响应工作指令，控制柜具有手动和自动两种控制方式。控制柜工作指令由监控中心运营管理系统根据火灾报警系统、视频监控系统基础信息识别后进行统一发送动作指令，开启灭火系统进行灭火（图14-20）。

开式灭火系统喷头选用k=0.6和k=0.7的开式喷头，工作时喷头压力≥10MPa，喷雾强度≥1.0L/（min·m^2），喷头安装布设间距3m。消防系统主供水管采用*DN*40不锈钢管，喷头连接供水管采用*DN*15不锈钢管。

防火分区采用耐火极限不低于3h的不燃性墙体进行防火分隔，防火分隔处防火门采用甲级防火门，管线穿越防火隔断部位以及防火门与管舱周边间隙采用阻火包进行防火封堵。防火门开启方向为人员逃生口方向，并安装远程控制系统，在火灾发生时接收监控中心运营管理系统工作指令执行关闭或开启功能（图14-21）。

14.4.2 电气、照明系统

根据管廊内附属设施机电系统及照明系统要求设置照明控制回路（应急照明回路、一般照明回路）、风机控制回路、排水泵回路、插座箱回路等供电线路。电缆采用自用桥架进行敷设，自用桥架采用防火型桥架。低压配电箱、应急照明配电箱、风机电控柜利用主线管廊上方通风口、投料口二层空间进行安装。照明系统、通风系统、排水系统控制箱均设置手动和远程两种开启控制方式，控制箱接受监控中心

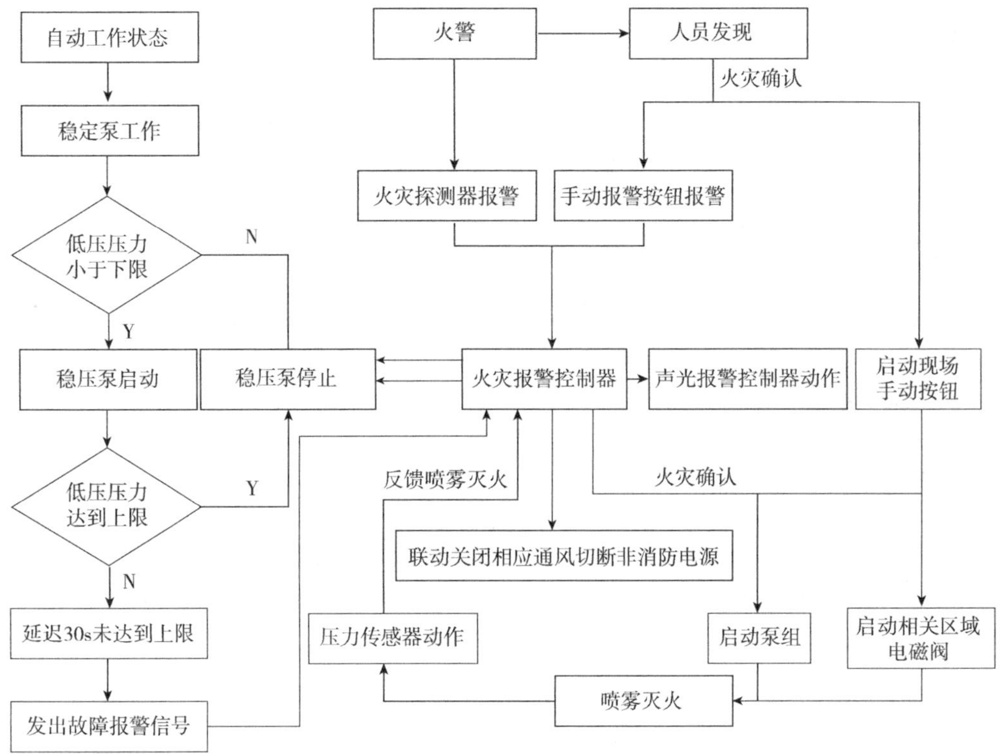

图14-20　高压细水雾开式灭火系统图

图14-21　防火分区及防火门

运营管理系统远程指令执行相关开启及关闭等功能。

管廊照明系统由一般照明、应急照明两个部分组成，照明灯具采用单管荧光灯，功率18W，照明灯具于各舱室顶部居中吸顶安装，间距为6m，每隔2盏一般照明灯具设置1盏应急照明灯具，一般照明及应急照明分别由相应的控制回路进行供电。

一般照明系统开启及关闭以一个防火区间为单位进行控制，防火区间现场一般照明采用一般照明按钮盒及防火隔断处防火门及人员出入口防入侵系统感应控制、监控中心远程控制等三种方式进行操作控制。

方式一：作业人员可以通过安装于每个防火隔断墙处的照明控制按钮盒开启和关闭相邻两个防火区间的一般照明系统。

方式二：当入廊作业人员通过防火门及人员出入口进入某一防火分区时，防入侵系统通过感应识别入廊作业人员佩戴的点位装置，确认合法性后，通过管廊运营管理系统发送指令控制一般照明系统控制箱，自动开启该防火区间一般照明系统，防火区间一般照明系统的关闭则根据运营管理系统通过判别作业人员佩戴的定位装置，明确该防火分区无作业人员后，发送指令至一般照明控制箱远程关闭该区间一般照明系统。

方式三：运营管理监控中心可以根据需要，通过运营管理系统设备控制界面远程开启或关闭相应防火分区的一般照明系统。

应急照明系统的开启，则通过运营管理系统判别一般照明系统丧失照明功能后，智能控制启动相应防火分区的应急照明系统。

14.4.3 通风系统

通风系统以每个防火区间为单位进行设置，每个防火分区设置自然进风口及排风口各一处，进风口设置于每个防火区间的起点段，排风口设置于每个防火区间的终点段。燃气舱进、出风口独立设置，综合舱及电力舱进、出风口共用。风机工作以一个防火分区为单位独立运转，在防火门关闭状态下通过排风口机械抽风，自然进风口进风的原理调节相应舱室内的空气质量。风机的开启及关闭可以通过现场控制箱手动控制、运营管理系统设备控制界面、事故时运营管理系统智能联动等三种方式进行控制（图14-22）。

综合舱、电力舱正常通风次数为2次/h，事故通风次数6次/h。燃气舱正常通风次数为6次/h，事故通风次数12次/h。

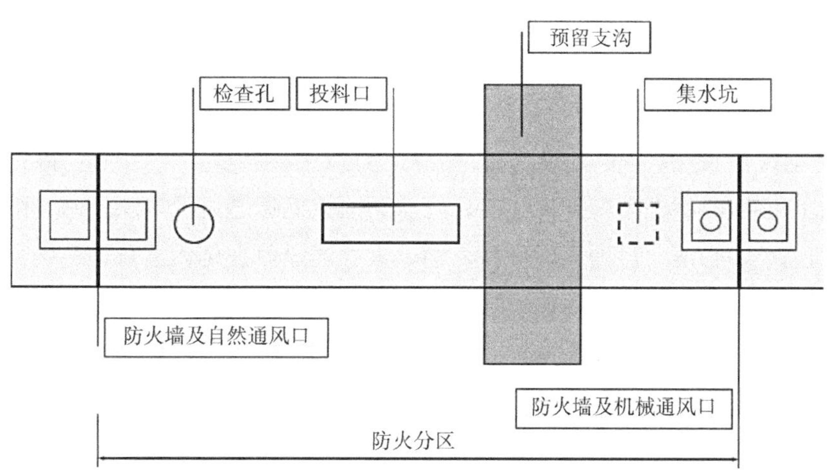

图14-22　投料口、通风口、防火门和人员进出口示意图

事件处置原则：各舱室内环境类监测参数超标后，运营管理系统发送指令控制风机提高通风次数及通风时间，使舱室内环境指标回归正常；燃气舱发生燃气泄漏时，运营管理系统发送指令至控制风机控制箱，开启风机置换舱内空气，降低舱室内可燃气体浓度，杜绝因燃气泄漏导致的爆炸事件发生；电力舱发生火灾时，运营管理系统发生联动指令，停止通风系统工作，并联动其他系统进行灭火。火灾扑灭后系统指令排放系统提高通风时间，将舱室内环境参数降低到系统控制的各环境参数阈值后，再进行人员入廊检查维修。

14.4.4 排水系统

管廊内各舱室底板处沿管廊纵向均各设置10cm宽5cm深积水沟1道，电力舱及综合舱积水沟设置于靠两舱横隔墙底板一侧，燃气仓积水沟设置于靠近综合舱横隔墙底板一侧，各舱室底板面均设置往排水沟一侧1%的底板面排水横坡。舱室内少量积水通过排水沟引流至积水坑，积水坑的设置以一个防火区间为单元进行设置，一般设置位置为该区间管廊纵断面最低点，在交叉口、管线引出端口等特殊节点处根据需要进行加密设置。每个积水坑设置2套排水泵组及排水泵控制箱（正常状态下一用一备），积水坑内设液位监测装置。正常情况下管廊内少量积水由运营管理系统发送指令控制积水坑内的1台水泵自动抽排积水，在管廊内发生管道渗漏水等导致管廊内积水增多的事件时，由运营管理系统联动确认事件后，发送指令控制事件区域内的各水泵对积水进行抽排（图14–23）。

图14–23　排水系统控制箱

14.4.5 监控与报警系统

1. 环境与设备监控系统

环境与设备监控系统的功能是实现管廊运营管理系统对综合管廊内部各舱室环境和设备的参数、状态实施全程监控，将实时监控信息通过多功能基站准确、及时地传输到监控中心统一管理信息平台，值班人员通过可视化运营管理系统集采的基础数据及预警数据，及时发现现场环境和设备存在的问题，通过运营管理系统集中分析，实现排除故障以及对警情的及时处理，保证管廊正常运行（图14–24）。

（1）环境监控

环境监测仪器、仪表以每一个防火分区单元进行布设，安装位置在管廊各舱室内以及每一防火分区设置投料口、通风口、人员进出口（兼逃生口）和防火门处。

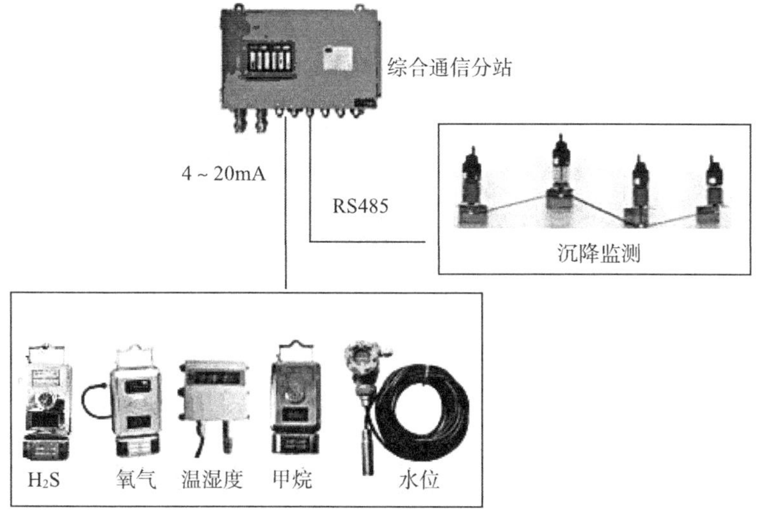

图14-24　管廊环境监控传感器连接示意图

通过在管廊每个防火分区内以及各出入口、通风口处安装气体（O_2、CH_4、H_2S）、温度、湿度、烟雾、水位等监测传感器，实现对管廊内环境的监测功能。监测信号以每一个防火分区为单元进行集中，借助监测功能模块箱（综合通信分站）通过以太网方式统一向监控中心运营管理系统传输监测信息。在监控中心控制室显示屏上，以数字形式显示每个防火分区的氧气百分比含量、温度/湿度等环境参数。

当探测器检测到环境参数超标时，监控中心管理人员及入廊作业人员会第一时间获得报警位置提示信息，从而采取相应的联动处置措施，及时消除影响运营的安全隐患（图14-25）。

（2）设备监控

对布置在每个防火分区内的排水泵、照明灯具、风机、人员出入口井盖、红外入侵报警装置、环境温度/湿度/氧检测仪表等仪表和设备进行工作状态基础数据采集，并将设备工作状态通过相应区域的监控模块箱（综合通信分站）向监控中心发送，在运营管理系统设备控制界面显示各设备的适时工作状态，通过远程状态监测以及输出远程逻辑控制，实现对照明系统、通风设备、排水泵、电气设备等进行状态监测和指令控制（图14-26）。

通过相应的多功能基站与统一信息管理平台信息传送联动，接收监控中心指令，实现如远程控制风机的开停、相应防火分区内照明设备总开关的分合、管道电动闸阀远程关闭等设备管理功能。

2. 安全防范系统

安全防范系统是实现对综合管廊全区域视频监控以及入廊人员的全程监测功能模块，主要通过管廊运营管理系统控制的视频监控以及对入廊人员办理入廊手续后获得的入廊作业权限卡的定位、识别等功能，实现入廊作业的合法化管理。安全防

图14-25　环境监测系统

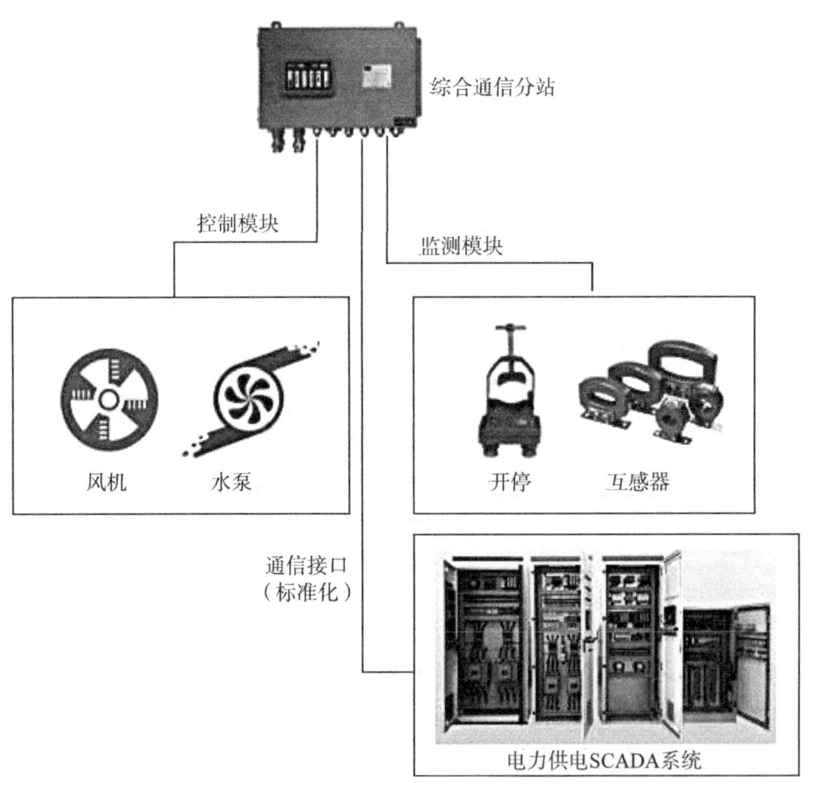

图14-26　设备监控系统示意图

范系统由视频监控系统、门禁系统、防入侵系统和可视化巡检系统（电子巡查管理系统）四部分组成。

（1）视频监控系统

各舱室在每一个防火分区防火分隔墙处各设置一套红外监控摄像机（吸顶安装），分别覆盖相应舱室1/2舱室范围的视频监控，当同一防火分区舱室防火隔断墙处摄像机不能完成有效视频监控覆盖时，在盲点区域增设视频监控摄像机；在人员出入口、变配电间等管廊二层结构区域设置相应的摄像机，实现无死角视频监控。

通过设置在每一个防火分区舱室内以及各关键节点处的前端监控点网络摄像机采集图像信息，视频监控系统主机处理后将相关基础信息传输至管廊运营管理系统，通过监控中心可视化监控大屏反映现场实时监控场景。所有的视频监控画面都可以通过运营管理系统进行调用，将需要查看的监控画面显示在监控中心主控大屏上，实现重点关注区域适时视频监控（图14-27）。

图14-27　视频监控系统

（2）智能门禁系统

智能门禁系统设置于管廊与监控中心联络通道入口及各防火区间隔断防火门处，由读卡器、控制器、电锁等部件组成。在管廊相关出入口设置智能门禁控制系统，当巡查人员在闸门外出示经过授权的感应卡，经读卡器识别确认身份后，运营管理系统会发送

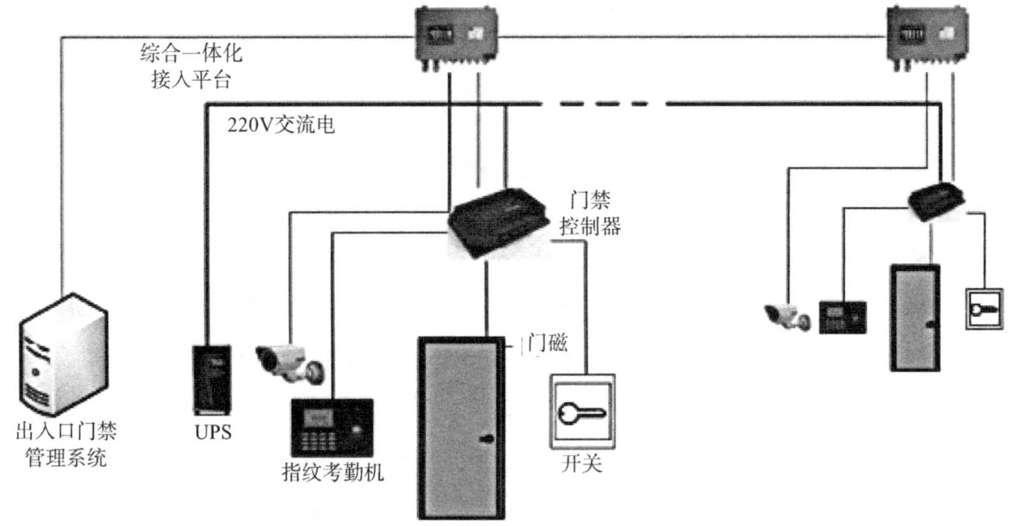

图14-28　出入口识别门禁系统

指令至门禁控制器驱动打开门锁放行，并将入廊人员信息、入廊时间等基础数据反馈回运营管理系统，相关数据也会被纳入到相应数据库进行分类管理（图14-28）。

（3）防入侵报警系统

在投料口、通风口、人员出入口等位置安装微波红外复核式入侵探测器和声光报警装置。入侵报警探测器利用红外技术自动检测发生在布防监测区域内的非授权入侵行为，一旦有非法入侵，系统自动识别、判断后通过多功能基站传送给报警控制装置，触发声光报警器报警，同时基站自动将相应信号传输至监控中心运营管理系统，运营系统GIS地图自动将相应入侵点区域调用到监控大屏中央并放大，报警模块启动声光报警，相对应的视频监视摄像头亦同步将入侵点画面调用至监控大屏画面前端，监控中心管理人员将第一时间掌握相关入侵情况，并采取相应的应对措施。

（4）可视化巡检系统（电子巡查管理系统）

中心大道可视化巡检系统由巡检机器人及安装于手机等移动终端上的运营管理系统APP终端实现。

巡检机器人采用吸顶安装行走轨道及带扫码识别功能的摄像机组成，摄像机操作具备上下升降及转体功能，能够通过监控中心设定巡检时段自动巡检及手动控制全方位巡检。

运营管理系统移动APP终端，可视化巡检通过QQ等第三方软件实现巡检人员与监控中心人员实时视频互动，实现巡检人员现场巡检及进行管廊日常事务管理。

可视化巡检系统将视频监控技术与电子巡检技术有机结合，既保证了现场巡检工作高效进行，又充分利用了现有的成熟网络，实现移动监控。可视化巡检系统可以对重点部位巡检情况进行全程录像，并定时传输到监控中心，实现监控无死角。

3. 通信系统

通信系统采用无线网络通信及广播覆盖，实现管理、巡检和施工人员的通信联络，管廊配备要求各区间工作人员之间、现场工作人员与监控中心之间保持信息通畅，实现前端巡检人员信息及时上报，灾情发生时监控中心通过广播方式通知相关区域人员及时撤离。

4. 预警与报警系统

预警与报警系统实现对综合管廊的全程监测，系统将预警和报警信息通过多功能基站及时、准确地传输到监控中心，实现灾情预警、报警、处理及疏散，同时通过通信系统，向综合管廊内的工作人员传达，确保入廊作业人员及时撤离现场，保证人身安全等功能。预警与报警系统由火灾报警系统和可燃气体探测报警系统两部分组成。

（1）火灾报警系统

火灾报警系统主要由智能传感器、分布式测温光纤、多功能监测基站和智能通信基站等设备组成。

在每段防火分区内设置智能烟感探测器、分布式测温光纤、手动报警按钮、火灾电话、多功能通信基站和声光报警器等设备。在监控中心运营管理系统内设置火灾报警访问模块，通过总线回路巡检、接收、显示每个报警点的工作情况。

当火灾发生时，启动管廊内声光讯响器，监控中心视频自动调用火灾区域视频影像至监控大屏，应急照明、声光报警装置、火灾应急广播启动。相应消防分区的防火门自动关闭，并联动风机停止运转，防止空气对流，同时切断非消防电源。细水雾开式灭火系统接收运营管理系统指令后开启灭火。灭火完成后，系列联动风机自动启动将有害气体排出。

（2）可燃气体探测报警系统

可燃气体探测报警系统主要由智能传感器、分布式测温光纤、多功能监测基站和智能通信基站等设备组成。

在每段防火分区内设置智能天然气探测器、手动报警按钮、报警电话、多功能通信基站和声光报警器等设备。

监控中心按需设定天然气报警浓度的上限值，天然气探测器接入多功能监测基站，当天然气管道舱天然气浓度超过报警浓度设定上限值时，由多功能监测基站启动天然气舱事故段分区及其相邻分区的事故通风设备，且紧急切断浓度设定的上限值要小于其爆炸下限值，并通过可燃气体报警系统解决燃气泄漏或危险气体累积带来的爆炸隐患，确保燃气管廊设施正常、稳定运行。

（3）预警与报警系统联动功能

1）消防联动：火灾发生时，探测器发出检测信号，报警装置联动视频系统，调用火灾防区的视频画面，确认报警。

2）联动排烟/气系统：防火分区设置的排风及排烟/气系统，正常时用于排风。

当确认探测到火灾/可燃气体超标时，运营管理系统通过多功能基站传输指令实现远程启动风机排烟/气。

3）联动电源：灾情探测信息确认后，监控中心可通过多功能基站进行指令传输以切断非消防电源。

4）联动电动阀门：当发生管道漏水、燃气泄漏时，联动燃气管道、供水管道电动阀门，将灾情区间两侧的闸阀远程控制关闭。

5）联动通信系统：灾情探测信息确认后，监控中心启动通信切换模块进行灾情信息传送，特别针对灾情确认区、相邻分区进行通信疏散。

5. 地理信息系统（GIS）

利用GIS技术结合管廊结构本体、管廊内设备、仪器、仪表等基础资料，构架可视化GIS管理地图。实现对综合管廊入廊人员、设备和巡检设施的位置坐标数据的采集、存储、管理、分析和表达，将信息通过多功能基站及时、准确地传输到监控中心，实现对通风线路、避灾路线、监测设备、巡检人机坐标等信息的GIS浏览。

6. 统一管理信息平台

统一管理信息系统建设采用“集约化”设计思路，构建集约化综合传输平台，适配所有接入设备，统一标准信号传输接口，并集约化设计和建设统一的数据中心、统一的应用管理平台（图14-29）。

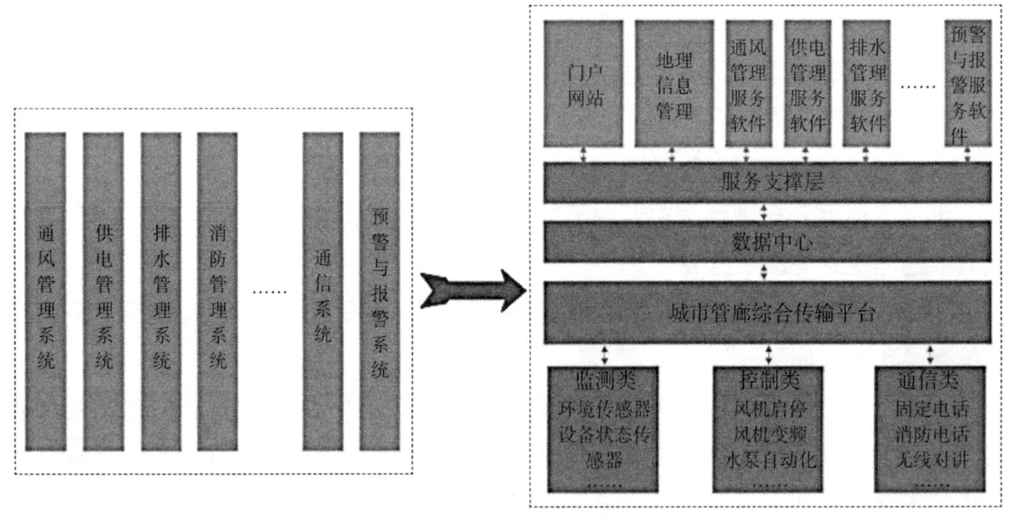

图14-29 城市管廊综合传输平台

（1）综合传输平台

综合传输平台由核心交换机和综合通信分站组成，根据管廊特点和设备分布情况，可实际拓扑成环形网络、星形网络或树形网络，能实现全网络、全业务模块、全功能端口的可视化、智能化管理，并以“全面感知”为设计思路，接入监测类、控制类和通讯类服务。

（2）数据中心

数据中心采用“云端存储”的设计理念，施工阶段直接租用公共云存储与计算服务，可节约成本、提高效率。运维阶段随着数据业务量增多，数据分析、计算和挖掘等应用的进一步开展，再按区域、按业务类别建设私有云数据中心，从而为智慧管廊的实现提供强有力的数据保障。

（3）应用平台

应用平台包含浏览器WEB端平台和手机APP端平台。WEB端平台基于SOA设计，包括应用层、中间层及数据层等三层结构，可在Windows和IOS等操作系统上运行。手机APP端平台可分别在主流Android和IOS系统上运行，其应用效果和WEB端完全一致。

（4）统一管理信息平台功能特点

1）通过对监控系统、安防系统、通信系统、预警及报警系统、地理信息系统的集成管理，搭建统一管理信息平台，实现综合管廊管理的智慧化。

2）通过物联网技术对管廊内的每一个独立要素实现其唯一身份证。采用BIM、4G、GIS等技术实现管廊信息的定位、巡检、抄表、抢修、查漏、勘查等，实现现场移动智能终端快速定位和查找综合管廊故障位置，并将信息和图片回传。

3）根据平台建设和后续运行维护的需要，制定相关的各类业务、技术和管理规范及制度，可通过大屏幕、PC终端或移动智能设备等随时随地调用，并按流程运作。

4）建立综合门户，实现业务信息的综合查询、报表展现以及统计分析，满足管廊各级用户的管理和决策分析的需要，全面提升管理的科学性、及时性、有效性。

5）建立智能、互联的环境，用以促进协作，提高效率并发起有效决策，同时实现真正无缝的跨部门整合，达到事半功倍的管廊运营效果。

6）通过统一信息平台，实现业务系统的单点登录，建立统一的用户账号、权限管理体系，实现系统基本资料管理、管线单位基础资料管理、管线属性管理、管段位置属性管理、入廊申请管理、入廊事务、门卡事务、采购事务、维修事务、保养事务、预警事务等功能。

7. 贵安新区智慧管廊特点

本项目城市管廊建设以智慧管廊为定位，以城市管廊“数字化”为基础，推进城市管廊运行、维护的“智能化”。“数字化”建设利用地质雷达、GPS、RFID、摄像头、智能传感器等数据获取与监测技术以及GIS、云计算等数据管理技术，建立完善的信息系统，对城市管廊运行、维护过程中的海量数据进行集约、动态和实时管理；“智能化”建设综合运用信息化、物联网，以及人工智能、虚拟现实、自动化控制、机器人等先进技术对城市管廊运行、维护过程中的海量数据进行智能分析与决策、实现智能建造、智能运行与维护的功能。

（1）基于GIS（地理信息系统）技术、BIM技术建立模型系统与城市管廊主体结构、附属设施系统紧密结合，研发可视化智慧管廊运营管理系统。将城市管廊管理的业务流程、地形图库管理、数据录入编辑、资产设备管理、管廊结构模型、事故处理和应急管理、管网信息发布等功能予以集成融合，形成完整的、灵活的管理系统，将相对枯燥乏味的城市管廊管理平台信息集成在WEB页面下的操作界面，丰富了操作界面，更显人性化。

（2）将传感设备数字化和视频监控系统相结合，实现城市管廊运营数据精准化显示、协同报警可视化操作。达到城市管廊信息化监测、智慧化监控、可视化数据信息的集采功能，并在后台实现定时储存、分析。目前在贵安城市管廊实现九大类数据（温度、空气湿度、氧含量、水流速、水压力、可燃气体浓度、烟雾浓度、管道表面压力、电缆接头温度）采集功能，并通过网络将数据传入后台进行分析，一旦有数据超出报警值，管理系统会自动报警并通过视频监控系统抓获定位险情位置，便于管理和处置。

（3）物联网技术的运用，便于实现高效的资产管理。通过物联网技术，将城市管廊内各入廊管线、设备、构件的基本属性、注意事项、操作规程、保养维护记录、技术状态等相关指标整合在系统数据库内，在日常管理及巡检时只需采用移动终端对附带的识别标志进行扫码识别，即可查看设备、配件的名称、型号、功能、安装时间、维护保养记录、操作说明、运行参数、紧急联系电话等，能够及时有效地确定设备维护、应急抢修、更新改造方案（图14-30）。

图14-30　日常管理及巡检

（4）以APP移动终端技术实现管廊的人工远程、智能远程双模式运营管理控制，完成巡检、应急处置的高效化。其中，采用嵌入式GIS、GPS、4G等技术，与手机等APP手持终端互联互通，快速实现巡检、打卡、抄表、查漏等应急信息传递。可实现巡检、管理人员对通风、排水、防火门、照明等系统的远程控制和快速处置；与通风、排水、消防、照明、阀门等控制设备联动，在出现预警信息时及时作出反应；与110/119/120的互联互通与无缝连接，在发生突发、危险事件后自动报警，为正确、快速的应急处置提供信息支持。

（5）通过管廊信息产生的大数据，与城市管理的有效融合，实现产业价值链的延伸，助推智慧化城市管理水平。利用附着于入廊管道上的各种感应装置，准确采集各管线的运营数据（流量、压力、温度、pH）等各行业的业务数据传入云服务器，利用云存储与基准数据进行分析比较，得出城市人口分布、产业发展规律，将这些无处不在的大数据商业化、市场化运作，在为城市规划建设决策提供数据支持的同时，形成管廊运营的价值链延伸，增强运营企业盈利能力和管廊的服务水平。

（6）实现多方统筹协调管理运营。一是管廊运营维护管理公司管理信息系统对运营统一协调管理，并把专属IP地址分配给各产权单位、业主方等参与管理单位，管线单位随时可以掌握自己设备、管线的运营情况，准确掌握信息。二是应用大数据和互联网技术实现网络化管理，减少运营中心实体建设，节约成本和土地资源。

14.5 贵安新区管廊新技术、新材料、新理念应用

14.5.1 燃气入廊技术运用

基于燃气检漏信息化监测、可燃气体浓度检测、自动化的阀门关闭、自动化通风与消防隔断技术，适时、动态地对燃气舱的气体浓度进行检测，并智能化地予以预警和风险预控，确保燃气管道安全入廊。

14.5.2 BIM技术应用

在规划、设计、施工阶段推行BIM技术，发挥BIM技术在方案优化、管线排布、资源配置、进度管理等方面的优势（图14-31）。

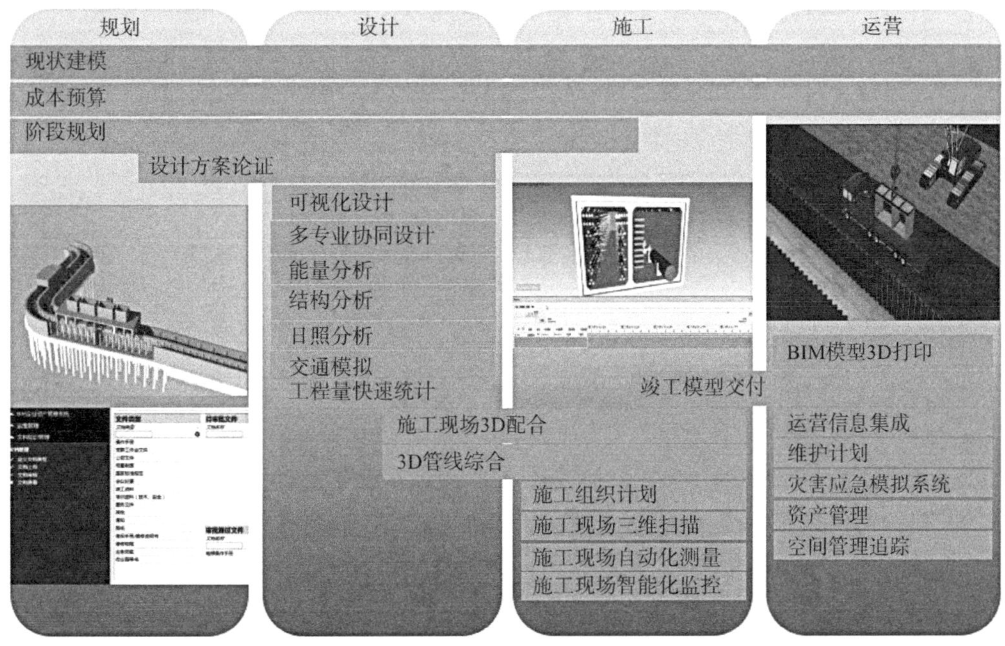

图14-31　BIM技术贯穿项目全生命周期的应用

14.5.3 物联网技术应用

通过物联网技术以射频识别（RFID）、红外感应器、全球定位系统、激光扫描器等信息传感设备，按约定的协议，将管廊内每一个独立要素实现唯一身份认证，实现对管廊资产、设备的智能化识别、定位、追踪、监控和管理。

14.5.4 廊、桥合建技术应用

管廊在新民村桥跨越三岔河时，改变传统管廊下穿建设模式，提出廊、桥合建理念，通过力学计算和分析，优化桥梁结构，成功地实现了廊桥一体建设，既节约了成本，又降低了施工难度。同时结合城市建设风貌，合理规划廊桥的造型，有助于提升桥梁景观效果。

14.5.5 新型环保材料的使用

用玻璃钢支架代替传统电力、通信线缆敷设金属支架，有效解决了金属支架耐腐蚀性、绝缘效果差、防火性能低等问题。采用拴接模式安装支架，降低了安装及后期维修更换难度。此外玻璃钢材料加工支架系统可塑性强，可根据需要调整产品形状，既节约成本又美化环境（图14-32）。

图14-32　玻璃钢支架

14.5.6 生态化、人文化理念在管廊建设中的应用

（1）接口环境协调。管廊地面构筑物（监控中心、投料口、进出口、通风口、人员出入口）造型与周边环境、建筑风貌、城市功能协调呼应，实现“山清水秀、舒适高雅”的新型大都市建设，给人以美的享受。

（2）借鉴法国巴黎下水道博物馆理念，利用监控展厅、联络通道打造了可供市民参观的文化长廊、科普长廊，生动地呈现了城市的人文新特色。

（3）管廊与地下部分统筹规划

管廊与百马立交、五层菱形立交及地铁G1线地下空间开发、地铁站口相结合，协调规划、统筹建设，实现了地下空间的合理开发和利用，节约了成本和空间，减少了城市反复建设。